# 村落からみた市街地形成

## 人と土地・水の関係史
## 尼崎1925－73年

沼尻晃伸

日本経済評論社

# 村落からみた市街地形成

人と土地・水の関係史　尼崎一九二五―七三年

目　次

# 目次

# 第二編　旧大庄村浜田地区

# 凡　例

1、史料を引用する場合、原文の内容に変更をきたさない限りで読みやすくするために、以下のとおりに書き改めた。

(1)　カタカナはひらがなに改めた

(2)　漢字の旧字体は新字体に改めた。

(3)　明らかな誤植は訂正した。

(4)　句読点を適宜付した。

(5)　時刻を示していることが明白な場合、適宜、時と分を挿入した。

2、個人のプライバシーに考慮し、本文中や史料引用文中の人名や地名などを、数字やアルファベットなどに置き換えた場合がある。図版に関しても、同様の理由から修正を施した場合がある。

## 尼崎市とその周辺図

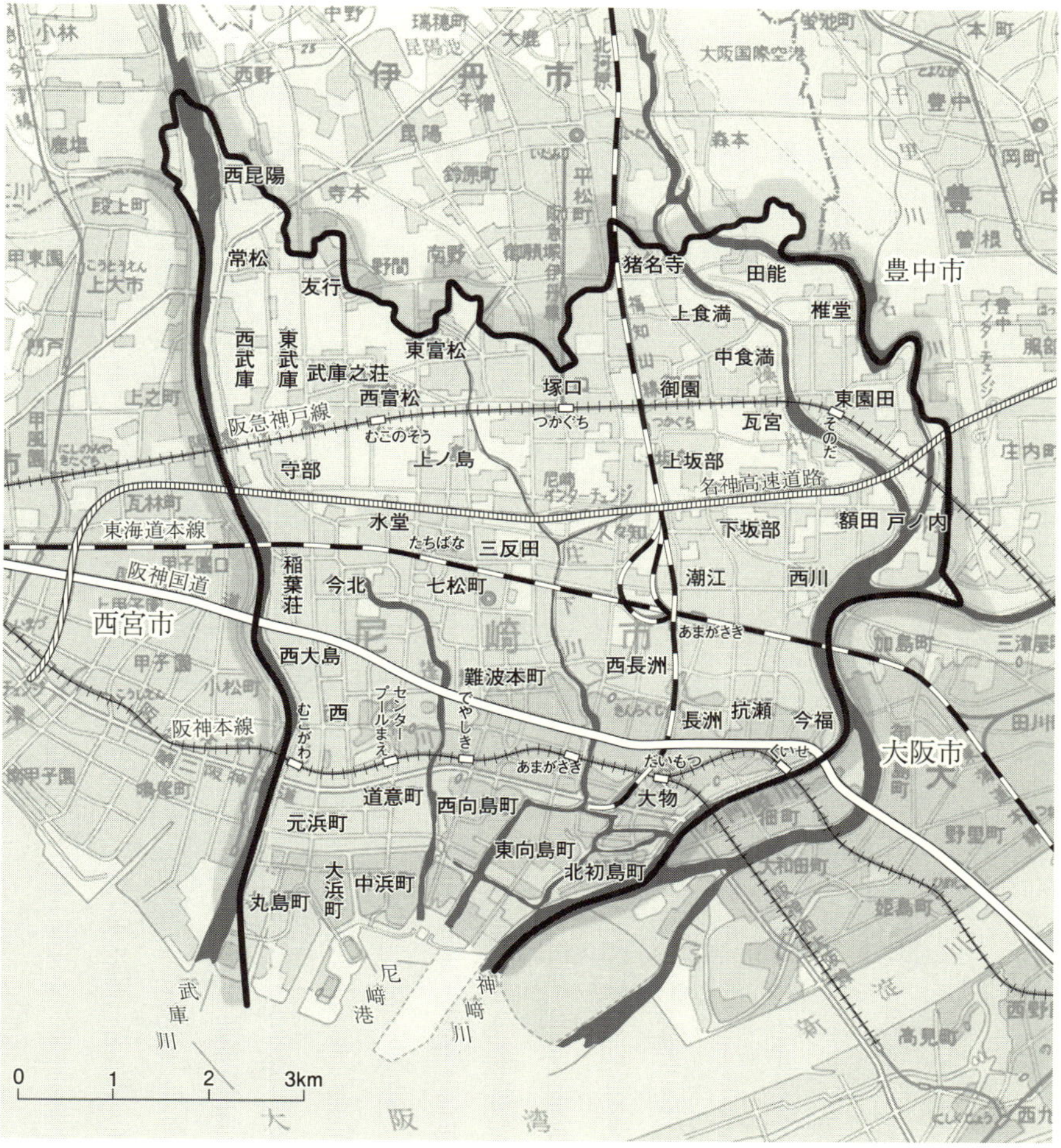


出典：岡本静心編『尼崎市史』第 1 巻、尼崎市役所、1966 年、折込図より作成。

# 村落からみた市街地形成

人と土地・水の関係史　尼崎一九二五—七三年

# 序章　課題の設定

## 第一節　問題関心

本書は、都市郊外における村落がどのように市街地へと変容したのかという点に関して、地区内に居住する人びとの土地・水に対する諸関係に注目して、一九二〇年代から高度成長期までの時期をとって明らかにすることを課題とする。

最初に、著者が、村落の側から、それも人と土地・水との諸関係に注目して二〇世紀における都市近郊の市街地への変貌過程を追究する意図を述べておこう。

二〇世紀における日本の大都市においては、戦間期、戦時期、そして高度成長期と、郊外に市街地が拡大していった。とりわけ高度成長期における市街地形成においては、団地やニュータウンが登場し、自動車も普及し始めるなど、市街地形成のスピードは増しその範囲も大きく拡大した。開発が進み人口が増加したにもかかわらず、生活インフラの整備は伴わず国による大気汚染や水質汚濁に対する規制が遅れた結果、公害が発生し人びとの健康や生活環境に悪影響を及ぼすことになった。

それでは、地理的にいえばやがて市街地として変容していくことになる郊外の村落に視点を移した場合、村落に居住していた地主や農民は市街地形成をどのようにとらえ行動したのであろうか？　本書が試みようとするのは、このような見方からの歴史研究である。個別事例に即しながら、約五〇年間の期間について村落の側から市街地形成を論じるという試みは、管見の限りこれまでの先行研究においてもあまり例がないと思われるが、このような方法をとる積極的意義とは何か？　それは、村落に住む地主や農民がもともと有してきた土地・水との諸関係（土地所有や労働、水利の維持管理）が、変容しつつも市街地形成に与えた規定性を理解することが可能となる点に求められる。

市街化に直面した地主や農民の行動は、同時代においてはどちらかといえば、地価の上昇と不動産業者による勧誘、自治体の開発政策など、市場的、政策的要因から説明されてきた。しかし、市街化が進む以前から、地主や農民は地主小作関係を取り結びながら、村落の共同性のもと生産や生活を営んできた。そこにみられる地主・農民と土地・水との諸関係の、どのような側面が市街地形成に利用されたのか？　あるいは市街地の内実を規定していったのか？　そのような村落における種々の関係が有する歴史性を重視して市街地形成の特質を探る試みは、今まであまり行われてこなかったのではないか。

このような視点からの試みは、より大きな歴史研究の流れとの関連でいえば、近世以来の村落における人と土地・水の関係史のなかに、市街地形成を位置づけて理解することを可能とする。村落における土地所有と利用の関係、あるいは土地や水の利用と村落の共同性との関係については、これまで村落史研究の枠の中で議論が育まれてきた。二〇世紀における大都市郊外の市街地形成は、多くの場合、市街地の再開発ではなく、村落部の都市化である。村落に住む人びとの私的性格を規定する土地所有と労働のありよう（それらを規定する家族のありよう）や、そこでの階層性、さらには水利用をめぐる共同性などに注目して以上の課題を追究することを通じて、村落の側から市街地形成の特質の理解に努めることができれば、本書では直ちになしえないとはいえ、近世村落史研究との接続を射程にいれることもできるし、近年、関心が急速に高まっており国際比較も試みられている「環境史」との対話も可能となろう[1]。

本書においては、これまでの研究において注目されてきた市街地形成を促す手法である土地区画整理事業を中心に取り上げつつも、同事業を市街化が進む以前からの土地所有・利用関係や水利関係に位置づけて理解するとともに、事業後の新たな人と土地・水との関係の生成について、都市計画法や農地改革法など国家法による都市郊外の土地や水の法的位置づけとの関連に留意して明らかにする。そこで以下、本書において「人と土地・水の関係史」を試みる意味と方法を、先行研究に関連づけながら位置づけておこう。

## 第二節　村落史、農民史研究との関係——研究史の整理(1)

### 一、景観への注目——古島敏雄の議論

村落史からみた「人と土地・水の関係史」といった場合、広義にとらえれば、村落共同体論全般がこれに関わるといえよう。しかしそれらの研究蓄積は膨大であり、しかもその多くは市街地形成との関係を前提としての議論ではない。ここでは、本書における問題関心と方法を論じるうえで必要な限りにおいて、人と土地・水との関係史に注目した諸研究を取り上げて検討する(2)。

人と土地・水との関係史を、人間の労働による自然への働きかけによって生成した景観から理解しようと試みた古典的研究として、古島敏雄の研究がある(3)。古島の研究は、古代から近代に至る広範な時期を対象としたものであり、本書が対象とする範囲をはるかに超えるものの、人と土地・水との関係を歴史的にとらえる方法を学ぶうえで重要である。古島は、同書で、戦後における海浜の埋立、高層建築物や高速道路、ダムの建設、丘陵地帯の住宅地化などを挙げ、「国土の相貌、景観の変化は常識であるはずである」と述べる。それにもかかわらず、同書が人の自然への働

きかけを取り上げようとするのは、「人間の生活の一番基本的な側面で、人間の永い努力の積み重ねのあとを、われわれが見おとしているのではないか」との考えからであり、その側面とは「農林漁業が自然と直接接触する側面」であった。「土地が田畑となり、特定の樹種の繁茂する林地になり、あるいは海岸が塩田・塩浜になるのは、単に自然が与えたままの姿を受けとっているのではなく、荒々しい自然の暴力の一面を制御しつつ、人間の生活空間を変えるための努力を積み重ねてきた結果」であると、古島は述べる。そして、地元の人においても忘れられがちな、長期にわたって自然に対して労働を投下し続けた過去の努力を、景観を通して見出そうとした(4)。古島の議論は、国土開発のさなかにあった高度成長期の日本の現状に鑑み「国土の相貌、景観の変化」は「常識」であるととらえる一方で、そのような変化が及んでいない（しかし、忘れ去られつつある）「景観」に、古代から近代にかけての人間労働の痕跡を見出そうとする点に特徴がある(5)。

古島が強調する人の労働による自然への働きかけの重要性に関しては、本書においても積極的に継承したい点である。しかし、二一世紀の現状において、私たちが高度成長期の市街地形成をふりかえる時に、「国土の相貌、景観の変化」を古島と同様に「常識」として片づけてしまってよいのか。村落が市街地に変貌するプロセスは、企業や政府の政策が大きく関与している場合もあるが、村落に住む人びとが単なる傍観者であったわけではない。都市近郊の村落においても、古島が言うように、「荒々しい自然の暴力の一面を制御しつつ、人間の生活空間を変えるための努力」は行われてきたのではないか。そればかりでなく、市街地形成の過程で企業の論理に左右され、農地の転用を進める（反対にそのようなかであっても農業に専念していく）ケースもあったであろう。それらをつぶさに検討することが、高度成長期の変化が忘れ去られつつある現状において、必要なのではないか。日常的な人びとの自然への働きかけとその変化自体を、古島が文字史料とは異なる「景観」に着目したのとは対照的に、村落に住む人びとと自らが記した文字史料や聞き取り調査などを通して明らかにすることも可能であるし、このことは現代史研究の大きな課題なのではないか。

## 二、土地所有に関する二つの法への注目——丹羽邦男の議論

古島とは異なり、多様な文字史料を用いて、土地所有を主に対象として、人と土地・水との関係を追究したのが、丹羽邦男の研究である。ここでは、このような視角から書かれた代表的な作品である『土地問題の起源』(6)を検討しよう。

「村と自然と明治維新」という副題のついた同書で、丹羽は、明治初年の土地所有について「村・部落という共同体を一つの単位としてみなければいけない」点を述べたうえで、「日本のばあい、『近代的土地所有権』という土地に対する別の考え方が国家法によってもちこまれた。これが明治維新であった。しかし常民にとって、自分たちがつくった部落の法が、国家の法に優先する。部落の法によって、自分たちの生産・生活がなりたっているからである。（中略）明治以降の常民の生産と生活は、国家法と部落法のたたかいの歴史であった」点を論じる(7)。

丹羽は、近世農民の土地所持には村の共同地的性格を兼ね備えていた点を述べるとともに、近世土地所持は、所有と利用が有機的に結びついたものであった点を強調し、入会山野の役割や焼畑、魚附林の存在を指摘する。これに対して、「近代的な土地所有権」は、「個人の排他的な土地所有関係を強制することによって、村内各種土地の有機的な土地利用を切断し、従来の私的所有地の持つ共同地的性格を否定した」(8)点を丹羽は強調する。それゆえ、丹羽は「国家法」（すなわち近代的土地所有権）と「部落法」とを対置させて理解する。そして、「太平洋戦争の敗戦を契機にして新たな民主社会が形成されたが、それにもかかわらず、われわれは、明治維新以来のものをなお引き継いでいる。その一つが土地所有の問題である」(9)と論じ、現代の土地問題の起源を明治維新に求めた。

丹羽の議論の魅力は、田畑のみならず入会山野や魚附林など、近世土地利用の多様さを村落論（「村の共同地的性

格」）に結びつけて議論を展開した点、そして地租改正に基づく近代的土地所有権の設定がそれらを否定する役割を担ったため、「国家法」と「部落法」とが対立する枠組みが近代以降形成されたことを指摘した点にまとめられよう。人と土地・水との関係史という視角から丹羽の議論を捉え返すと、(a)「人」が有する社会関係（村の共同性）と(b)国家法（近代的土地所有権）による規定性が、人と土地との関係に影響を与えていることが読みとれ、ここに所持・所有論を媒介に人と土地との関係史を重層的に描くことの重要性を見出すことができる。

もっとも、丹羽の議論を二〇世紀における村落の市街地形成論に援用する場合には、いくつかの留意点が必要となる。第一に、丹羽は農山漁村と土地利用との関連を主に論じているため、当然のことながら都市郊外の市街地形成にかかわる固有の問題（農地転用や上下水道の布設など）は論じていない。この点を国家法や地方公共団体との関係を踏まえ独自に検討する必要がある。第二に、丹羽の議論では、「近代的土地所有権」と「共同地的性格」をもつ「従来の私的所有地」とを対置させ、後者に対する前者の優越を説くところで終わってしまう。しかし、地域のなかの「私」の性格自体も近代以降大きく変化する。農地所有・利用に関する国家法自体も、戦時期から戦後改革期において耕作権が強化されるなど大きく変化することに鑑みれば、近代以降の地域末端レベルでの利用と所有の関係を考察する際に、「私」と国家法双方の変化が、人と土地・水との関係に与える影響について追究する必要がある、

以上の議論をまとめると、丹羽の議論の継承すべき点として、国家と社会との関係を重視し、「国家法」と「部落法」との対立という枠組み（重層的把握の必要性）を提起した点を挙げることができる。しかし、今後の課題として、地租改正の重要性に留意しつつも、その後の歴史過程を踏まえる必要があろう。すなわち、「国家法」に属する政策的契機としては＝公法の移植過程が現代史の課題となってくるであろうし、「部落法」の世界に即して言えば利用主体の「私」の変化の契機を組み込むことが重要となろう(10)。

## 三、農民史研究との関連――西田美昭の議論

本書が対象とする二〇世紀前半から後半にかけて、農民サイドから人と土地・水との関係を描いたのは、西田美昭であろう。西田は久保安夫との共編著で五〇年にも及ぶ農民日記の翻刻である『西山光一日記』『西山光一戦後日記』を刊行すると共に、両書の解題を通じて、農民と土地・水との関係を具体的に明らかにした(11)。とりわけ、高度成長期に関しては、本書のテーマと直接関わる市街化に直面する農民を描いた(12)。戦前小作農民であった西山光一が、戦時期において政府の食糧増産政策に位置づけられた自作農創設を地主に要求し自作農に転化した点、一九五〇年代までは農業生産の向上を目指していたものの、高度成長期の地価上昇の過程で、農民は保守政治家との結びつきを強め、農業生産への関心を弱めていった点を、日記叙述を交えてリアルに描き出した。

明治維新における近代的土地所有権の設定を重視する丹羽の研究に対し、西田はもともと慣行小作権の強かった地域における戦時期の自作農創設を運動史的に明らかにした。同時に、西田は一九五〇年代における農民の農業生産への意欲を評価する。西田の研究からは、明治維新期の研究から二〇世紀を見通そうとした丹羽の展望が必ずしも直線的につながるものでない点が読みとれる。この点は、本書においても重視したい視点である。これに加えて、西田の研究からは、戦時期から戦後改革期において、土地所有権に対して耕作権が法的に強化され政策的にも自作農創設が推進されたことが、農民に与えた影響力の大きさも読み取れる。西田が対象とした新潟県の一地域では、慣行小作権が強かった。とすれば、西田の研究は、丹羽が指摘した明治維新期につくられた「国家法」と「部落法」の対立図式のその後の関係変化を解き明かすことの重要性を示しているといえよう。

ところで、西田がこのような国家の政策動向と農民の行動様式の重層的な把握を実証的に行うことができた最も大きな理由として挙げられるのが、史料としての農民日記の利用であった。人と土地・水の関係史を追究する場合に、

特定人物に限定されるとはいえ、日々の労働や生活、そして意識が判明する日記史料の利用は、今後継承していく必要がある。本書では、西田が描こうとした戦間期から高度成長期にかけての農家の変化を、同じく農民が残した手記や日記史料などを用いて、大都市近郊の戦時期から土地区画整理が進む地域に即して改めて検討するものであるが、以下の二点において、西田の研究との相違点を有する。

第一に、対象地域と農民の相違である。本書が対象とする尼崎市郊外について詳しくは後述するが、戦前から都市化が進展し組合施行土地区画整理組合が設立された地区である。西田の描いた新潟市郊外より早い段階、即ち二〇世紀前半から市街地形成が進んでいる事例として位置づけられる。その意味では、本書の対象地よりも、西田が対象とした新潟市郊外の方が、高度成長期の都市化（それを作りだす政府の地域開発政策）のインパクトが激しかったとも考えられる。また西田は戦前期において階層的には小作農に位置づく農民日記を史料として用いたものの、同じ集落の地主や自作農については、あまり触れていない。小作農の日記が稀有であり、西田の研究が極めて貴重であることは言うまでもないが、同一集落内部における市街地形成に対する階層ごとの差異は改めて論点とすべき課題であろう。

第二に、西田・久保らの日記解題では、人と土地・水との関係が克明に明らかにされているものの、西田自身の研究に即してみれば、農民の農業生産への関心の強まり（あるいは弱まり）との関係で、二〇世紀農民史のダイナミズムをえがこうとしており、筆者が目指す、人と土地・水との関係とその変化から市街地形成の歴史を追究することは、西田の主たる課題となっていない点である。このことは、単なる課題設定の相違という側面に限らず、西田が、高度成長期の農民の行動様式を規定した第一の要因として、農民にとっての外在的要因、すなわち高度成長期の地価上昇が農家に与えた影響を重視する点にあろう(13)。この点に関しては筆者も首肯するし、同時代における分析においてもまさにこのような土地価格の上昇とそれを許容する法的枠組みが明らかにされてきた(14)。しかし、本書が注目したいことは、そのような激変する経済のなかで、地主や農民が採った土地や水との関係それ自体についてである。地価が上昇しても、農民は自らの所有地全体を直ちに資産として考え転用したわけではない。多くの農家が農業を営みながら所有農地を少しずつ転用していったことは知られている事実であるし、[15]農地面積が減少しても農業を行っている限り用水や排水管理に関係を有するとも考えられよう。それではそのような農民の意識と行動が、現実の市街地形成にどのような意味を与えたのであろうか。農業生産への意欲の高まり（あるいは弱まり）のみに視点を据えて評価するのではなく、そこでの農民の市街地形成への意識や具体的な行動（農作業や河川や水路の維持管理）を集落との関係も踏まえて積極的に位置づけて、その特質を明らかにしようとする点に、本書の意義がある。そのような西田とは異なる評価軸からの分析を通じて、西田が「歴史学の一つの重要な課題」とした「高度経済成長期の農民を含む民衆の生活の変化の歴史的性格[16]」に迫ることも可能ではないか。

## 第三節　都市史・都市計画史との関係──研究史の整理(2)

### 一、都市政策史・行財政史研究との関連

市街化に直面した村落やそこに居住する地主・農民の行動は、都市を対象とした歴史研究の観点からはどのように検討されてきたのか。都市史研究においては、人と土地・水との関係を描くという問題関心からの研究はまだ乏しいので[17]、ここでは、都市行財政史研究や都市計画史研究の検討を通じて、本書の研究方法を位置づけていきたい。

都市問題・都市政策史研究としては、同時代において資本主義の発達に伴う都市問題や公害を対象とした諸研究をあげることができる。人の健康にも影響を及ぼす大気汚染や水質汚濁などを引き起こした主体（企業や企業の利害に即した政策を実施した国・県など）に注目し、その深刻な被害の実態を究明したこれらの研究は、同時代の公害や都市

問題の発生の論理、さらにはその解決方法の追究に大きな意義を有した[18]。なかでもそこでの都市問題や都市政策を歴史的に位置づけた研究として、宮本憲一の諸研究を挙げることができよう。宮本は、近代都市政策が、資本の集積の場としてそして営業の場としての役割を担ったことの限界面を指摘した上で、現代都市政策は下水・排水処理のための「都市の農村化」(雨水の地下水への還元や緑地の増加)など、市民の環境権・生活権を優先させる性格をもつ点を強調した[19]。

複数の都市を対象としながら、近代都市から現代都市へのそれぞれの構造とその段階的変化を追究した研究としては、大石嘉一郎・金澤史男らによる研究が挙げられる。同書の特徴を簡潔にまとめれば、資本主義の発展段階に注目するとともに、都市における「国家的公共」と「地域的公共」とのせめぎ合いに注目し、その内容上の特徴を、行財政分析によって総括するという手法をとり、現代都市への転形を「大衆民主主義状況の進展のもとにおける市民社会への公共政策=行財政への介入の拡大、そこにおける計画化の契機」に求めた[20]。

これらの研究は、資本主義の発展段階に注目しつつ、現代化の過程における都市政策の社会への介入に注目した点で共通している[21]。しかし、資本主義の発展段階と都市行財政との関連に主たる関心があるため、市街化が進む前に、当該地域でどのような人と土地・水との関係が築かれていたのかという点については、正面から検討がなされたわけではなかった。より重要なことは、そもそも自治体が、どこまで土地や水の維持管理を直接的に担っていたかという問題であろう。この点について筆者は、旧都市計画法第一二条に基づく組合施行土地区画整理事業に注目し、都市公共団体に代わって地主らが法に則り間接的に市街地整備を進めた点を強調した[22]。また、一九五〇年代における工場誘致の際に地方公共団体が直接土地買収を行わなかった事例をとりあげ、土地買収における旧村と集落の役割の重要性を指摘した[23]。二〇世紀における人と土地・水との関係を理解する上で、資本主義の発展段階や都市行財政との関わりを理解することが重要であることは言うまでもないが、都市政策からは見えてこない村落における人と土地・水との関係を対象とした研究を進めることで、逆に都市公共団体の土地や水に対する政策内容の特質を理解することが可能になるのではないか。(24)

## 二、都市計画の一手法＝土地区画整理史との関連

市街地形成との関連で、土地所有・利用を直接対象としてきた研究ジャンルとしてもう一つ挙げられるのが、都市計画史、なかでもその一つの手法である土地区画整理事業に関する歴史研究である。土地区画整理は、土地の区画を整理することを通じて農地を宅地に転換するとともに、街路や側溝、水路の整備を進めるという意味で、本書においても主たる分析対象となる。ここでは、日本に関する土地区画整理の歴史研究としての古典的性格を有する岩見良太郎の研究をやや詳しくとりあげよう。

岩見は、土地区画整理の論理を「土地・建物その他すべてを資本価値に還元し、その最大限の価値増殖のみを自らの唯一の目的として追求するような論理、いわば〝資本の論理〟である」(25)と規定したうえで、「〝土地所有による共同開発〟これが土地区画整理を一般の宅地開発から区別する根本的特徴である」と述べた。(26)すなわち、所有権を個々の土地所有者から買いとる不動産資本との違いとして「土地区画整理では、共有関係におくことによってこれをなすのである。土地所有はこの共同性によって小規模土地所有↓小規模開発という自らの限界を突破する」点を強調した。(27)

ここで注意したいのは、岩見が、不動産資本一般と土地区画整理との区別に際し土地所有における共同性に注目している点、そしてそこでの共同性は、「（区画整理という共同事業をはじめるための）契約は対等・平等になされる」（カッコ内は引用者）という表現に示されるように、(28)自立した人格のある個人を前提に立論されている点である。岩見のこの指摘は、あくまでも理論的＝抽象的次元での議論であるが、このような共同性の理解のため、氏の歴史的実証は、階級的利害の対立に重きが置かれることとなった。

岩見の議論は、都市計画の制度史や都市計画のプランニングに関心を寄せる都市計画史研究(29)とは異なり、社会経済史研究との接点を考える上で有効である。特に、階級的利害に着目した岩見の研究視点は、耕作農民の耕作権が戦時期から農地改革期に法的に強化される点に鑑みても、積極的に継承していく必要がある。しかし、岩見の場合、土地区画整理組合が結成される経緯やそこで利用される共同関係、そして新たに作られる歴史的性格は考察の対象とはならなかった(30)。岩見は土地区画整理が有する「土地所有による共同開発」の側面を重視したものの、そこでの土地所有者を自立した人格のある個人としてとらえたため、土地をめぐる共同性の歴史的な性格自体の分析を行わなかった。本書の視点——人と土地・水の関係史を追究——からすれば、土地所有から派生した共同関係それ自体の歴史的性格を明らかにする必要があるし、そのことが国家や自治体が進める公共的な政策に対してどのような意味を持つのかという点においても歴史的追究が必要と考える。同時に、岩見の場合、土地区画整理論として問題を設定するために、現実の対象地における土地や水の利用が見えてこない。これは土地区画整理論からみた場合、換地処分論が土地区画整理の性格決定に重要な意味を持たざるを得ず、換地の中身に即して議論せざるを得ない（換地の中身が地区ごとの性格を規定する）点に起因すると思われるが(31)、土地区画整理が行われる前からの歴史的射程で市街地形成をとらえようとすれば、より具体的な人と土地・水との関係を分析していく必要があるのではないか(32)。

土地区画整理に関する個別事例に関する研究は近年増加しつつあるが(33)、そのなかには、村落内外の利害対立を積極的に描いたものも存在する。東京近郊の市街地向け耕地整理組合を対象とした高嶋修一の研究は、その一つである(34)。行政村単位の規模の大きい組合（玉川全円耕地整理組合）を本格的に検討した同書では、集落の内外において土地区画整理をめぐる様々な利害の錯綜が描かれる。しかし、同書では、伝統的秩序意識に基づく組合経営が困難となるなかで、組合は価値原理に「同意」するとともに、耕地整理組合が機能団体化した点を強調したため、岩見において重視されていた階級的利害に関する分析が後景に退いてしまった(35)。その結果、戦時期から農地改革期における耕作権の強化が、村落における利害対立にどのような影響を及ぼしたのかという点については、同書では最初から課題として設定されていない。戦後を射程にいれて市街地形成の論理を追究するのであれば、戦前期とは異なる、耕作権（あるいは借家権など）と所有権との対立やそこでの利用の実態を追究する必要があるのではないか。

## 三、残された論点

以上のように都市史・都市計画史を振りかえってみると、市街地形成に関する数々の論点が提示されてきたことがわかるが、同時に以下の二つの点については研究史において看過されてきたように思われる。一つは、土地区画整理によって生み出された宅地に、どのように建物が建って利用されたのかという点である。土地区画整理事業自体の事例研究が増加している点に比して、その事業後の土地利用に関する研究が少ないといえよう。土地区画整理後における宅地利用（建物建設など）は、同時代においての関心事でもあった(36)。村落に居住する地主や農民が、どこまで（あるいは、どのように）市街地形成に関わったのかを知る上でも重要な論点といえよう。

もう一つは、土地区画整理によって新たに開鑿される河川・水路や下水処理のための側溝・下水道に関する分析である。土地区画整理の前段階が田畑で河川や水路が存在する場合、それらは土地区画整理によってどのように改変されていったのか。また街路整備の際に同時に作られる生活排水を流す側溝や下水道の建設は、市街地形成にどのような意味をもったのか。土地区画整理事業は、宅地利用を可能とするために道路側溝や河川改修、橋梁の建設等を組み込んで行われる。さらには組合として水道を整備し下水路の建設に積極的な場合もある。しかし、これまでの諸研究は、組合経営や換地処分に関心が集中しており、宅地として成り立たせるための生活基盤整備に関する分析が乏しかった(37)。

市街地形成に関する研究は、近年土地区画整理・耕地整理事業等を中心に増加しているものの、土地自体に関しての研究が圧倒的に多く、土地区画整理前や事業後の土地利用との関係も、今後の課題として残されているといえよう。かつて中村吉治は、一事例に即した村落分析が必要である論拠として、「水利の研究者は、水利について多くの村村の実態を調べて整頓したり分類したりしているし、山の研究者はやはり多くの山を研究しているが、その互いの関係は注意されていない。そこをはっきりするためには一村ですべての問題を見なければならぬ」点を述べた(38)。このことは、市街地形成の歴史を研究するうえでも成り立つといえよう。事例研究から人と土地・水の関係史の視点から追究するのであれば、可能な限り、土地（宅地や農地）と建物、水などの相互の関係に注目していく必要があろう。

## 第四節　本書の方法――「人と土地・水の関係史」の追究に必要なこと

以上の研究史の整理を踏まえて、これまでどちらかといえば、都市計画史、不動産業史の文脈から明らかにされてきた市街地形成の歴史を、村落の側から、「人と土地・水の関係史」として追究するための方法をまとめれば、以下の三点となる。

### 一、土地所有への注目

第一に、土地所有とその背後にある社会関係に注目することである。岩見が指摘する「土地所有の共同開発」を、抽象的次元でとらえるのではなく、具体的に共同性の中身を実証しながら市街地形成の在り様を検討する必要がある。分析においては、以下の二つの点に注目したい。一つは、土地所有者が在村地主か不在地主かという点である。村落の成員か否かによって、「共同開発」へのかかわり方に相違がみられるかどうか、そして土地区画整理事業に並行して（あるいは土地区画整理事業終了後に）進められる自己の所有地の宅地化や売却の進め方に関しては、両者の間に相違がみられるかを検討する。もう一つは、地主小作関係のように、農地の宅地化を進める場合に利害が対立する主体間の関係についてである。宅地としての開発（あるいは売却）を進めるにあたって、地主と小作農民（耕作者）との関係はどのように解消されたのか否かについて時期ごとに検討すると共に、新たにつくりだされる地主と借地人の関係についても可能な限り検討する(39)。

第二に、本書では、投機の対象となった土地所有についても検討する。土地区画整理地区内には利用の伴わない投機の対象となった土地も存在していた。このような土地を土地区画整理組合はどのように認識し、対処したのか。土地区画整理終了後に、それらの土地はどのように流動化し、利用されたのか。これらの点に関してもできる限り具体的に追究したい。

## 二、土地・水の利用への注目

第二に、土地や水の利用とその背後にある社会関係についてである。本書において、「人と土地・水の関係史」を描く際に重要なことは、土地区画整理地区を単に土地所有面から検討するのではなく、整理前後における土地・水の利用とその変化に注目することである。これまでの研究においても、土地利用は対象とされてきたが、主に土地所有との関係でとりあげられてきた。先行研究でとりあげた丹羽邦男の場合、近代的土地所有権の設定との関係で所有と利用が切断されるという論点を提示した。土地区画整理の研究においては、換地処分論として、換地前と換地後で地筆やその面積が変更することをどのように処理するかという意味で重視されてきた。これらの論点の重要性を筆者も認めるものであり、本書でもこれらの点を追究する。しかし、土地所有から利用を見ようとすると、現実の土地や水の利用者やそこでの利用の中身に間接的にしか切り込めない難点が存在する。農家における農地利用一つとっても、農地所有者は一名であっても、多くの場合夫婦やその親、子らがその耕地を耕作する。農繁期には、種々の社会関係を利用した手助けを必要とするであろう。水の利用を維持管理するためには、村落での共同労働も必要となろう。本書が注目することの一つは、これらの多様な土地・水の利用とその背後にある社会関係である。それらが、土地区画整理による市街地形成にどのような影響を与えたのか。あるいは逆に市街地形成の影響を受けたのか。その両者の関係を追究することを試みようと考えている。

土地・水の利用は、生産の諸側面に直結する。それゆえ、例えば農業史・農業問題の分野においては、農業生産の効率性やそれを支える組織・担い手との関連（地力の維持管理や農業機械の利用、家族とは異なる営農集団への注目など）で土地利用が注目されてきた(40)。しかし、市街地形成を対象とする本書で注目したいのは、そのような農業生産という特定の目的に即した土地の利用効率に関する視点ではない。本書が注目するのは、市街地形成に直面した現実の土地や水の利用者と、その背後に存在する様々な社会関係や組織である。そのような多様な利用が場合によっては相対立しつつ実際に存在していたとすれば、まずはそのこと自体をできる限り実証的に明らかにすることを本書では目指したい。そうすることによって、そこでの多様な利用とかかわらせて土地区画整理や自治体の政策の特徴を改めて考察するというように、利用に即して問いをたてることが可能となるのではないか。

そこで以下、①〜③にわけて、本書が取り上げる土地・水の利用を説明しておこう。

①人の労働による土地や水への働きかけの側面に注目する。この点は、古島敏雄の研究との関連で述べたとおりである。土地所有に関する権利関係だけからは、必ずしもこのような労働の実態は見えてこない。現実の人の労働による土地や水への働きかけを分析することによって、人びとがどのような意味で市街地形成を進めようとしたのか――あるいは、もともとの農地利用を維持しようとしたのか――という点に関する内実がみえてくる。ただし、前述したように、本書が注目するのは特定の目的からみた土地や水の利用効率の問題ではない。人の労働による土地や水への働きかけ自体を、雇用労働など個々の人が抱える他の労働との関連を踏まえて検討する。

②土地や水の利用の担い手に注目する。地主小作関係のもとで小作農民が耕作する農地はその典型であるが、それだけに限らない。自作農が耕作する（小作農であっても同様だが）農地であっても、耕作者は妻や夫であり、その両親や子であり、さらには雇人であるなど、多様である。兼業農家の場合には、農作業の担い手の就業先での勤務が、土地や水の利用に大きな影響を及ぼすであろう。従来、村落論に即して土地利用をとりあげる場合、どちらかといえば、村落における共同性を見出すために共同労働に注目する研究が多かったと思われる。そのような共同性に関する側面も、本書ではぜひとりあげたいと考えるが、他方で家族内外における土地利用の担い手と共同作業に注目して、どのような社会関係のなかで誰が実際にその土地・水を利用し、それらを持続的に維持管理したのかという点の検討が、重要といえよう(41)。人々の生活が大きく変化し、家族も変化する戦間期から高度成長期にかけて、家族のなかの個々人の土地や水の利用は、単純に親の代を継承するものではなかったはずであり、その意味でも利用の担い手とその変化に注目する必要がある。

利用の担い手の変化という点に即してみた場合、本書がとりあげる高度成長期は、子が雇用労働に就く関係で農家の後継者が不在となる場合が多く存在する。子が農作業を継承してきた慣行が途絶えることは、農作業を担ってきた夫婦の土地利用への認識をどのように変化させたのか。本書では、特にこの点に注目したい。農地転用を、単純に「農地の資産化」として捉えるのではなく、高度成長期、農家構成員のライフステージの内容が大きく変容するなかで、徐々に年齢を刻んでいく農作業の担い手の意識に即して検討することを、本書では重視したい。

③土地区画整理の実施過程と実施後において、土地利用が実際に変化していく側面である。そこで対象となることがらは、二点ある。一つは、もともとの土地利用（多くの場合農地）がいつどのように転用されたのか（あるいはされなかったのか）を検討することである。その際、小作地であれば小作農民との関係が問われることになる。農地調整法などの国家法の新たな制定にも留意する必要がある。アプリオリに郊外の農地が転用される側面だけに注目するこ

とは避け、農地利用が持続される場合にも注目したい。もう一つは、土地区画整理後の市街地形成に村落の地主や農民がどのようにかかわったのかを検討する。地主が市街地形成にかかわるといった場合の具体的内容（貸地や建物建設など）を明らかにするとともに、そのなかでの農地利用を追究する。また、宅地化が進むなかで、水利用の変化と継続の両面にも注目する。

以上、土地と水の利用についての説明は、やや長くなったが、利用論を組み込むことによって、所有論では理解しきれない、家族とその周辺の社会関係に規定された「人と土地・水との関係」を具体的に検討することができる。都市計画に基づく市街地形成は生活インフラの整備を通じて人びとの生活を画一的にしていく側面があるのは事実だが、本書においては、まずは人びとの多様な土地や水の利用に着目し、そのことと市街地形成との関連を考えていきたい(42)。

## 三、国家法と自治体への注目

「人と土地・水の関係史」を追究するうえでの第三の方法は、国家法と自治体の政策に注目するという点である。本書は政策史ではないため、全面的に法と政策を検討の俎上に載せるわけではないが、以下の二つの点に関しては、検討を要すると考える。

一つは、市街地形成に重要な意味を持つ国家法のなかでも、個別の土地所有・利用を調整・統制する法の登場に注目する点である。一九一九年に制定された都市計画法・市街地建築物法は、都市史に即していえば重要である。これとともに、郊外村落における市街地形成を論じる本書において重要なのは、一九三八年に制定される農地調整法、戦後の自作農創設特別措置法、さらには農地法が、郊外の農地に与えた意味である。また、戦時期の土地に対する諸統制のなかでも、地代家賃統制令のように、戦後に至るまで部分的に効力を有し続けるものも存在した。これらの法が、現実の人と土地・水の関係に与えた意味を検討する必要がある。

もう一つは、自治体の政策である。本書が対象とする土地区画整理事業は、都市計画法第一二条に基づく組合施行によるものであり、実施主体は自治体ではない。しかし、実際には、事業終了後に完成した道路や溝渠等は自治体に移管され、その維持管理は自治体が行うことがほとんどである。公共施設を創出する側面だけでなくその維持管理にも注目する本書においては、自治体による公共施設の維持管理の内容を農民や住民の土地・水利用との関係で検討する必要がある。自治体をとりあげるもう一つの理由は、市議会の検討を通じて土地所有・利用や水利用に関する多様な利害対立の実態を把握することが可能となるとともに、そこでの議論の過程を追うことで、問題がどのように解決（解消）されたのか、そのプロセスを追うことができるからである。戦後においてこのことが最も具体的に当事者間で議論されたのが、農地転用を審議する機関でもある、自治体に設置された市町村農地委員会（農業委員会）であった。本書では、種々の利害対立に関して農地委員会（農業委員会）での議論に注目しつつ、市議会での議論や訴訟となった問題にも注目して分析を進めたい。

以上のように、本書では、土地所有と利用、国家法と自治体に着目するが、このような市街地形成への取組みに対して、そもそも法的、経済的に関わることのできなかった人びとが存在したことを忘れてはならない。土地を所有しない小作農民や借家人層は、もともと土地区画整理組合の組合員になる資格を有しておらず、その意味で市街地形成に関する決定のプロセスから排除されていた。これらの点に関しても、本書では注目したい。

さらに、土地区画整理事業によって、特定区域において市街地形成が進めば、そのことは、区域の外延部に位置する人びとに対しても、様々な影響を及ぼすことになる。本書では、土地区画整理区域外の人びとと土地・水との関係を実証的に明らかにすることはできないが、村落を母体とする土地区画整理の実施が、土地区画整理区域外に及ぼす影響――その経済的波及の側面とともに、格差や差別が助長されていく側面にも留意していきたい。

## 四、分析課題

以上の、「人と土地・水の関係史」を追究する方法に即して村落の側から市街地形成を実証的に検討する場合、分析課題は以下のようになろう。

①市街地形成前の土地所有と利用の実態に関する分析。具体的には、土地区画整理事業が開始される前の、村落における農家構成と地主小作関係を挙げることができる。同時に、農地としての利用が、誰によってどのような労働によって支えられていたのかという点について検討するとともに、そこでの用排水に注目する。

②市街地形成の具体的なプロセスとしての土地区画整理事業の分析。この点は、本書の中核部分となるが、以下の三つの事項が、主要な分析課題となる。(i) 土地区画整理の担い手について。組合施行土地区画整理は都市計画法(旧法)第一二条に規定されている事業であるが、事業実施にむけての意見の不一致や利害対立は、どのように解消されたのか。具体的な事業のプロセスを追うことによって、「土地所有による共同開発」という場合の「共同」の中身を検討すると共に、誰がイニシアティブをとって事業を進めたのかを明らかにする。(ii) 事業の内容について。土地整理の内容とともに、そこでの水道や下水施設、河川改修などとの関係に注目して、土地区画整理前における人と土地・水との関係をどのように変えようとする計画であったのかを明らかにする。(iii) 事業実施時期の差異について。戦時期から戦後改革期における耕作権の強化は、市街地形成に対しても重要な影響を与えたと考えられる。そこで、本書では、後述するように、戦前期に土地区画整理事業を完了した組合と、戦時期に組合が設立されて高度成長期まで事業が継続した組合の二つの事例(地区)をとりあげ、比較検討する。後者においては、戦後改革期に地主と小作農民間における激しい利害対立を検出することとなろう。

③土地区画整理事業後の市街地形成の実態についての分析。その内容は以下の三点にまとめられよう。(i) 土地移

動と建物建設について。土地整理後における土地移動を分析し在村地主と不在地主ごとの行動様式の差異を明らかにするとともに、地区内の建物建設の特徴について検討する。(ii)農地の残存状況と転用について。土地区画整理地区内でありながら農地が残存する場合その理由を検討すると共に、農地が宅地として転用する契機やその論理を農地委員会（農業委員会）での議論を通じて明らかにする。(iii)水道や水路の維持管理について。土地区画整理組合が設置した水道・下水路や改修された河川が、その後誰によってどのように維持管理されたかを検討すると共に、そこでの自治体の役割についても追究する。

以上、組合施行土地区画整理事業の前後における変化を、二つの国家法の枠組み――すなわち一九一九年に制定され基本的に六八年まで継続する都市計画法（旧法）と、戦時期から戦後改革期において耕作権が強化される農地法制――が、市街地形成に与えた意味に留意するとともに、高度成長期のライフコースや家族労働の変化に注目し、そのもとでの地主や農民の土地所有・利用が市街地形成をどのように意味づけ、都市計画の当初の理念や内実を変えていくのかを明らかにする。国家法の規定性や家族の変化から土地所有・利用（あるいは水の維持管理と利用）の内実を明らかにすることを通じて、村落からみた場合に、戦前・戦時期から高度成長期にかけての市街地形成に対して人びとはどのような固有の意味を付け加えていったのかを明らかにする。このことにより、これまで主に法制度面から説明されてきた市街地形成の論理(43)とは異なる視角からの、新たな理解を提示することにしたい。

## 五、必要となる史料――日記を分析する意味

本書では、政策サイドからではなく、村落に居住する地主や農民にとっての土地や水との関係を検討する。とりわけ、本書においては、所有論のみならず利用論を試みる点に特色がある。土地所有のみであれば、土地区画整理を実施する過程で組合自らが作成する土地所有に関する調書があれば、分析はある程度可能となる。近年、土地区画整理

組合に関する事例研究が増加しているのは、これらの史料の発掘と保存が進行しているからといえよう。それゆえ、本書においても、組合が作成した土地所有に関する調書と、土地区画整理組合が毎年作成する事業報告書を利用して、土地所有と公共施設の造成に関して明らかにする。

しかし、本書では、土地所有や自治体の分析だけでなく、土地・水の利用に関する分析をメインに据える。このことは「人と土地・水の関係史」を探るうえで、極めて重要であるが、土地や水の利用とその背後にある社会関係を探るには、どのような史料を用いればよいのか。そこで筆者が考えたのは、地主や農民の日記史料を用いるという点である。農民日記に関しては、前述したように西田が翻刻した『西山光一日記』がある。筆者は同日記の分析を試みたことがある(44)。そこで知り得た日記史料の特質をまとめれば、短所としては書き手の主観によって内容が選択され、日記に書かれていない事柄に関する事実関係を知ることはほとんど困難な点、何歳の時の日記かによってその内容が大きく変化する点などが挙げられる。しかし、日記の書き手からみたという限定はつくものの、種々の社会関係や日々の農作業を知ることができる点に、政策サイドの史料からは知りえない特筆すべき長所がある。この長所をいかせば、土地や水の利用――そしてその背後にある社会関係――の具体的内容を、知り得ることが可能ではないか。そのような分析を通じて、研究史的に見ても「農家」「小農」といった概念を用いることによって、従来所与の前提として仮説的にとらえられることの多かった家族に関しても(45)、その内部での分業や、家族外との関わりなどをふまえて叙述することが可能となろう。このように地主や農民の日記を史料として用いることを通じて、初めて本書の課題に関する分析が可能となる。経済史研究においては、史料として用いられることが少ない日記史料を用いるのは、以上の理由からである。本書では、後述するように第二編においては兼業農家の日記を中心とした分析を試みることにしたい。

なお、日記史料を用いるうえで必要となる実証や史料についても言及しておこう。一つは、村落内部の農家階層間の利害対立に関してである。本書が対象とする第二次大戦前後の時期は、村内における地主と小作農民間の対立が激化する時期である。日記をそのまま史料として用いると、特定の利害のみに焦点をあてることになりかねない。そこで、この点に関しては、村落内部における農家の階層構成を把握したうえで、農地委員会（農業委員会）議事録を用いることとしたい。もう一つは、対象とする集落全体の景観とその変化である。集落やその周辺の全体的な地形と市街化の動向に関しては、地図や航空写真を積極的に用いることにしたい。日記や議会の議事録等断片的な記述を確認するうえで、作成（撮影）年月日がはっきりとわかっているこれらの史料を用いることで、各時期の市街地形成の中身に関する理解が深まることとなろう。

## 第五節　分析対象地――兵庫県尼崎市郊外

本書が対象とするのは、兵庫県尼崎市郊外の二つの地区――橘土地区画整理地区と大庄中部第一土地区画整理地区――である。尼崎市は、一九一六年に市制を施行、戦間期から戦時期、そして戦後復興期から高度成長期の工業化により急速な都市化をとげた典型的な工業都市であった(46)。一九二五年に尼崎市ほか、大庄、武庫、園田、小田、立花の各村が都市計画区域に指定された。本書が対象とする橘土地区画整理組合と大庄中部第一土地区画整理組合はそれぞれ立花村と大庄村に位置し、共に都市計画法第一二条に基づく組合施行土地区画整理によるものであった。組合施行とは、耕地整理法を準用して土地所有者が組合を組織して実施するもので、地方公共団体による事業ではなく地主による事業であった点に特徴がある。本書でとりあげる二つの地区は、隣接するものの土地区画整理を実施した時期が異なる地区であり、かつとりあげる史料も異なり各地区で明らかにしようとする事項も異なる。そこで以下やや詳しく、各地区の本書における位置づけを説明しておこう。

第一編で扱うのは、兵庫県川辺郡立花村（現：尼崎市）に位置した橘土地区画整理組合の事業区域である。立花村は、尼崎市の北側に位置し（一九四二年に尼崎市に編入）、橘土地区画整理地区は、立花村七松・水堂・三反田の三地区（大字）にまたがる田園地帯に位置し、一九三四年の東海道線立花駅開業に先立って結成された組合であった。表序-1は尼崎市内の地区別の人口増加を示したものだが、立花地区の市内全域に占める人口比率が一九三〇年代以降、高まっていることがわかる。

橘土地区画整理組合地区の位置づけは、以下の三点にまとめられる。第一に、同組合は、市街地向け耕地整理組合を除けば、尼崎市内とその周辺で最も早い段階で結成された組合施行土地区画整理組合であった。同組合の事業と立花駅の開業によって、駅周辺の人口が急増し、同組合地区の外延部に新たな土地区画整理組合が設立されていくことになる。第二に、同組合は、一九三三年に設立し、三九年に換地処分を終える。すなわち橘土地区画整理事業は、戦時期における耕作権強化の直前の段階で進められた事業と位置づけることができる。第三に、橘土地区画整理組合地区と集落の位置との関係である。同組合地区は、新たに開設された立花駅中心に事業を実施したため、地区内は概ね田園地帯で、地区の外に、主に農家が集住する集落が位置していた。図序-1は、同地区の模式図を示したものである。立花村大字水堂のなかに、農家を中心とした結合関係が強い農業集落（水堂地区）があり、その東側が橘土地区画整理地区であった。土地区画整理地区内に、旧来の集落が含まれていない点が特徴と言えよう。

橘土地区画整理事業の特徴は、新駅設置との関係で組合が設立された点、組合自らが水道施設を設置し下水路も設計するなどの内容

（単位：人）

| 1970年 | 1975年 | 1980年 |
|---|---|---|
| 553,660 | 545,762 | 523,657 |
| 96,033 | 85,024 | 74,717 |
| 6,393 | 6,292 | 5,816 |
| 6,404 | 5,481 | 4,645 |
| 88,558 | 76,996 | 69,123 |
| 111,254 | 99,995 | 92,317 |
| 119,256 | 124,251 | 120,809 |
| 52,218 | 66,951 | 73,480 |
| 86,341 | 92,545 | 93,211 |

（単位：％）

| 1970年 | 1975年 | 1980年 |
|---|---|---|
| 100 | 100 | 100 |
| 17.3 | 15.6 | 14.3 |
| 1.2 | 1.2 | 1.1 |
| 1.2 | 1.0 | 0.9 |
| 16.0 | 14.1 | 13.2 |
| 20.1 | 18.3 | 17.6 |
| 21.5 | 22.8 | 23.1 |
| 9.4 | 12.3 | 14.0 |
| 15.6 | 17.0 | 17.8 |

### 表序-1　尼崎及び市内各地区の人口

| | 1930年 | 1935年 | 1940年 | 1950年 | 1955年 | 1960年 | 1965年 |
|---|---|---|---|---|---|---|---|
| 尼崎市全体 | 121,026 | 173,228 | 274,516 | 279,143 | 335,507 | 405,967 | 500,977 |
| 大庄地区 | 10,717 | 18,245 | 43,971 | 57,359 | 68,192 | 84,929 | 98,434 |
| 浜田町 | - | - | - | - | 9,453 | 5,129 | 6,136 |
| 崇徳院 | - | - | - | - | | 6,950 | 7,092 |
| 本庁地区 | 50,064 | 71,072 | 181,011 | 77,941 | 90,984 | 101,703 | 99,119 |
| 小田地区 | 40,290 | 54,484 | - | 68,270 | 84,986 | 98,491 | 110,817 |
| 立花地区 | 8,203 | 12,283 | 24,084 | 40,845 | 47,822 | 64,479 | 93,613 |
| 武庫地区 | 3,984 | 5,816 | 8,900 | 10,946 | 13,340 | 16,623 | 34,534 |
| 園田地区 | 7,768 | 11,328 | 16,550 | 23,782 | 30,183 | 39,742 | 64,460 |

**人口の比率**

| | 1930年 | 1935年 | 1940年 | 1950年 | 1955年 | 1960年 | 1965年 |
|---|---|---|---|---|---|---|---|
| 尼崎市全体 | 100 | 100 | 100 | 100 | 100 | 100 | 100 |
| 大庄地区 | 8.9 | 10.5 | 16.0 | 20.5 | 20.3 | 20.9 | 19.6 |
| 浜田町 | - | - | - | - | 2.8 | 1.3 | 1.2 |
| 崇徳院 | - | - | - | - | | 1.7 | 1.4 |
| 本庁地区 | 41.4 | 41.0 | 65.9 | 27.9 | 27.1 | 25.1 | 19.8 |
| 小田地区 | 33.3 | 31.5 | | 24.5 | 25.3 | 24.3 | 22.1 |
| 立花地区 | 6.8 | 7.1 | 8.8 | 14.6 | 14.3 | 15.9 | 18.7 |
| 武庫地区 | 3.3 | 3.4 | 3.2 | 3.9 | 4.0 | 4.1 | 6.9 |
| 園田地区 | 6.4 | 6.5 | 6.0 | 8.5 | 9.0 | 9.8 | 12.9 |

出典：渡辺久雄編『尼崎市史第9巻』尼崎市役所、1983年、30～37頁および各年次『尼崎市統計書』。

上の特徴を有した点が挙げられる。そこで第一編では、以下の三つの事柄を中心に検討する。第一に、地主の土地区画整理事業への関わりについて検討する。具体的には、(1) 新駅設置との関係も含めて組合設立の担い手となった地主文書を利用して、組合設立前の地区内の地主小作関係を探るとともに、(2) 土地区画整理組合の史料を用いることで、組合設立と事業実施のプロセスを追う。第二に、土地区画整理地区内における、地主私有地の宅地化の実態についてである。土地区画整理事業と並行して進められる地主の宅地開発を検討すると共に、換地処分後における土地所有と土地移動について、在村・不在地主別に地方法務局が所蔵する旧土地台帳を利用して検討する。第三に、組合史料や旧土地台帳、市議会議事録などを利用して、組合解散後の土地所有・土地利用の実態や水道や下水路利用について検討する。

図序-1　橘土地区画整理組合地区の模式図

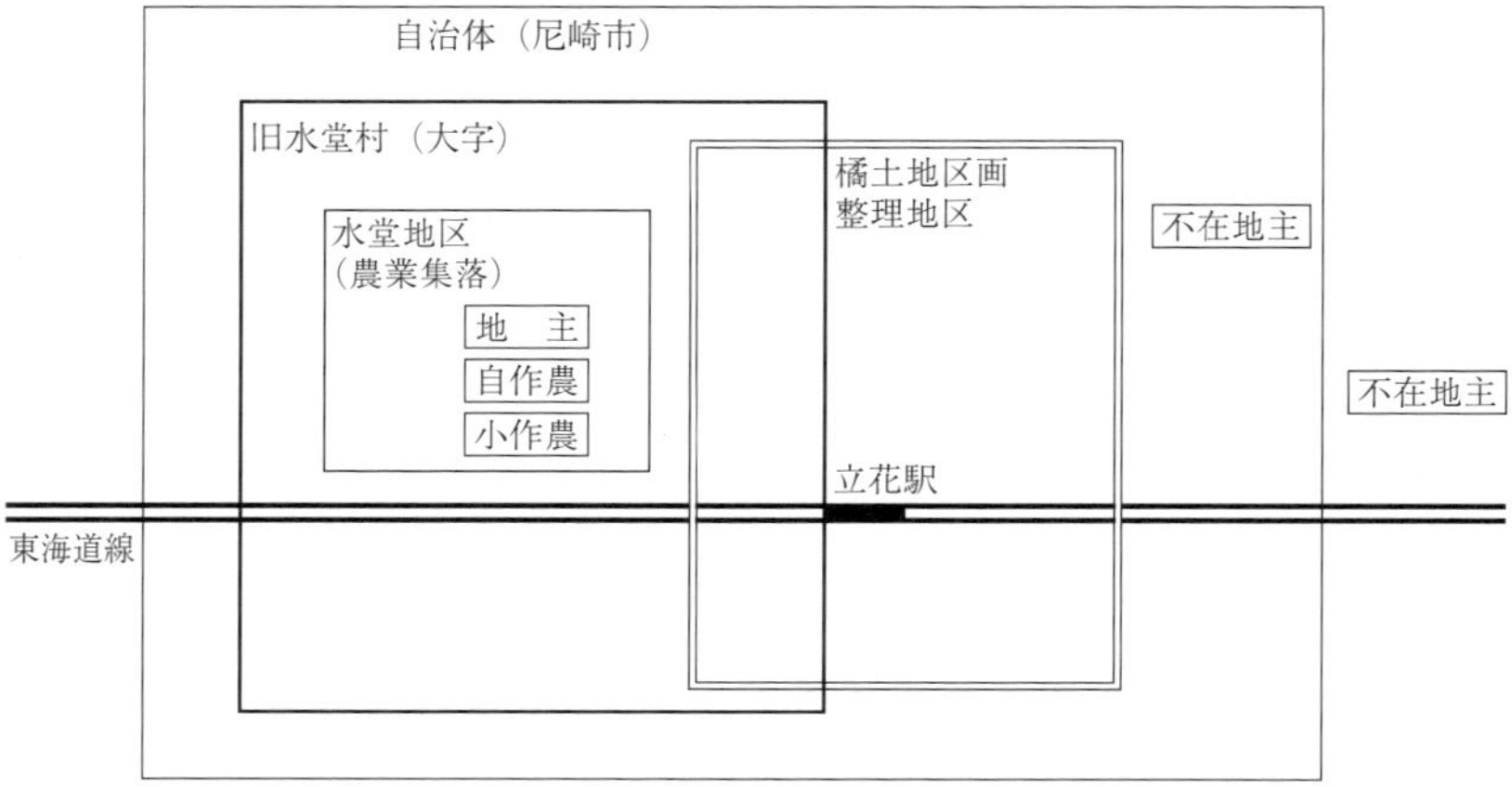


第二編で扱うのは、橘土地区画整理地区の南部に隣接する武庫郡大庄村（現・尼崎市）に位置した大庄中部第一土地区画整理組合の事業地区内に位置する浜田地区（なかでも農業集落が位置する地区北部）である。

大庄中部第一土地区画整理組合[47]は、日中戦争期に尼崎市近郊で設立が相次いだ土地区画整理組合の一つであった[48]。大庄村は一九四二年に尼崎市に編入されたが、大庄村域は戦間期以降の尼崎市とともに工業化が進展した地域であった。表序-1においても、戦前段階における人口増加率が特に高いことがうかがえる。本書でとりあげる浜田地区は近世村の系譜を有する地区だが、村内では宅地開発は遅れて進行する地域であった。図序-2は、大庄中部第一土地区画整理地区の中の浜田地区を示したものである。橘土地区画整理組合と水堂地区との関係と異なり、浜田地区は土地区画整理地区のなかに含まれており、農業集落も地区内に位置していた。

大庄中部第一土地区画整理組合の位置づけは、以下の三点にまとめられる。第一に、尼崎市郊外でも市街地形成は同地区北部の橘土地区画整理地区より遅れ、土地区画整理組合の事業が終了した一九三九年に、浜田地区を含む大庄村北部地区に大庄中部第一土地区画整理組合が設置された点である。第二に、同組合はアジア太平洋戦

図序－2　大庄中部第一土地区画整理地区の模式図

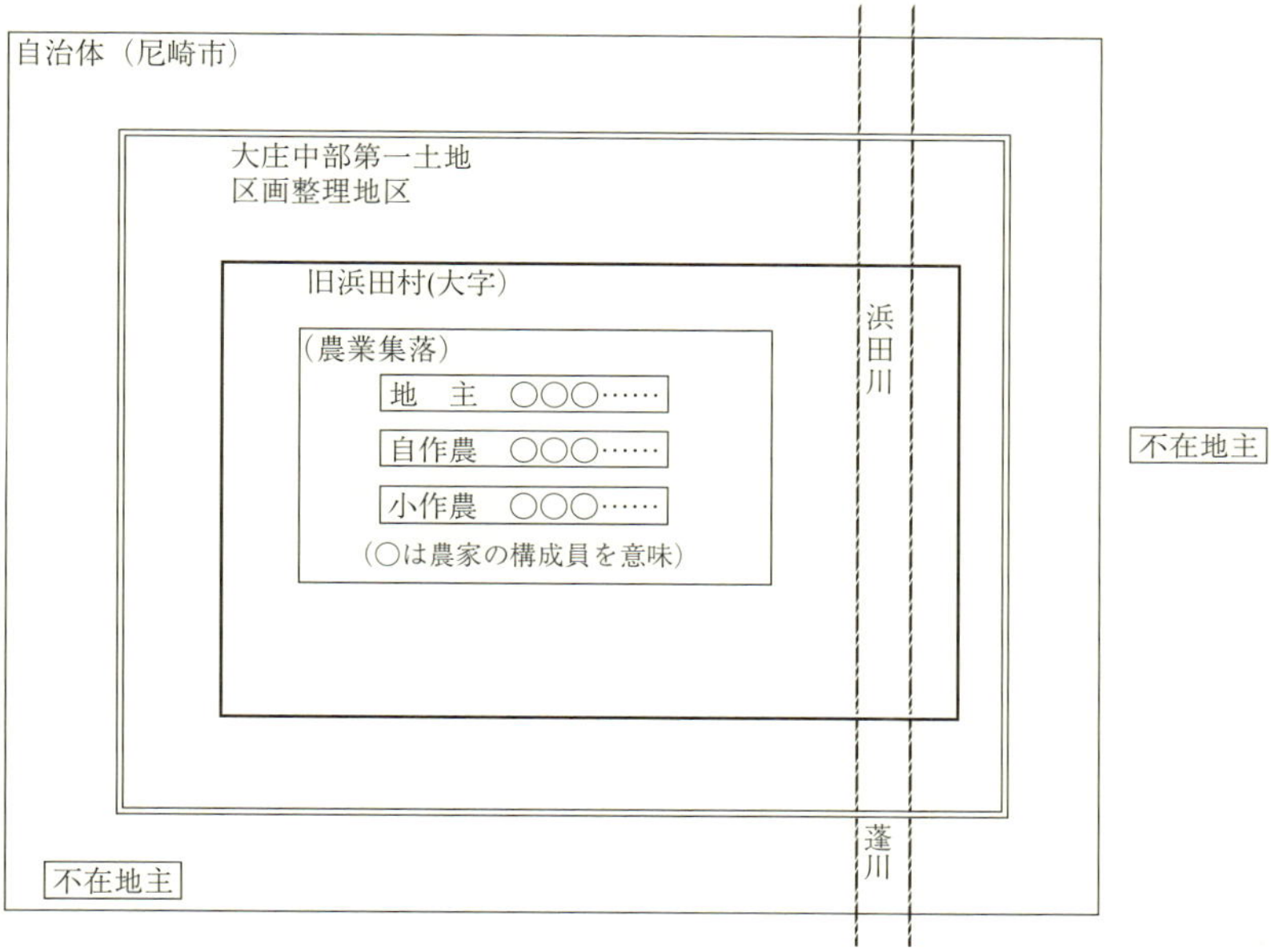


争期に事業はいったんストップし、戦後改革期には、耕作権が法的にも強化された小作農民と地主との間で紛争の生じた点である。第三に、一九五六年に残事業を尼崎市に継承して解散し、残事業は高度成長期において尼崎市によって行われた点である。全体として、橘土地区画整理地区に比べ、事業の展開が遅く、高度成長期に至るまで地区内での農地利用が続いていた点が特徴といえよう。

そこで第二編では、以下の三つの点を中心に考察を進める。第一に、地区内に居住する兼業の自作地主の日記を史料として用いて、土地区画整理前からの農地利用者に注目して実証的に把握するとともに、そのことが土地区画整理に即してどのように変化したかを追究する点である。図序-2の農家中心の集落内には、地主、自作農、小作農を想定しているが、それぞれのなかに、○印で家族構成員を示した。日記史料を用いる第二編では、家族のなかの誰が土地や水を利用していたのかという点についての分析が可能だからである。対象となるのは日記史料が残存する一農家（兼業の自作地主）(49)に限られるものの、家族外の種々の社会関係にも注意を払いながら土地や水の利用者に関する実態（その中心は農作業の分析）とその変化を明らかにする。浜田地区の一つの特徴は、図序-2からわかるように、地区東側を流れる浜田川の改修工事が土地区画整理事業に含まれている点であった。浜田川は地区内農業の用排水に重要な役割を果たしていた。農民日記から人と水との関係を探ることも可能となろう。土地区画整理事業による基盤整備とは異なる、日記からうかがえる多様な生活や生産を踏まえることで、土地区画整理事業がそのような当該地域の景観や住民の土地・水利用の何を改変し（あるいは改変しなかったのか）を分析することを目指す。第二に、土地区画整理の実施過程を分析すると共に、同事業を継承した尼崎市の政策を検討する。市の市街地形成に関する政策については、大庄中部第一土地区画整理の残事業のほか、浜田地区の人びとと土地・水の関係に影響を及ぼすものについてとりあげて検討する。第三に、村内農家の階層区分を行ったうえで、戦後復興期における土地区画整理をめぐる小作農民と地主の対立を正面から検討し、そのことが、その後の市街地形成に与えた影響について検討する。これらの点については、農地委員会（農業委員会）議事録などの史料を用いて、村内の農民の動向を追うこととする。

以上まとめれば、第一編では、主に地主資料を用いて、組合設立プロセスとともに一九三〇年代のみならず、組合解散後において村落の地主サイドから市街地形成に果たした意義を検討する。第二編では主に農民日記と市農地委員会（農業委員会）議事録を用いて、戦争で事業が遅れ、戦後復興期から高度成長期においても農地が散在する地区における地主小作間の対立とその帰結と、農民自身の土地・水との具体的な関係と土地区画整理後におけるそれらの変化を農民サイドから分析する。第一編では主に土地所有論（土地利用の実態について、可能な限り検討対象とする）から、第二編では主に土地利用論（土地所有の分析を踏まえつつも）から検討するというように、とりあげる地区によって、明らかにする課題が異なる点を、予めご了承願いたい。各編で提示された論点を、終章でまとめて論じることにしたい。

なお、序章の最後に、本書で用いる村落、集落という語の中身と、そこでの領域の限定性について述べておきたい。本書で村落という場合には、行政村としての村ではなく、江戸時代からの自然村の系譜を引く地区（＝大字）を指すこととし、集落という場合には、村落のなかで特に住居が集まっている地区を指すことにする。ただし、対象とする戦間期以降の尼崎市近郊は、既に人口増加が始まっており、江戸時代からの系譜を有する村落の領域には工場労働者などの来住者が多数居住していた。具体的にいえば、第二編でとりあげる浜田地区はもともと北部に集落があり農家が集中していた（＝農業集落）が、本書の対象時期には、既に市南部の工業開発とともに、もともと田園地帯であった地区南部に労働者が居住するようになっていた。それゆえ村落＝旧浜田村の領域ととらえれば、これら市南部の新たに居住し始めた労働者層も対象としなければならない。しかし、本書では、もともと村落に居住していた地主や農民の土地・水との関係が市街地形成に果たした役割を検討するので、村落に関する分析は、これらの地主や農民に関する分析を中心とし、必要な限りで新たに居住し始めた住民について言及していく点を予めお断りしておく。

**注**

（1）　ヨアヒム・ラートカウ『自然と権力　環境の世界史』みすず書房、二〇一二年は、「手つかずのままの自然」という理想は幻影であるとし「偏見にとらわれぬ環境史が扱うのは、いかに人間が純粋な自然を汚してきたかという問いではない」として、「人間と自然との異種混合的な諸結合における組織化、自己組織化、そして解体の諸過程こそ、環境史の探究の対象である」（二〇頁）と指摘する。このような問題提起との関連で、実証的な国際比較を通じて理解を深めることが重要といえよう。本書は村落の側から市街地形成の論理を明らかにするものであり、環境史的に総括することを目的としてはいないが、ラートカウの議論から読み取れる問題関心を共有するものである。

（2）　筆者も加わった近年の実証研究を踏まえて共同体論を問い直す共同研究の試みとしては、小野塚知二・沼尻晃伸編著『大塚久雄『共同体の基礎理論』を読み直す』日本経済評論社、二〇〇七年がある。なかでも、近世日本の村落共同体に関する研究史整理については、渡辺尚志「日本近世村落史からみた大塚共同体論」（同右所収）を参照されたい。

（3）古島敏雄『土地に刻まれた歴史』岩波書店、一九六七年。

（4）同右書、四〜六頁、九頁。

（5）それゆえ、古島は「今日われわれの眼前にあらわれる景観は、求めさえすれば、多様な時代の技術や経済力が選び出した自然条件やそれに加えた変化の形態を、併列的に示してくれている」と述べている（同右書、九頁）。

（6）丹羽邦男『土地問題の起源』平凡社、一九八九年。

（7）同右書、三〜四頁。

（8）同右書、二二五頁。

（9）同右書、三〇三頁。

（10）かつて筆者は、近代日本経済史研究が近世史研究に比べ、土地所有それ自体の質（内容）やそれをめぐる社会関係を問う方法を進化させてこなかった点を指摘したうえで、「国家法のもとで、市町村、部落、家族、個人、さらには企業やその他の法人などといった多様な主体が、各々の社会関係や利害関係を背後にかかえ場合によっては対立しながら、土地所有に関する規範をどのように形成していったのかを実証的に究明する必要がある」と論じた（沼尻晃伸「結語——共同性と公共性の関係をめぐって」前掲『大塚久雄『共同体の基礎理論』を読み直す』〔注2〕所収、一九九〜二〇〇頁）。しかし、ここでの議論は、やや所有論に偏ったまとめとなっている。本書では、後述するように利用論を積極的に位置づける方法を試みたい。

（11）西田美昭・久保安夫編著『西山光一日記』東京大学出版会、一九九一年、同前『西山光一戦後日記』東京大学出版会、一九九八年。

（12）「解題」（同右『西山光一戦後日記』）、西田美昭『近代日本農民運動史研究』東京大学出版会、一九九七年、同「農民生活からみた20世紀日本社会」『歴史学研究』第七五五号、二〇〇一年、同「新自由主義時代の終焉と日本近現代経済史研究の課題」『歴史科学』第二〇〇号、二〇一〇年。

（13）この点を鮮明にした議論を展開したのが、同右「新自由主義時代の終焉と日本近現代経済史研究の課題」であろう。

（14）代表的な研究として、渡辺洋三「農地改革と戦後農地法」（東京大学社会科学研究所編『戦後改革6　農地改革』東京大学出版会、一九七五年）。新沢嘉芽統・華山謙『地価と土地政策』（第二版）岩波書店、一九七六年、石田頼房『都市農業と土地利用計画』日本経済評論社、一九九〇年を挙げておく。

(15) 石田、同右書、五五〜五六頁。

(16) 前掲西田「農民生活からみた20世紀日本社会」（注12）一九頁。

(17) 環境史的視点からの研究として、若林敬子『東京湾の環境問題史』有斐閣、二〇〇〇年、泉桂子『近代水源林の誕生とその軌跡』東京大学出版会、二〇〇四年。また、鳥越皓之は、都市化を通して人と自然との関係史をみる場合における川の重要性を指摘している（鳥越皓之「都市化と自然の破壊」同編『環境の日本史5　自然利用と破壊』吉川弘文館、二〇一三年）。筆者も、都市における住民生活と水との関係の重要性を指摘し、水利用をめぐる住民と企業との利害対立と自治体の役割などについて研究を進めている（沼尻晃伸「高度経済成長前半期の水利用と住民・企業・自治体」『歴史学研究』第八五九号、二〇〇九年、同「地方自治体の渇水対策と企業・農民・住民」原朗編著『高度成長展開期の日本経済』日本経済評論社、二〇一二年、同「自治体政策にみる高度成長期の下水道設置と公共性」君島和彦編『近代の日本と朝鮮』東京堂出版、二〇一四年）。

(18) 膨大な研究が存在するが、それらをサーベイした近年の研究として、小田康徳編『公害・環境問題史を学ぶ人のために』世界思想社、二〇〇八年、菅井益郎「公害史」石井寛治・原朗・武田晴人編『日本経済史5　高度成長』東京大学出版会、二〇一〇年。

(19) 宮本憲一『都市経済論』筑摩書房、一九八〇年、五六〜五九頁。

(20) 大石嘉一郎・金澤史男編著『近代日本都市史研究』日本経済評論社、二〇〇三年、四九頁。

(21) ただし、現代都市政策を日本に当てはめる場合、宮本が高度成長期以後を念頭に置いているのに対し、大石・金澤は現代都市への転形を第一次世界大戦後に求める点での相違が存在する。

(22) 沼尻晃伸『工場立地と都市計画』東京大学出版会、二〇〇二年。

(23) 沼尻晃伸「農民からみた工場誘致」『社会科学論集』第一一六号、二〇〇五年。

(24) この点は、行政村と集落との関係について、「国家による法制定を通じて実現される公共性に留意しつつ、近代以降変化していった共同体的関係が『地域的公共関係』の内容を規定する側面があることを重視すべきである」と論じたことと共通する論点である（前掲沼尻「結語」（注10）二〇四頁）。

(25) 岩見良太郎『土地区画整理の研究』自治体研究社、一九七八年、五頁。

(26) 同右書、五一頁。

(27) 同右書、五四頁。

(28) 同右書、五二頁。

(29) 代表的なものとして、石田頼房『日本近現代都市計画の展開　一八六八―二〇〇三』自治体研究社、二〇〇四年、越沢明『東京の都市計画』岩波書店、一九九一年を挙げる。

(30) ただし、近年の岩見の研究は、「土地所有による共同開発」としての本質を有する区画整理の一類型として「不動産経営型区画整理」とは異なる「まちづくり型区画整理」を提起するなど（岩見良太郎「土地区画整理とまちづくり」原田純孝編『日本の都市法　Ⅰ　構造と展開』東京大学出版会、二〇〇一年）、現状分析の視点からではあるが、区画整理の内実に即した類型化が図られている点に、注目すべきであろう。

(31) 同右論文で、岩見は「資産的土地所有によって施行される『不動産経営型区画整理』と、生存権的な土地所有によって施行される『まちづくり型区画整理』」（三二〇～三二一頁）という理念型を設定し、後者に注目して住民主体のまちづくりを構想し、そのことと「自由な換地」論との関係を説いている。そこでの問題提起は大変興味深いが、「自由な換地」論として議論の枠組みが作られている点が特徴といえよう。

(32) 以上の方法を取ることによって、諸階級の利害から土地区画整理に接近する研究とは異なる意味で、共同性・公共性をめぐる社会経済史研究と制度的研究とを架橋することが可能となろう。

(33) 鈴木勇一郎『近代日本の大都市形成』岩田書院、二〇〇四年、第七章・第九章、高嶋修一著『都市近郊の耕地整理と地域社会』日本経済評論社、二〇一三年、本書が対象とする尼崎市については、森本米紀「一九一九年都市計画法第12条認可組合施行土地区画整理の運用実態に関する一考察」『神戸大学大学院自然科学研究科紀要B』第二三号、二〇〇五年、同「昭和戦前期における旧大庄村地域の土地区画整理事業」『地域史研究』第三六巻第二号、二〇〇七年。

(34) 前掲高嶋『都市近郊の耕地整理と地域社会』（注33）。

(35) 同右書、二〇頁で、高嶋自らもこの点を指摘しており、今後の課題となっている。

(36) 石田頼房・前田尚美・柴田徳衛・栗木安延『宅地開発過程の実態調査　Ⅰ』日本住宅建設公団建築部調査課、一九六五年、および石田頼房・前田尚美『宅地開発過程の実態調査　Ⅱ』日本住宅建設公団建築部調査課、一九六七年など。

(37) 地理学の分野では、排水施設に注目した研究として、矢嶋巌『生活用水・排水システムの空間的展開』人文書院、二〇一三年があるが、今後一地域に即して、宅地や農地との関係を踏まえた研究が求められよう。

(38) 中村吉治「緒論」同編著『村落構造の史的分析』御茶の水書房、一九八〇年（原典は日本評論新社、一九五六年）六頁。

(39) 本書の基本的な視点は、村落からみた市街地形成にあるので、村落外の不動産業者の役割に関しては、村落の地主や農民らが果たした役割を理解するために必要な範囲にとどめることを予めお断りする。

(40)　梶井功編著『土地利用方式論』農林統計協会、一九八六年、農業問題研究会編『現代の農業問題3　土地の所有と利用』筑波書房、二〇〇八年など。

(41)　例えば、近世の共同体論をめぐる論争においても、所有論からの分析と労働組織論からの分析のどちらに重点を置くかが一つの論点となっており、近世史家の渡辺尚志も「土地所有を考える場合でも、抽象的な権利関係だけでなく、具体的な土地用益のあり方を重視し、そこから自然環境に規定された人と自然との関わり、さらに人と人とのつながりをトータルに解明すべき」と論じている（前掲渡辺「日本近世村落史からみた大塚共同体論」〔注2〕一〇一頁）が、農家自体は所与の前提としてとらえられているように思われる。二〇世紀を対象とする本書と近世史研究とを同列に論じることはできないものの、戦前期においてどのような家族内外の農地利用によって農家が成り立っていたのかという点、戦後において一方で法的には家制度が廃止され他方で性別役割分業的な意識が新たに植えつけられるなかで利用の担い手はどのように変化したのかという点から、現代史研究に即して家族内の個々人に即して利用を考える必要があるように思われる。

(42)　前掲ラートカウ『自然と権力』〔注1〕四九頁で、ラートカウは河川の利用と利害について、以下のように述べる。「そこで暮らすできるだけ多くの人々が心地良く感じられるような仕方で、個々の文化的小宇宙にそれぞれの生態的地位を認めることが一番良いことなのである。河川に関して、工業の利害のみが幅を利かせるのでなく、漁師の、船乗りの、水浴する子どもの利害、そして牧草地に水を引く農民や都市の飲料水供給の利害もまた発言権を得るならば、そのときそうした利害の多様性は「良い」環境を保証する（中略）「良い」環境とは、数多くの小世界を可能にする環境である。それら小世界は、心理学的な構成単位であると同時に生態学的な構成単位でもある。（中略）環境史は、また心性史でもあるのだ」。

(43)　都市法や都市工学の観点から、戦前から戦後にかけて長期にわたって都市形成を論じた研究として、原田純孝「『日本型』都市法の生成と都市計画、都市土地問題」同「戦後復興から高度成長期の都市法制の展開」同編『日本の都市法　Ⅰ　構造と展開』、前掲石田『日本近現代都市計画の展開　一八六八―二〇〇三』〔注29〕が挙げられる。本書が対象とする約五〇年の期間はこれらの研究に比べれば短いが、村落の側から市街地形成を照射することによって、国家法に基づく制度史からは見えにくいその特質を解明することを目指す。このような社会の側の分析から国家法の意味を問い直す作業は、歴史学の方法との関連でいえば、「総力戦体制」論や「国民国家」論に対する問題提起の意味も有することになろう（総力戦のもとでの空間の均質化に関する研究として、水内俊雄「総力戦・計画化・国土空間の編成」『現代思想』第二七巻第一三号、一九九九年）。

(44) 二〇一〇年度政治経済学・経済史学会秋季学術大会のパネル・ディスカッション「『西山光一日記』にみる農作業・奉公・普請」(二〇一〇年一一月一三日、首都大学東京)を飯田恭とともに企画し報告した。

(45) 経済史研究のなかでも、戦間期の農家労働に関しては、大門正克「一九三〇年代における農村女性の労働と出産――岡山県高月村の労働科学研究所報告を読む」『エコノミア』第五六巻第一号、二〇〇五年、斎藤修「農家世帯内の労働パターン――両大戦間期17農家個票データの分析」『経済研究』第六〇巻第二号、二〇〇九年など、家族構成員に注目しての研究が進展しつつある。前掲パネル・ディスカッション「『西山光一日記』にみる農作業・奉公・普請」〔注44〕は、大門・斎藤らの研究が同時代の統計や調査を用いての研究であること、家族構成員に注目しているものの、「家族」の枠組みで農家労働をとらえている点――言いかえれば、家族外の農作業の担い手(その背後にある社会関係)を踏まえていない点を克服しようとして、小作農民自身が記した日記を用いて、小作農民の側からみた種々の社会関係を描こうとした。本書は同右報告と異なり、家族内外の諸関係を明らかにすること自体を目的としていないが、土地利用を支える担い手として、家族内外の分業について可能な限り言及していきたい。

(46) 戦間期における典型的な新興工業都市としての尼崎市の位置づけに関しては、前掲大石・金澤編著『近代日本都市史研究』〔注20〕三八~三九頁を参照。

(47) 同組合の名称は、当初大庄村中部第一土地区画整理組合であったが、一九四二年に大庄村が尼崎市に編入されたのち、組合の名称も「村」をとって、大庄中部第一土地区画整理組合となる。本稿では便宜的に、後者に統一して以下記す。

(48) 同組合の事業内容を検討した先行研究として、枝川初重「戦前戦後の駅前区画整理事業(尼崎市)」『尼崎まちづくり研究ノート』No.二、二〇〇〇年。

(49) 本書で「自作地主」という用語を用いる場合、農家としては自作農であるが宅地の貸地などを行っている場合を指す。

# 第一編　橋土地区画整理地区

# 第一章　地主による土地区画整理事業と市街地形成の特質

本章では、一九三三年に設立された橋土地区画整理組合における事業の担い手となる地主を主たる考察の対象として、在村地主・不在地主の区分に注目しながら、以下の三点を中心に分析を進める。第一に、対象地域の区画整理前の段階における土地所有・利用の実態についてである。第二に、組合結成に向けての地主の役割と組合結成に利用された共同関係の内容、県都市計画行政との関係、小作農民への補償問題についてである。第三に、事業実施による街路整備などの公共用地造成と私有地における宅地化の特質（その矛盾点）についてである。これらの分析を通じて、戦前・戦時期の段階で形作られていった同事業に基づく市街地形成の構造を明らかにすることにしたい。

## 第一節　都市化と地区内の土地所有・利用の特徴

### 一、都市化の進展と新駅設置計画

最初に、橋土地区画整理組合の事業地区の景観を検討しておこう。図1-1は、橋土地区画整理地区とその周辺を示した図であり、図1-2は土地区画整理実施以前の段階である一九二八年に地区周辺を撮影した航空写真である。写真中央に東西に走るのが東海道線である。集落が点在するものの、この地区ではまだ都市化の傾向は見られず、田

図1-1　橋土地区画整理組合の位置

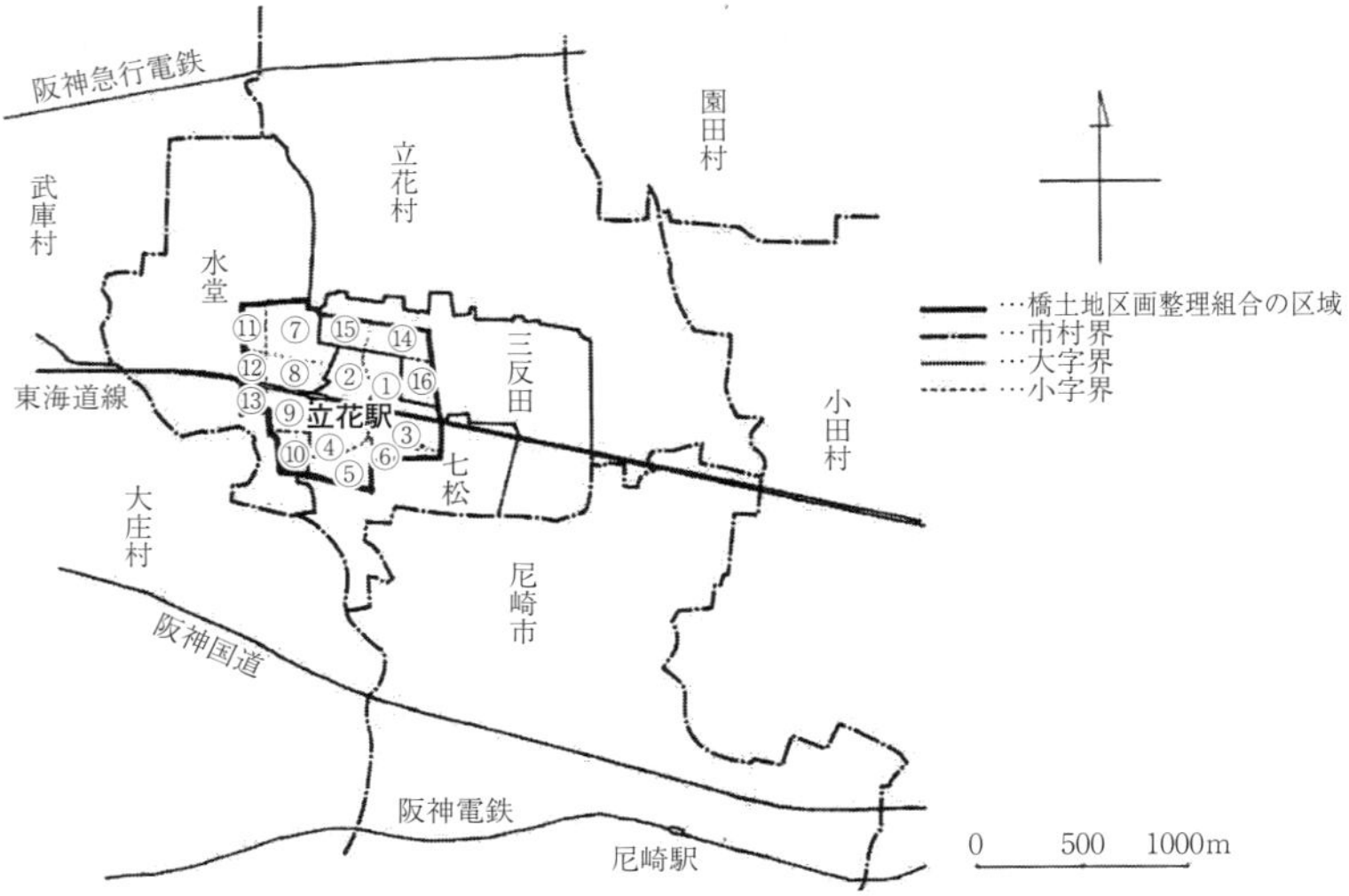


注：小字名（七　松）①福添　②神楽　③稲荷　④橘　⑤昭和　⑥別井
（水　堂）⑦松本　⑧加茂　⑨旭　⑩高瀬　⑪福住　⑫榎木　⑬玉川
（三反田）⑭若松　⑮千歳　⑯生田

園地帯であったことがわかる。集落と集落とを道路（図中の白い筋）が結んでいるほか、田を囲むように水路（図中のやや濃い筋）が存在していることがわかる。後に立花駅が設置されるこの地区は、洪水の起こりやすい低湿地で知られていた。そのため、東海道線の線路で隔てられた北側の地域から南側への排水の便を良くするため、東海道線の橋梁には、明治期から尼崎市内だけで五箇所の避溢橋が設置されていた(1)。一九二〇年代における東海道線の工事の際には、線路南北の排水の便を良好にするため、避溢橋の設計内容に関して立花村から兵庫県知事に意見書が提出されており(2)、排水は村政の関心事の一つであった。なお図1-2には住居がまとまっている地区も確認できるが、これらは、土地区画整理の外に位置していた。序章で述べたように、橘土地区画整理事業は三つの集落が接する田園地帯を対象としたもので、住居が集中している集落は対象外であった点が特徴といえよう。

　同地区の人口増加は、一九三〇年代に入ってからのことであった。一九一〇～二〇年代の立花村の人口は、

図１－２　土地区画整理が行われる前の橘土地区画整理地区とその周辺（1928 年）

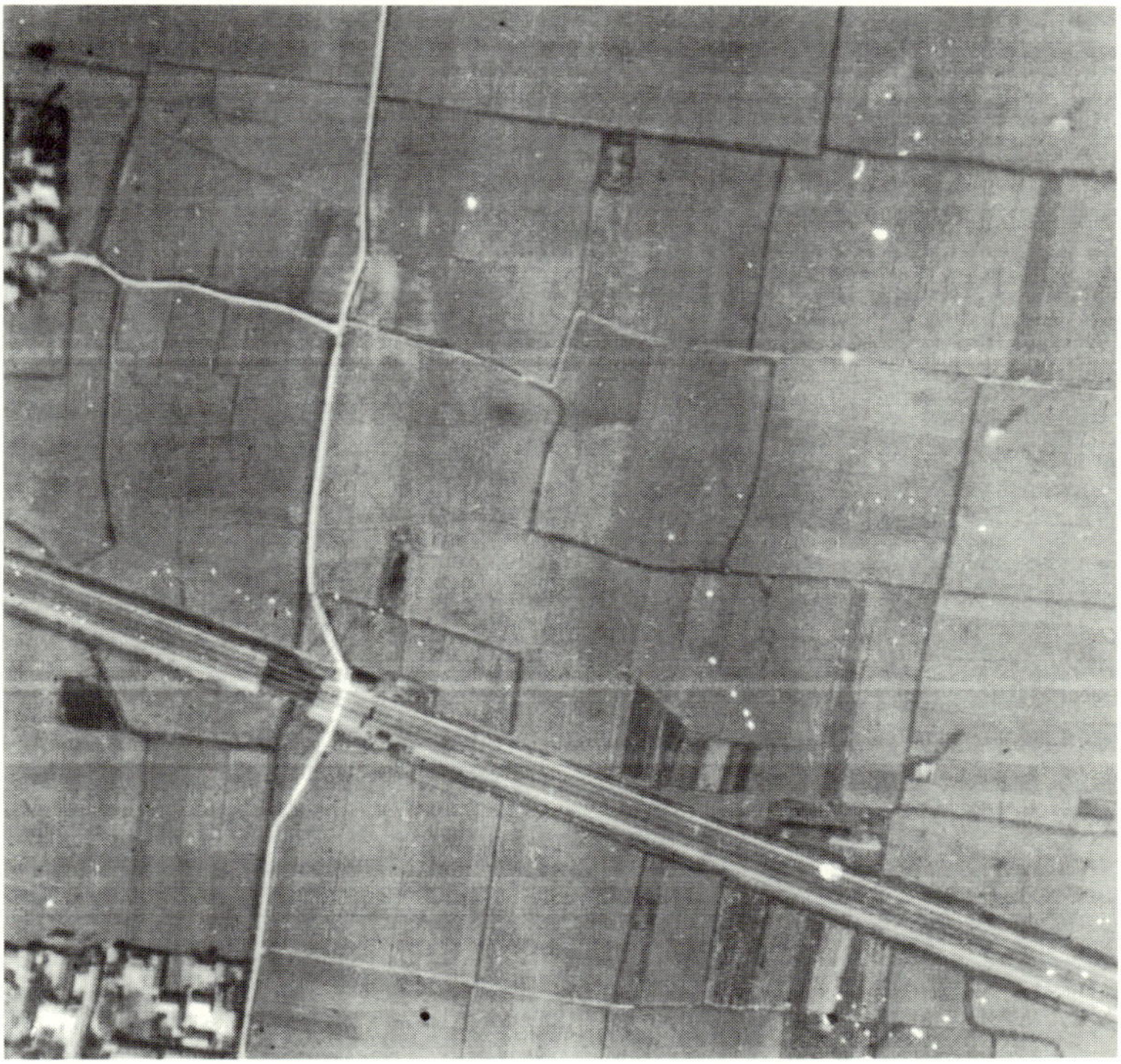

出典：大阪市計画調整局所蔵　航空写真（1928 年撮影）。

一九一六年五八〇七人（一〇〇、括弧内は一六年の値に対する比率、以下同様）、二七年七〇〇一人（一二一）であった。これに対し、尼崎市の人口（市制施行時の区域）は一六年三万三一五四人（一〇〇）、二七年四万七九八七人（一四五）、三六年に尼崎市に編入される小田村の人口（尼崎市編入前の区域）は一六年一万〇一五六人（一〇〇）、二七年三万三八五二人（三三三）であった(3)。立花村は、二〇年代半ばまで尼崎市や小田村に比べ緩やかな人口増加にとどまっていたことがわかる。

　人口増加の相違は、都市計画の内容にも影響を及ぼした。尼崎都市計画区域は一九二五年に尼崎市および大庄・武庫・園田・小田・立花の五カ村に決定された。しかし、都市計画法第一〇条で規定される用途地域制の実施に必

表1－1　橘土地区画整理組合結成までの経緯と事業の経過

| 年月日 | 事項 |
|---|---|
| 1932年3月10日 | 東海道本線新駅設置請願のための協議。水堂・七松より10名出席。新駅設置決定の際は、土地区画整理を実施することを申し合わせ |
| 1932年7月17日 | 立花村会で新駅設置のための陳情書が可決 |
| 1933年6月14日 | 事業設計を渋田一郎に依頼 |
| 1933年6月18日 | 第1回発起人会（以後、発起人会で区域の決定、名寄帳等作成） |
| 1933年7月12日 | 創立地主会の開催（以後、地主からの同意書取りまとめに） |
| 1933年8月9日 | 東京、内務省本庁に、橋本新右衛門・川端又市らが蔭山貞吉代議士とともに陳情 |
| 1933年8月23日 | 兵庫県都市計画課と交渉。学校敷地を地区内に含める設計にするか否かで対立 |
| 1933年9月10日 | 小作補償問題のため、「大地主会」開催 |
| 1933年9月22日 | 県都市計画課長と面会。当初の組合側の設計通りで承諾 |
| 1933年9月26日 | 小作農民の離作補償に関する第1回会合 |
| 1933年10月7日 | 組合設立認可申請（11月15日認可指令） |
| 1933年10月30日 | 地主小作委員第6回会合で交渉決裂、以下団体交渉から個人交渉へ移行 |
| 1933年11月7日 | 在村地主に関する小作農民への離作補償の交渉成立 |
| 1933年11月23日 | 創業総会 |
| 1934年6月30日 | 換地予約地決定（この後、工事の開始） |
| 1934年7月20日 | 立花駅開業 |
| 1937年8月18日 | 工事完了 |
| 1939年9月30日 | 土地区画整理登記完了 |
| 1944年3月31日 | 組合の解散、組合上水道設備経営を尼崎市に移管 |

出典：「区画整理記録　川端手記」・「昭和十八年度橘土地区画整理組合事業報告書」『橘区画整理書類綴』所収（川端正和氏文書(2)、No.628、尼崎市立地域研究史料館所蔵）、および『昭和七年　村会議案会議録　立花村役場』（尼崎市立地域研究史料館所蔵）。

要な市街地建築物法の適用区域は尼崎市および小田村・大庄村のみで、一九三〇年代の立花村は用途地域制の実施が見送られていた(4)。

立花村南部で急速に人口増加が進むようになった直接的な契機としては、東海道線の電化に伴って村内への新駅設置の可能性が生じたことが重要であろう。一九三一年、鉄道省は東海道線の京阪神間電化計画と既設駅間の新駅設置計画を発表した。これに伴い、新駅設置の要望が沿線各地から出された(5)。立花村もその一つであった。表1－1は、橘土地区画整理組合結成までの経緯と事業の経過をまとめたものである。一九三二年三月一〇日、水堂・七松の地主一〇名が、新駅設置の請願と駅設置決定の際に土地区画整理を実施する点を申し合わせた。同年七月の村会では、新駅設置のための陳情書を鉄道大臣および大阪鉄道局長に提出することが可決された。この陳情書には「七松、水堂間は神崎、西宮間の略中央（神崎の駅より三粁一）にして近時都市の発展に伴ひ郊外進出の居住者多く之に鑑み前記地域に於ては近く省線を基準として南北の地を区画整理して住宅経営の企て有之」と記されている。(6) 地主が提起した土地区画整理計画を利用して、村当局が新駅設置を陳情したことがわかる。地主からの陳情とともに、隣接駅との中間地点に位置する立地条件も加わって、一九三三年に立花駅設置が決定し（開業は三四年七月）、この前後から土地区画整理組合の結成準備が本格化した。

## 二、整理前の土地所有者と耕作者

次に、整理前の段階での土地区画整理地区内の土地所有者について検討する。(7) 換地予約地が決定される直前である一九三四年五月における橘土地区画整理組合の地区面積は五五二・五反、土地所有者一三二人であった。地区内土地所有面積別に土地所有者数とその総面積を示したのが、表1-2である。二反未満所有が七八人（総土地所有者数の五九・一％）と圧倒的に多い。次いで多いのが二反以上四反未満所有者で二八人であった。地区内土地所有四反未満層が組合員全体の約八割にのぼる。他方で、二〇反以上の所有者が七人存在する。この七人の土地所有面積は全体の四三・八％を占めた。

地区内土地所有一〇反以上土地所有者を示したのが、表1-3である。この表から、以下の三つの特徴を読み取ることができよう。

第一に、一〇反以上所有者のなかでも、地区内土地所有四〇反を超える規模の地主が二名存在するという点である。所有面積が最も大きい橋本新右衛門は、七松に居住する在村地主で元立花村の村長であった。所有面積で橋本に次ぐ川端喜一郎は、水堂に居住する在村地主であった。組合創立の際、橋本は組合長に就任し、川端はこの時期に家を継

### 表1－2　整理前土地所有者数・面積（1934年5月、地区内全体）

（単位：反）

| 所有面積 | 人数 | 百分率(%) | 総面積 | 百分率(%) |
|---|---|---|---|---|
| 2反未満 | 78 | 59.1 | 77.5 | 14.0 |
| 2反以上4反未満 | 28 | 21.2 | 74.8 | 13.5 |
| 4反以上6反未満 | 9 | 6.8 | 44.4 | 8.0 |
| 6反以上8反未満 | 2 | 1.5 | 13.1 | 2.4 |
| 8反以上10反未満 | 2 | 1.5 | 18.0 | 3.3 |
| 10反以上12反未満 | 2 | 1.5 | 21.2 | 3.8 |
| 12反以上14反未満 | 1 | 0.8 | 12.1 | 2.2 |
| 14反以上16反未満 | 1 | 0.8 | 15.6 | 2.8 |
| 16反以上18反未満 | 2 | 1.5 | 33.9 | 6.1 |
| 18反以上20反未満 | － | － | － | － |
| 20反以上 | 7 | 5.3 | 242.0 | 43.8 |
| 合計 | 132 | 100.0 | 552.5 | 100.0 |

出典：『橋土地区画整理組合書類綴』（川端正和氏文書(2)、No.723-1、尼崎市立地域研究史料館所蔵）。
注：共有名義の土地の場合、共有者1組で1人とカウントした。

承した川端又市が組合副長に就任した。後述するように橋本新右衛門と川端又市は組合結成と結成後の組合運営の中心に位置づくこととなる。

第二に、地区内の土地所有者には、不在地主も存在した点である。約三町二反を所有する尼崎伊三郎は、大阪市に居住し海運業を営む大地主で、一九二四年の農林省調査では土地所有面積は田畑あわせて一八三町一反であった[8]。藤原敬造は、芦屋市に居住し大阪三品取引所綿花部の取引員であった。他にも、土井宇太郎（芦屋市居住）や金井慶二（武庫郡大庄村居住）など、近隣の市や村に居住する不在地主が存在していた。

第三に、地区別の土地所有の特質である。表1－3からわかるように、在村地主の場合、居住地区が七松の橋本新右衛門、橋本久三郎、橋本市之介、水堂の川端喜一郎、松井慶蔵いずれも居住地区内の土地所有がほとんどで、居住地区外の土地所有は橋本新右衛門、橋本久三郎において僅かにみられる程度であった。この傾向は、橋土地区画整理地区内土地所有二〇反未満の所有者においても同様で、同村に居住していることが確認できる土地所有者一九名のうち、一八名は居住地区（大字）の土地のみを所有していた[9]。在村地主の場合、少なくとも土地区画

表1－3　整理前地区内土地所有者一覧（1934年5月、所有面積10反以上）

（単位：反）

| 氏名 | 所有面積 | 地区総面積に対する百分率（%） | 内、七松分 | 内、水堂分 | 内、三反田分 | 居住地、職業など |
|---|---|---|---|---|---|---|
| 橋本新右衛門 | 49.3 | 9.1 | 48.3 | － | 1.0 | 七松居住、組合長、元立花村長、地主、多額納税者 |
| 川端喜一郎 | 45.9 | 8.5 | － | 45.9 | － | 水堂居住、地主、川端又市（組合副長）が相続 |
| 尼崎伊三郎 | 32.3 | 6.0 | － | 21.7 | 10.7 | 大阪市居住、海運業、地主、尼崎汽船部代表、多額納税者 |
| 藤原敬造・河瀬魁 | 31.8 | 5.9 | 31.8 | － | － | 藤原：芦屋市居住、大阪三品取引所綿花部取引員 |
| 白洲文平 | 28.6 | 5.3 | 28.6 | － | － | |
| 松井慶蔵 | 26.9 | 5.0 | － | 26.9 | － | 水堂居住 |
| 土井宇太郎 | 21.0 | 3.9 | 21.0 | － | － | 芦屋市居住、中外貿易㈱社長、貿易商 |
| 金井慶二 | 16.9 | 3.1 | 13.0 | － | 3.9 | 武庫郡大庄村居住、紡績用器具機械製造業、多額納税者 |
| 立花村 | 15.6 | 2.9 | － | － | 15.6 | |
| 橋本久三郎 | 12.1 | 2.2 | 11.3 | － | 0.8 | 七松居住 |
| 橋本市之介 | 10.7 | 2.0 | 10.7 | － | － | 七松居住 |

出典：表1－2に同じ。移住地・職業は、谷さかよ編『大衆人事録』第14版、帝国秘密探偵社、1943年（『昭和人名辞典』第3巻、日本図書センター、1987年として復刻）などより。

整理地区内の土地所有に関しては居住地区（大字）ごとにまとまりがあることが指摘できよう。

次に、耕作者に関して検討する。一九三〇年における立花村の農家戸数は八一四戸、専業兼業別でみると専業農家六一三戸、兼業農家二〇一戸、自作小作別でみると、自作農家六三戸、自小作農家二五五戸、小作農家四九六戸であった。自作・自小作農家が少なく、小作農家が多いことが特徴で、小作農家の占める割合は尼崎市近隣村のなかでもっとも高かった。立花村では一九三〇年代後半には農家戸数五〇〇戸台になるなど農家戸数そのものが減少するが、小作農家が多い傾向に変化はなかった(10)。

地区内の土地を耕作する小作農民は、約二〇〇人といわれている(11)。その特徴を、水堂に居住する最大の在村地主である川端家（川端喜一郎・川端又市）に即してみてみよう。表1－4は、川端家の土地区画整理地区内の所有地を耕作する小作農民を示したものである。該当者は二八人、一人あたりの耕作面積平均は一・六反であった。もっとも耕作面積の広い農家番号M5や

# 表１－４　土地区画整理地区内を耕作する川端家の小作農家

（単位：反、円）

| 農家番号 | 地区内耕作面積(a) | 区画整理地区内の土地所有 | 居住地 | 所得額 | 戸数割等級 | 換地後地区内耕作面積(b) | (a)／(b)(%) | 地上げ地振替面積(c) | (c)の土地利用(1948年) |
|---|---|---|---|---|---|---|---|---|---|
| M1 | 0.5 | - | 水堂（少路） | - | - | 0.4 | 84 | 0.7 | 宅地 |
| M2 | 2.1 | - | 水堂（少路） | - | - | 1.3 | 59 | - | - |
| M3 | 0.5 | - | 水堂（少路） | 335 | - | 0.4 | 79 | - | - |
| M4 | 0.9 | - | 水堂（少路） | 400 | - | 0.9 | 99 | - | - |
| M5 | 5.5 | - | 水堂（少路） | 300 | - | 3.9 | 71 | 2.1 | 建築地 |
| M6 | 5.2 | - | 水堂（少路） | - | - | 3.3 | 63 | 1.0 | 田 |
| M7 | 3.8 | - | 水堂（少路） | - | - | 2.6 | 70 | - | - |
| M8 | 0.8 | - | 水堂（少路） | 150 | - | 0.6 | 71 | - | - |
| M9 | 3.0 | - | 水堂 | 100 | - | 2.0 | 68 | - | - |
| M10 | 1.2 | - | 水堂 | 152 | - | 0.7 | 63 | - | - |
| M11 | 0.8 | - | 水堂 | 251 | - | 0.6 | 81 | - | - |
| M12 | 0.3 | 1.0 | 水堂 | - | - | 0.5 | 147 | - | - |
| O13 | 1.0 | - | 大庄村 | - | - | 0.7 | 76 | - | - |
| O14 | 1.0 | - | 大庄村 | - | - | 1.0 | 100 | 0.6 | 建築地 |
| O15 | 1.1 | - | 大庄村 | - | 23 | 0.7 | 67 | - | - |
| O16 | 1.2 | - | 大庄村 | - | 23 | - | - | - | - |
| O17 | 0.5 | - | 大庄村 | - | - | - | - | 0.7 | 建築地 |
| O18 | 1.1 | - | 大庄村 | - | - | 0.8 | 75 | - | - |
| O19 | 2.7 | - | 大庄村 | - | - | 2.0 | 75 | - | - |
| O20 | 2.6 | - | 大庄村 | - | - | 1.7 | 66 | - | - |
| O21 | 1.6 | - | 大庄村 | - | - | 1.1 | 70 | - | - |
| O22 | 1.7 | - | 大庄村 | - | 21 | 0.9 | 64 | - | - |
| O23 | 0.4 | - | 大庄村 | - | - | 0.4 | 101 | - | - |
| O24 | 0.5 | - | 大庄村 | - | - | 0.6 | 124 | - | - |
| O25 | 0.5 | - | 大庄村 | - | - | - | - | - | - |
| O26 | 1.7 | - | 大庄村 | - | 24 | 1.3 | 75 | - | - |
| O27 | 1.0 | - | 大庄村 | - | - | 0.7 | 67 | - | - |
| O28 | 1.7 | - | 大庄村 | - | - | 1.0 | 61 | - | - |

出典：表１－２に同じ、「大正12年度　県税戸数割賦課額表　立花村」『大正12年　村会会議録　立花村役場』所収、『大正拾年大庄村戸数割等級人名表』（森源逸氏文書、No.2(1)-27)。いずれも、尼崎市立地域研究史料館所蔵。1948年調査の出典は、表１-10出典を参照。

注：所得額（水堂居住農民）は1923年、戸数割等級は1921年当時のもの。

大庄村の戸数割等級は１等から24等に分けられ、納税者930人中、21等50人、23等336人、24等188人。

水堂（少路）は、近世の水堂少路村（水堂村の枝村）で後に大字水堂に編入された区域を示す。

所得額、戸数割等級、換地後面積が「-」となっている場合は、史料に記載がなく不明であることを示す。

表1－5　川端家の小作農家

| 小作農家数(a) | 小作面積合計(b)反 | (b)／(a) | 農業・主 | 農業・副 | 記載なし |
|---|---|---|---|---|---|
| 89 | 129.8 | 1.5 | 16 | 36 | 37 |

出典：『昭和7年1月小作人調査　本川端』（川端正和氏文書(5)、尼崎市立地域研究史料館所蔵）。

M6でも、約五反である。これは区画整理地区内の数値であり、各農家の総耕作面積を示すものではないが、川端家の耕地は多数の小作農民に分散して耕作されていたこと、隣接する大庄村からの入作者が多かったことが特徴である。小作農家のなかで、区画整理地区内の土地を所有していることが確認できるものは農家番号M12の僅か一名のみであった。土地所有者と耕作者との分解が著しい立花村の特徴が、ここに見て取れる。所得額においても、各農家とも、一九二三年立花村の一戸あたり所得額平均四八六円を下回った。他方、土地区画整理地区内に土地を所有し、表1-4で用いている一九二三年の戸数割賦課表に名前を確認できる二一人の所得額をみると、所得額五〇〇円未満は三人に過ぎず、五〇〇円以上一〇〇〇円未満は二人、一〇〇〇円以上二〇〇〇円未満が六人、二〇〇〇円以上三〇〇〇円未満が一人、三〇〇〇円以上四〇〇〇円未満が四人、四〇〇〇円台、五〇〇〇円台、七〇〇〇円台、一万円台、四万円台がそれぞれ一名ずつであった。以上の値は、一九二三年時点のものである点に留意する必要があるが、土地区画整理地区内の土地所有者と小作農民とでは、階層的に大きな隔たりがあることが確認できよう(12)。

## 三、区画整理前における地主小作農民間の関係

ここで区画整理対象地における地主小作農民間の関係を検討するため、橘土地区画整理組合の組合副長となる川端又市を取り上げる。川端は地主であるとともに、近世から近代にかけて醸造業を営む地域における有産者であった。表1-5は一九三二年時点での川端家の小作地と小作農家を示したものである。小作地所有面積は約一三町、小作農家の数は八九、一人当たりの平均小作地面積は、約一・五反である。出典史料には、農業が主業か副業かを記載する欄も存在する。

ける小作料

（単位：反、石）

| 33年土地区画整理減額分 | 未納分や貸米のある年次 | 小作地移動（田） |
|---|---|---|
| 3.55 | 4 | 1930年：M5に0.8反移動。1932年2筆自作。 |
| 0.80 | | |
| 1.47 | | |
| 8.09 | 2 | 1930年：M5ほかより4.3反移動。 |
| 5.90 | | 1930年：O18ほか2名より4.2反移動。1933年、M9より1.0反移動。 |
| 6.00 | 2 | |
| 1.33 | | |
| 5.92 | | 1930年：2名より2.0反移動。1933年M6に1.0反移動。 |
| 1.14 | | |
| 0.45 | | |
| 1.56 | 1 | |
| 1.70 | | 1930年：1名より0.7反移動。1932年：1名に0.7反移動。 |
| 1.55 | 1 | 1筆は、1931年にM6にあてがう。 |
| 3.89 | 1 | |
| 3.83 | 1 | 1932年：1名より1.2反移動。 |
| 2.25 | | |
| 2.06 | 4 | |
| 0.65 | 3 | |
| 0.79 | 1 | |
| 0.68 | 5 | |
| 2.78 | 4 | |
| 1.50 | 2 | |
| 3.28 | 2 | |

立地域研究史料館所蔵）。

## 表1－6　川端家にお

| 農家番号 | 地区内耕作面積(a) | 川端家の小作面積(b) | (a)／(b) % | 小作料数量 | | | | |
|---|---|---|---|---|---|---|---|---|
| | | | | 1929年 | 30年 | 31年 | 32年 | 33年 |
| M1 | 0.5 | 0.9 | 57.4 | | | | | |
| M2 | 2.1 | 4.7 | 44.8 | 7.21 | 7.25 | 5.38 | 4.82 | 1.27 |
| M3 | 0.5 | 0.5 | 102.0 | 0.68 | 0.80 | 0.58 | 0.80 | 0.00 |
| M4 | 0.9 | 2.1 | 43.3 | 2.88 | 3.39 | 2.44 | 3.24 | 1.92 |
| M5 | 5.5 | 6.1 | 89.5 | 2.58 | 8.14 | 6.74 | 9.37 | 1.28 |
| M6 | 5.2 | 4.2 | 123.8 | － | 5.91 | 4.26 | 5.91 | 0.80 |
| M7 | 3.8 | 3.8 | 98.8 | 5.10 | 6.00 | 4.32 | 6.00 | 0.00 |
| M8 | 0.8 | 2.2 | 37.7 | 3.06 | 3.60 | 2.59 | 3.60 | 2.27 |
| M9 | 3.0 | 4.0 | 74.0 | 2.52 | 5.92 | 4.26 | 5.92 | 0.00 |
| M10 | 1.2 | | － | | | | | |
| M11 | 0.8 | 0.8 | 95.0 | 0.97 | 1.14 | 0.82 | 1.14 | 0.00 |
| M12 | 0.3 | 0.3 | 103.3 | 0.38 | 0.45 | 0.32 | 0.45 | 0.00 |
| O13 | 1.0 | 0.6 | 161.7 | | | | | |
| O14 | 1.0 | | － | | | | | |
| O15 | 1.1 | 1.9 | 56.8 | 2.41 | 2.84 | 2.05 | 2.84 | 1.28 |
| O16 | 1.2 | 0.8 | 147.5 | | | | | |
| O17 | 0.5 | 1.1 | 40.9 | 0.57 | 1.70 | 1.22 | 0.68 | 0.00 |
| O18 | 1.1 | 1.7 | 61.8 | 3.15 | 2.25 | 1.55 | 2.15 | 0.60 |
| O19 | 2.7 | 2.7 | 98.5 | 3.31 | 3.83 | 2.80 | 3.89 | 0.00 |
| O20 | 2.6 | 3.8 | 67.1 | 3.25 | 5.58 | 4.02 | 5.58 | 1.76 |
| O21 | 1.6 | 1.6 | 99.4 | 1.91 | 2.25 | 1.62 | 2.25 | 0.25 |
| O22 | 1.4 | 1.4 | 96.4 | 1.75 | 2.06 | 1.48 | 2.06 | -0.40 |
| O23 | 0.4 | 0.8 | 53.8 | 0.76 | 0.90 | 0.65 | 0.65 | 0.00 |
| O24 | 0.5 | 0.9 | 54.4 | 1.17 | 1.37 | 0.99 | 1.37 | 0.59 |
| O25 | 0.5 | 2.1 | 21.4 | 2.89 | 3.40 | 2.45 | 3.40 | 2.72 |
| O26 | 1.7 | 3.2 | 54.4 | 4.09 | 4.68 | 3.57 | 4.68 | 1.90 |
| O27 | 1.0 | 2.1 | 48.1 | 2.60 | 3.05 | 2.20 | 3.05 | 1.55 |
| O28 | 1.7 | 2.1 | 79.5 | 2.79 | 3.28 | 2.36 | 3.28 | -0.18 |

出典：『自昭和四年度　至昭和八年度　小作台帳　川端喜一郎』（川端正和氏文書(5)、尼崎市
注：(a)／(b)が、100％を越えるケースが存在するが、原資料データのままとした。

この欄は記載がない場合が多く実態はわかりにくいが、農業が副業の農家の方が農業が主業の農家よりも多い。このような項目があること自体にも、川端家の小作農家には兼業農家が多かったことがうかがえる。

表1-6は、橘土地区画整理地区内に所在した川端家の小作地を耕作した小作農家と小作料を示したものである。小作農家のうち、橘土地区画整理地区に所在する川端家からの小作地面積が、川端家からの総小作地面積に占める割合を示したのが(a)／(b)だが、その割合は高く、五〇％以上となる農家は二〇戸となった。小作料納入額の欄を見ると、一九二九年と三一年の額が低いが、これはこの両年に減免措置をとったためであった。一九三三年も小作料収入が大幅に減少している。これは土地区画整理実施に伴い、小作農民を小作地から離作させるための減額であった。後述するように地区内の地主は、小作農民を離作させるため一九三三年度と三四年度の小作料も免除することにした。小作料収入の減少と引き換えに、川端家は土地区画整理に邁進したと言えよう。

そのほか、地主小作関係を理解する上で、以下の二点を指摘しておきたい。

一つは、一九二九～三三年の間に、未納分、借米のある年次が存在する農家は二八農家中一四農家にのぼった点である。農家〇22や〇25のように、ほぼ連年未納分や貸米を受けている農家も存在した。川端家の場合、このような未納部分をチェックしつつも、直ちにこれらの農家を立ち退かせることはせず、むしろ貸金（米）を含めた給付関係を築いていたと言えよう

もう一つは、備考欄に土地移動がかなりの程度確認されるが、これらが地主の史料から判明する点である。すなわち、小作農民間での小作地の移動が一筆単位である程度頻繁に行われていて、そのことを地主側が一定程度把握したうえで新たな耕作者から小作料を徴収したと考えられよう。出典史料には載っていない小作農民間の土地移動（又小作など）が存在した可能性も否定できないが、少なくとも表1-6に載せた部分に関しては把握しており、川端家の場合、小作農家の経営実態（兼業・専業別の調査も含めて）を把握しようとしていたことがわかる。このような小作農

民の土地利用の把握が、土地区画整理による小作農民の離作の際には有効に機能したといえよう。

## 第二節　組合設立にむけての諸問題と地主の活動

### 一、区域の決定と土地所有者への同意取り付け

土地区画整理組合の結成には、区域内土地総面積および総賃貸価額の三分の二以上の土地所有者の賛成が必要であった。そこで組合設立を主導した地主にとって重要なことは、まず整理区域を決定することと、区域内の土地所有者から土地区画整理に関する同意を得ることであった。同組合結成の経緯に関しては、前述した水堂地区最大の地主である川端又市の手記が残されているので、以下、主として同史料と表1-1を用いながら考察する（以下、同史料からの引用に関しては、本文中に日付のみを記す[13]）。

土地区画整理組合結成に関して川端らの動きが活発になったのは、「新駅問題も益々好転」とみられるようになった一九三三年五月末のころであった。川端は七松の地主・橋本新右衛門らとともに兵庫県庁を訪問した。この際に川端らは、耕地整理組合として区画整理を実施することは不可との方針を県から伝えられたため[14]、土地区画整理組合として発足し事業を実施することにし、県都市計画課で区画整理委任施行者の紹介を受けた（一九三三年五月三一日）。技師には西宮市居住の渋田一郎が就任した[15]。六月一四日、川端は橋本新右衛門等とともに渋田と会い、区画整理地区の外周を視察し「区画整理につき種々協議　愈々本調子」と記している（一九三三年六月一四日）。

地区内土地所有者との協議も、駅開設が確実視された一九三三年五月から活発となった。最初の問題は、新駅設置のための寄付金の負担についてであった。当初組合地区は七松・水堂の二五町歩を予定していたが、寄付金が不足し

たため、区域は新駅を中心に当初想定された地区の外周地区、すなわち三反田地区の一部と七松・水堂の各一〇町歩を新たに合わせた区域とし、外周地区は、当初地区よりも駅負担額を少なくすることが、七松、水堂、三反田の関係責任者（主として区長）による会議で確認された（一九三三年五月二五日）。

区域決定後、六月一八日に、地主の中で発起人会が発足され、橋本新右衛門、橋本市之介、高本善蔵（以上七松）、川端又市、松井利作、松谷庄蔵、小笠原萬次郎（以上水堂）、山下七三郎、三松武次郎（以上三反田）を、発起人として決定した。発起人は橋本新右衛門や川端又市、松井利作（表1-3の松井慶蔵を相続）など地区内上層地主が選出されたが、単純に所有面積順ではなく、各地区から選出されている点、不在地主からは発起人が選出されていない点が特徴と言えよう。ただし、当日の会議には、表1-3で示した河瀬魁や尼崎伊三郎の代理人も出席し、駅建設資金に関する説明がなされた（一九三三年六月一八日）。

この会議の後、技師の渋田が整理区域内の名寄帳を作成し（一九三三年六月一九日）、六月二五日の発起人会で区画整理の区域を決定し（三三年六月二五日）、七月一二日に創立地主会が開催された。出席者は約六〇名（案内九六名）、県の長沢忠郎技師らを交えて、新駅設置と区画整理計画に関する経過報告がなされ、組合の定款が審議され、地主会の終了後「橋本宅にて発起人会開催・同意書を十八日迄に取纏め、同日持参との事」となった（以上、一九三三年七月一二日）。同意書とりまとめの期限である七月一八日に、再び創立委員会が開かれた[16]。「同意書　人数　反別　法定数に達す」という成果がみられたが、他方で「同意書蒐集につき夫々苦心談あり」とあるように、土地区画整理に同意しない場合もあったようである（一九三三年七月一八日）。そのため、「本日夜、橋本両氏、渋田、川端三反田の反対者説得に出掛ける。夜一二時迄」という試みも行われた（三三年七月一八日）。その結果七月二七日の創立委員会では、「同意書七月二七日殆んど九分通り集まる」こととなり（三三年七月二七日）、組合結成に向けての見通しが立ったのである。

このように、組合結成準備をリードしたのは、橋本新右衛門、川端又市ら、地区内でもっとも大きい地主であった。彼らは、技師渋田一郎を雇い実務を渋田に委ね、整理地区の決定と創立地主会の開催、地主からの同意書の取り付けを進めていった。その際に、一〇反以上土地所有者がいない三反田からも発起人が選出されていること、同意書の集約は地区ごとに行われていることからわかるように、必ずしも利害が一致する訳でない土地所有者からの同意を束ねる上で重要な役割を果たしたのが、水堂・七松・三反田といった村落であった(17)。反対に、不在地主は、尼崎や河瀬ら一〇反以上土地所有者は会議に招かれているものの、発起人にはなっていなかった。組合結成後、尼崎伊三郎や藤原敬造らの不在地主も組合評議員に就くが、組合経営に直接携わった形跡はみられない。一九三四年六月に三和銀行からの借入金の保証人に組合役員が就くことに対して尼崎はこれを拒否し（三四年六月二一日）、同年七月一〇日に尼崎は評議員を辞任した(18)。土地区画整理組合への運営に対する不在地主の関わりは、概して消極的であった。

## 二、県都市計画行政との交渉

地主の側にとって次なる課題は、土地区画整理組合の結成を県が認可するかどうかという点であった。尼崎市とその周辺地区では、これまで都市計画法第一二条に基づく土地区画整理組合が結成されておらず、前例のない状態であった。発起人の地主がとった戦術は、代議士との内務省への陳情であった。一九三三年八月九日、川端又市は組合顧問で兵庫二区選出の衆議院議員蔭山貞吉（政友会所属）らとともに、東京の内務省本庁に赴き、組合設立認可を陳情した。八月一二日には、橋本新右衛門が先に東京から帰り、その日の夜に「内務省の意向判明につき急遽招集」したという（一九三三年八月一二日）。

次に、川端らは、兵庫県都市計画課を訪問した。八月二三日、橋本新右衛門、川端、渋田らが兵庫県庁を訪問し、長沢忠郎技師らに面会したが、長沢技師からは整理計画原案に小学校敷地などを含めることが要請された。川端の手記には、「長沢技師より出抜に内務省に行きしことにつき不機嫌であった」と記されていた（一九三三年八月二三日）。県都市計画課技師からみて、地主らによる県に連絡しないでの本省への頭越しの陳情は、好ましく思われなかったようである。この後も、地主側は県庁を訪問し交渉に臨むが、最大の問題は県が修正意見を出してきた小学校敷地（約四八〇〇坪）を、整理計画に入れるか否かという点であった。創立地主会で各地主に公表した計画では、小学校敷地計画は含まれていなかった。地主にとって新たな減歩が必要となる小学校敷地をこの段階で組み込めば、地主から不満が生じ組合結成に支障を来すことが考えられた。「困った事だ。之れでは容易に許可が取れない」と川端は記している（一九三三年九月一四日）。しかし、九月二二日に、川端らが県都市計画課長に直接面会し事情を説明したところ事態は好転し、「技術者の小学校敷必要意見を退け事務的に解決」することとなった（一九三三年九月二二日）。

以上の交渉過程には、いくつかの興味深い事実が含まれている。県都市計画技師は、区画整理実施の際の公共施設の配置を重視する方針をもっていたが、各々の土地所有者にこの方針を同意させる術を有していなかった。これに対して地主側は、自ら技師を雇い、計画案を創立地主会で公表し、それを踏まえ集落ごとに地区内土地所有者を個別にまわって同意書をとりつけていた。県都市計画課長が二二日の会議で地主側の案を認めた理由は不明であるが(19)、川端は県に対し「地主会の際小学校敷迄提案せず同意書を取りし為」、その分を地主の負担とすれば「同意書返還説起」り組合創立が危うくなる点を強調した（一九三三年九月二二日）。設計内容は問わないとすれば、土地所有者から同意を得るための村落の役割とともに、技師の雇用、顧問蔭山貞吉の役割など、地主側の土地区画整理に関する事業遂行能力がみてとれる。

川端は一九三四年四月に京都、名古屋、東京へ土地区画整理の視察を行い、その感想として「我兵庫県に於ては県庁に於て其熱意なく県各都市また旧来の土木事業の殻にとらはれ何等将来的計画を施すものなく遺憾千万なり」と記した(20)。土地区画整理は都市計画の一手法であるとはいえ、川端の意識は、県都市計画行政とはかけ離れていたことが理解できよう。

## 三、小作農民との交渉

組合結成の上で避けて通れないもう一つの問題が、既存の土地利用者である小作農民に対する補償問題であった。一九三一年に全国農民組合兵庫県連合会では「摂陽地方に於ては市街地化等による区画整理等の土地取上げ多くこれに対する闘争が行われ」たと報告しており、農民組合側も土地区画整理による地主の土地取上げに注意を促していた(21)。

小作農民に対する補償に関する地主小作間の交渉は、一九三三年九月中旬に始まり決着がついたのは一一月上旬であった。地主小作間の交渉が開始される直前に、川端又市と橋本新右衛門らは、顧問の蔭山貞吉と小作問題に関して協議した。蔭山は大阪市内の複数の土地区画整理組合の組合長を務めた経験を有していた(22)。川端らが、土地区画整理の先進地・大阪での事例を参考に、慎重に小作問題に対処しようとしていたことがうかがえる。

最初に地主側は、橋本新右衛門や川端又市らが尼崎伊三郎などの上層の不在地主を交えて「大地主会」を開き、道路などの一次引上地については一九三三年度小作料免除と反当三十円を補償すること、それ以外については三カ年小作料免除の後で引上げることで意見がまとまった(一九三三年九月一〇日)。これに対し、小作農民の側は、区画整理中の小作料免除、涙金坪当一円一〇銭、立毛補償金坪当一円、肥壺一個一〇〜五〇円、道路側耕地の踏み荒らし坪三〇銭を要求した(23)。地主側が土地引上げを重視しているのに対し、小作側はその点には触れず小作料免除以外の補償を要求した点が特徴といえよう。

補償内容に関する交渉は、七松・水堂・三反田から地主側と小作側の委員を選出して行われた。一〇月二六日、地主小作委員第五回会合の翌日の地主委員会で「小作側委員歩調乱れしにつき之を好機として団体交渉打ち切り個人交渉」に移すことが申し合わされた(一九三三年一〇月二七日)。一〇月三〇日地主小作委員第六回会合で地主側は団体交渉を打ち切り個人交渉に移すことを小作側に通告し（三三年一〇月三〇日）、翌日の地主会で個別交渉を進めるうえでの最終案を確定（三三年一〇月三一日）、一一月三〜七日にかけて個別の地主小作間で離作補償に関する交渉が成立した（三三年一一月三〜七日）。

最終的な補償内容は、以下の三点にまとめられる。(1)小作農は一九三五年四月まで賃借可。三三年度、三四年度の小作料免除、(2)小作農は換地処分を認めその際に直ちに小作地を地主に明渡す。三五年四月までは換地予約地で小作が可能、(3)賃貸借契約は更新しない。三五年四月末日以降地主が明渡しの通知をするまで無償にて耕作することを妨げないが、地主から明渡し通知があった場合一週間以内に明渡す[24]。地主側の主張であった、地主による小作農民からの土地引上げを明文化した点、小作料減免についても地主側当初案三年より一年短くなった点、小作農の要求した各種補償は最終的に削除された点が特徴といえよう。川端又市はこの結果を、「非常な有利な解決」と手記に表現した（一九三三年一一月三日）。

近隣での土地区画整理に伴う地主による土地引上げに対する小作農民への補償額をみると、全農兵庫県連が支援した事例では、一九三五年鳴尾村の場合一反歩当たり二二二円、大庄村の場合一反歩当たり二四六円であった[25]。双方の事例ともに小作料免除に関する内容が不明のため正確な比較ができないが、離作補償を得ている点が特徴である。立花村南部の七松・水堂は、農民組合の支部は設置されていなかった[26]。これに加え立花村では自作・自小作層が少なく、大庄村からの入作者が多く小作層も利害が一致しなかったことが、地主側提示の条件に近い形で交渉が決着した主たる理由と考えられよう。こうして、橘土地区画整理組合は、表1-1の通り、一九三三年一一月一五日に兵庫県から組合設立認可指令が出され、一一月二三日に創業総会が開催され、正式に結成された。

## 第三節　組合経営と新たな市街地の性格

### 一、事業内容の特徴

橋土地区画整理組合による事業を、工事内容に注目すると、道路と溝渠・側溝の建設、上水道の整備、公園予定地や組合売却地（替費地）[27]の設置に分けることができる。この内、組合売却地については、項を変えて取り上げることとし、ここでは、道路や上水道を中心にその特徴を論じる。

道路工事は、橋土地区画整理事業の主要事業であった。その形状は、図1-3の下図の通りである。道路総延長は一万九四九六メートルに及んだ。都市計画街路の指定されている主要道路に関しては、幅員一八メートルのもの一条（延長七七四メートル）を設置した。最も多いのは、道路幅員六メートルの道路で、四二条・総延長一万一一七〇メートルにのぼった。幅員五～八メートルの道路は、「縦横六十四条に亘り配置し、何れも混凝土両側溝を設けて各地先の排水に備へ」たとあり、主要道路には側溝が備えられた。図1-3には記載がないが、同土地区画整理の設計図の凡例には「溝渠」の項目が存在し、水流の向きも記載されていた。ただし溝渠が存在したのは一部の道路脇だけであり、道路側溝とは別の幅員の広い水路を溝渠として設置したと考えられる。他方、道路舗装に関しては、「主要路線に対しては路面敷砂利を行ひ街路網を栽植して将来の美感に努めたり」（傍点は引用者）とあるように、一部のみ砂利を用いた舗装を行ったにとどまっていた。[28]

上水道施設については、地区内北部に井戸を掘って伏流水を採水し、地区内各道路下に給水管を設置し給水することを計画したもので、給水人口六〇〇〇人を目指していた。[29] 土地区画整理組合自らが上水道を整備する理由について

図１－３　橘土地区画整理事業の整理前と整理後

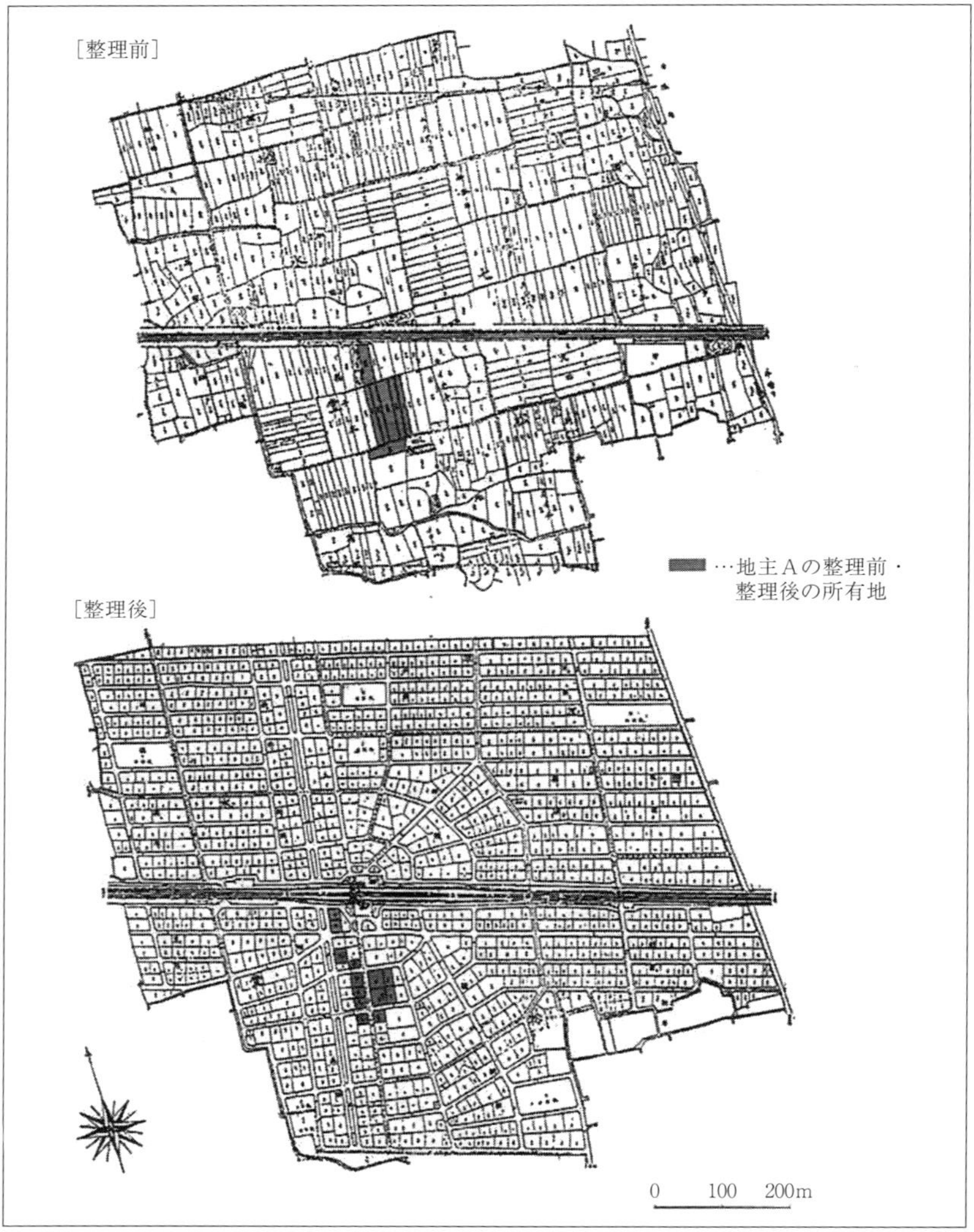


出典：尼崎市立地域研究史料館編『図説 尼崎の歴史』下巻、尼崎市、2007年、118頁地図をもとに、前掲『橘区画整理書類綴』〔表１－１〕、前掲『橘土地区画整理組合書類綴』〔表１－２〕のデータを利用し加工して作成。

は、川端又市が所蔵していた組合設立時の準備書類「事業に要する費用の概算」の「備考」に以下のように記されている。[30]「各戸掘抜井戸深百数十尺何れも主働ポンプを取付けて揚水せるものにして、之が設備には多額の費用を要するの現状より視て本区画整理は上水道の設備を為すに非らざればその発展を期すること至難とする所なり」。別添の「上水道の急設を要する理由」と題した書類によれば、灌漑用並びに工場用水として大量の揚水を行った結果、「現今小規模なる各戸の井水は著しく涸渇し揚水困難の実情」であったことが記されていた。[31]上水道施設は、土地区画整理事業の成否を決定付けるうえで重要な施設と捉えられていたことがわかる。

後述するように、水道の整備は、橘土地区画整理組合の替費地売却の際のセールスポイントにもなっていた。水道を整備することによって、土地区画整理前の段階では課題となっていた渇水問題を克服しようとしたのである。

## 二、換地予約地の決定と組合収支の特徴

一九三三年に創立した橘土地区画整理組合は、三四年に換地予約地（仮換地）を決定し、それに基づき市街地整備に関する工事を開始し、三六年までに工事をほぼ完了、その後四四年に組合として敷設した水道を尼崎市に移管し、解散した（表1-1参照）。創立後の同組合にとって第一に重要な業務は、換地予約地（仮換地）原案を決定し、組合員からの賛成を得ることであった。組合が、整理前の各組合員の所有地から一定の割合を減歩したうえで新たな区画を指定する換地予約地の決定は、私的利害が直接からむものであった。

橘土地区画整理組合の換地予約地は、一九三四年六月一四日の総会で決定した。換地の方法は面積式であったが、[32]重要なことは、換地予約地の議決に関して五名の反対者が存在し、うち四名は不在地主であった点である。不在地主のうちの一名が、Aである。Aは、芦屋市居住の不在地主で、区画整理地区内の土地所有は八・一反であった。上記の総会でのAの代理人の発言は、以下のようであった。「新設立花駅前を目標に求めたる土地が現位置を移動して換

表1-7　橘土地区画整理組合収支内訳

（単位：円）

（収入）

| 年次 | 替費地売却代金 | 借入金 | 雑収入 | 繰越金 | 合計 |
|---|---|---|---|---|---|
| 1933 | - | 80,000 | 19 | - | 80,019 |
| 1934 | 125,484 | 177,200 | 199 | 1,046 | 3,039 |
| 1935 | 47,832 | 190,400 | 866 | 63,976 | 303,074 |
| 1936 | 309,387 | - | 1,654 | 4,570 | 11,035 |

（支出）

| 年次 | 創業費 | 工事費 | 事務所費 | 補償費 | 借入金償還費 |
|---|---|---|---|---|---|
| 1933 | 7,324 | 54 | 8,454 | - | 3,141 |
| 1934 | - | 140,820 | 10,092 | 4,537 | 84,504 |
| 1935 | - | 181,617 | 7,600 | 4,954 | 97,869 |
| 1936 | - | 9,947 | 16,904 | 22 | 287,085 |

| 年次 | 寄付金 | 上水道費 | 予備費 | 合計 | 次年度繰越金 |
|---|---|---|---|---|---|
| 1933 | 60,000 | - | - | 78,973 | 1,046 |
| 1934 | - | - | - | 239,953 | 63,976 |
| 1935 | - | - | - | 292,039 | 11,035 |
| 1936 | - | 5,437 | 1,352 | 319,396 | 7,250 |

出典：前掲『橘区画整理書類綴』〔表1-1〕。

地予定地を指定される原案には絶対反対し本案は不賛成の旨を述ぶ[33]」。図1-3は、橘土地区画整理地区の整理前と整理後を示したものである。Aの所有地は黒塗りで示した。整理前の図をみると、Aの所有地は、一筆が線路に接し、その南側に南北に細長い地籍（五筆）があり、さらにその南側に東西に細長い地籍一筆が確認できる。次に整理後の地図をみると、整理前に線路に接した一筆の箇所は駅前ロータリーと組合地に使用されるため、その西側の駅から離れた場所に換地された[34]。南側の五筆も、駅前ロータリーの関係で、整理前より駅から離れた場所に換地された。このため、換地予約地決定に対し不在地主Aの不満が生じたのである。他方でこのことは、不在地主による抜け駆け的な駅前土地の購入に対して、土地区画整理が一定程度有効に機能したことを示すものといえよう。

　土地区画整理の工事は、換地予約地が決定された一九三四年から直ちに実施された。表1-7は、同組合の主要工事が終了し借入金の償還も終える三六年までの組合の収支を示したものである。収入をみると、そのほとんどが替費地売却代金によるものであった。三三～三五年にかけて、組合は日本勧業銀行や地元金融機関から借入金を得ているが[35]、替費地売却は換地予約地の決定した後から始まり順調に収入を伸ばした。このため、借入金の償還も三六年までに終えることが可能となった。同組合の減歩率は三割を超える高さであったが、三四年に立花駅が開業したこともあって、替費地売却は順調に進んだ。

支出については、工事費が主要支出項目である。その内容は、道路の建設と不要溝渠埋立、替費地の地上げ（地面の嵩上げ）、水道建設が主であり、工事費用は主要工事期間である一九三四～三六年にかけて、合計二三万円にのぼった。三三年における寄付金六万円は、立花駅設置のための組合の負担金である。完成した街区は、図1-3（下図）である。立花駅を中心に道路が伸び、地区内東西南北に公園を配置する区画割がなされていたことがわかる。

## 三、組合売却地の購入者とその利用

橘土地区画整理組合の組合売却地（替費地）は、二一四筆・二万一八〇〇坪（すなわち、一筆平均約一〇〇坪）にのぼった。一坪あたりの価格は坪一〇円から六〇円、坪二〇円台前半の土地がもっとも多かった。もともと土地区画整理地区内の地価は坪二～五円であったから[36]、坪当たり価格を整理前の二～一〇倍（場合によってはそれ以上）に設定しての売却であった。それでも、既に述べたように、売却は順調に進んだ。組合売却地購入は①組合売却地に隣接する土地所有者、②橘土地区画整理組合員、③一般希望者の順に売却された。購入金は、契約の際に二割を支払い、残額は一カ月以内に支払うことになっていた[37]。

組合では、組合売却地販売のため、「橘案内」と題したパンフレットを作成した[38]。その表紙は「大阪近郊唯一の理想的健康田園住宅地」と記されており、図柄は阪神間の地であることを強調したものになっていた。パンフレットの内容で重要なことは、以下の二点である。

第一に、表紙に記載された「健康田園住宅地」という言葉に象徴されるように、保健衛生面を強調した文言になっている点である。パンフレット本文は、まず冒頭に「上水道」「下水道」の説明があり、次いで「位置」「地貌」「環境と交通」「設備と施設計画」「道路」「瓦斯」「中小公園」の順番に書かれており、上下水道を特に強調していた。「上水道」項目には、「居住者に永劫水の不安を与へぬよう此に工事全く完成を告げ風光明媚衛生的真に健康住宅地として日々殖え行く人口の水の要求に応じつゝある現状」と記された。「下水道」の項目には、「住宅地の保健衛生上第一に挙げらるべき下水の排除其の憂を永久に除くべく深慮留意」したことが記された。「地貌」の欄でも「元来の水田地は巨費と人力の犠牲に依りて大改造を施され（中略）適宜に配されたスロープに排水極めて良好となり」と記された。水田地帯というイメージを払拭すべく、水道と排水施設の整備と保健衛生面での設備の充実を第一に強調した内容といえよう。

第二に、パンフレットの読み手である組合売却地の購入者として、投資家を想定している点である。パンフレットでは、「売却地投資御奨めの言葉」という文言が使われており、パンフレット各項目の説明の最後は、以下のような文章で締めくくられている。

上述の如く本地区は其の環境、交通、設備、計画の凡ゆる点から大阪近郊稀に見る健康優良地にして近代都人士のよき住居地とし、駅前付近を中心に又よりよき商店経営地として百パーセントの真価を有し東郊第一の中産模範健康新都市として其の統制と活気を以て新進住宅地橘!!の名を恣に躍進の優姿実現の将来近きを断言して此の好機に橘分譲地投資を御奨めするの所以と致します。

「商店経営地」「新進住宅地」などの文言はあるものの、あくまでも投資の対象としての優良性を訴えようとしている

**表1-8　組合売却地購入者の購入面積と居住地・職業**

（単位：坪）

| 所有者氏名 | 替費地面積合計 | 筆数 | 職業など |
|---|---|---|---|
| 大塚泰 | 794.2 | 9 | 大塚工務店㈱代表、土木建築業、神戸市葺合区居住 |
| 田中勢一郎 | 581.9 | 5 | 西宮土地株式会社株主（同社株133株所有） |
| 佐用福三郎外2名 | 340.4 | 3 | 佐用福三郎：第二大正薬局代表、神戸市葺合区に居住 |
| 山県正雄外1名 | 244.7 | 3 | 山縣眼科病院院長、武庫郡鳴尾村居住 |
| 正木かめ | 216.0 | 2 | 神戸市居住 |
| 中西一雄 | 103.1 | 1 | 三和商事㈱代表、ハンカチーフ製造、大阪市東区に居住 |
| 吉田研太郎 | 79.2 | 1 | 弁護士、神戸市葺合区居住 |

出典：替費地面積・筆数は、『整理施行後土地各筆字番号地目地籍賃貸価格並に所有者氏名調書』橘土地区画整理組合、1939年（川端正和氏文書(2)723-2　尼崎市立地域研究史料館所蔵）。職業・居住地は、前掲『大衆人事録』〔表1-3〕などより。

ことがわかる。

組合売却地購入者の内訳を検討すると、購入者数合計は一四四人、購入者のうち、組合員は九人に過ぎない。組合員で購入したものは、高圧電線下の土地を購入した電力会社、橋本新右衛門（購入坪数二〇六・三坪、以下同様）、橋本市之介（一九三・八坪）、川端又市（一四七・五坪）などの在村地主、その他藤原敬造ほか一名などの不在地主であった。表1-3で示した上層の地主が、組合売却地購入によりさらに資産を増やしていたことがうかがえる。

次に、非組合員の購入者をみよう。電力会社購入分二〇筆と原史料の判別不能分を除いた売却地一九一筆に関する購入者の住所をみると、大阪市が最も多く六一筆、次いで立花村を管轄に含む伊丹税務署管内が四四筆[39]、神戸市二四筆、尼崎市二二筆と続く[40]。購入面積別にみると、一五〇坪未満の購入者は一〇一人と多いがその購入総面積は九五〇五坪で、一五〇坪以上購入者（複数筆購入者と推定）は四三人だが購入総面積は一万一八一七坪にのぼった[41]。

自家用目的とは考えにくい複数筆（一五〇坪以上）購入者の特徴とは何か。購入者のなかで職業などが判明するものを、表1-8にまとめた。複数筆購入者の職業は、土木建築業のほか薬局経営・医師などで、現住所は橘土地区画整理地区外であった。一九三九年に登記がなされてから四八年までの間に、相続や贈与以外の理由で一回以上所有権が移動した組合売却地は六七筆存在する点に鑑みれば(42)、替費地購入の目的には、自家用目的ではない転売などの利殖目的が相当数あったと考えられよう。

他方で、村内居住者で非組合員であったものが、組合売却地を購入するケースはほとんど存在しなかったと考えられる。非組合員の組合地購入者氏名と一九二三年戸数割賦課額表記載の氏名が一致するケースは存在しない(43)。表1-4で示した川端家の小作農家も、組合売却地を購入することはなかった(44)。組合売却地の平均的な売値は、一筆が一〇〇坪の土地で坪あたり二〇円としても二〇〇〇円となる。年間所得が五〇〇円未満であった小作農家には（表1-4）、購入が困難な土地であったと考えられよう。

## 第四節　事業実施過程における地主の行動

### 一、地上げ工事の実施

橘土地区画整理の実施と並行して、個別の地主も自らの所有地の宅地化に乗り出した。川端又市もその一人である。以下、川端に即して、私有地の宅地化のプロセスを検討する。

川端の地区内所有面積は、土地区画整理に伴う減歩により、組合が売却した替費地も購入したものの、八九筆（田七二筆、宅地一七筆）・三町七反となった(45)。これらの土地に対して川端が行った最初のことが、農地に関しては埋め立てて嵩上げし宅地に変える地上げ工事であった。この工事は、区画整理事業自体の工事が本格化する一九三五年から、土地区画整理の工事と並行して進められたが、その費用は、三五年度一五二七円、三六年度一一七八円、三七年度一五六七円、三八年度七四一七円であった(46)。表1-9は、川端の一九三七・三八年の地上げ地、地上げ業者をまとめた

## 表1－9　橘土地区画整理地区内における川端又市所有地の変遷（1937・38年度、1筆ごと）

| 小字名 | 地目 | 農家番号 | 地揚業者 | 地揚業者への支払日 | 借主番号 | 敷金支払日 | 備考 |
|---|---|---|---|---|---|---|---|
| 旭 | 宅地 | | | | 51 | 1937/1/18 | |
| 旭 | 宅地 | | | | 52 | 1937/7/8 | |
| 旭 | 宅地 | | | | 52 | 1937/10/1 | |
| 榎木 | 田 | M2 | B | 1938/8/15 | | | |
| 榎木 | 田 | | | | 53 | 1938/7/5 | |
| 榎木 | 田 | M10 | B | | | | |
| 加茂 | 宅地 | | | | 54 | 1937/7/8 | |
| 加茂 | 宅地 | | | | | | 1940年川端自ら貸家建設 |
| 加茂 | 宅地 | | | | 55 | 1937/6/2 | 1940年川端自ら貸家建設 |
| 加茂 | 宅地 | | | | 56 | 1935/1/24 | |
| 加茂 | 宅地 | | | | 55 | 1937/6/2 | |
| 加茂 | 宅地 | | | | 52 | 1937/7/23 | |
| 加茂 | 田 | M9 | | 1938/11/25 | | | |
| 加茂 | 田 | M9 | | 1938/11/25 | | | |
| 加茂 | 田 | M9 | | 1938/11/25 | 57 | 1935/1/24 | |
| 加茂 | 田 | O19 | | 1938/11/20 | | | |
| 加茂 | 田 | O19 | | 1938/11/20 | | | |
| 加茂 | 田 | M9 | C | 1938/8/29 | | | |
| 加茂 | 田 | M7 | | 1938/11/25 | | | |
| 加茂 | 田 | M7 | | 1938/11/25 | | | |
| 高瀬 | 田 | O28 | C | 1938/1/31 | 58 | 1937/10/28 | |
| 高瀬 | 田 | O28 | C | 1938/1/31 | 58 | 1937/10/28 | |
| 高瀬 | 田 | O28 | B | 1937/5/4 | 59 | 1937/5/12 | |
| 松本 | 田 | M6 | | 1938/11/20 | | | 1943年川端自ら店舗兼住宅建設 |
| 松本 | 田 | M5 | | 1938/11/20 | | | |
| 松本 | 宅地 | | | | 52 | 1938/3/7 | |
| 松本 | 宅地 | | | | 52 | 1938/3/7 | |
| 松本 | 田 | O18 | B | 1938/12/30 | | | |
| 松本 | 田 | O18 | B | 1938/12/30 | | | |
| 松本 | 田 | O20 | B | 1938/12/30 | | | |
| 松本 | 田 | O20 | B | 1938/7/24 | 60 | 1938/9/6 | |
| 松本 | 田 | O22 | | 1938/11/20 | | | |
| 松本 | 田 | | | 1938/11/20 | 61 | 1938/12/20 | |
| 松本 | 田 | | | | 62 | 1937/1/26 | |
| 松本 | 田 | O13 | B | 1938/6/3 | 63 | 1937/6/22 | |
| 松本 | 田 | O13 | B | 1937/9/4 | 64 | 1937/9/28 | |
| 松本 | 宅地 | | | | 65 | 1938/9/26 | |
| 松本 | 田 | M6 | B | 1937/5/29 | 66 | 1937/7/8 | |
| 松本 | 田 | M6 | | 1938/5/21 | 67 | 1938/5/2 | |
| 松本 | 田 | M6 | D | 1938/2/13 | 68 | 1938/1/26 | 1938/5/2敷金返還 |
| 松本 | 田 | M11 | E | 1937/12/14 | 69 | 1937/12/5 | |
| 松本 | 田 | M11 | E | 1937/12/14 | | | |
| 松本 | 田 | O14 | B | 1937/6/18 | 68 | 1937/6/2 | 1937/9/4に返却 |
| 松本 | 田 | O19 | B | 1937/9/16 | 68 | 1937/9/4 | |
| 松本 | 田 | O27 | C | 1938/4/18 | 70 | 1938/3/16 | |
| 松本 | 田 | O22 | | 1938/11/25 | | | |
| 松本 | 田 | O14 | B | 1938/8/29 | | | |
| 松本 | 田 | O19 | B | 1938/8/29 | | | |
| 松本 | 田 | O27 | F | 1938/6/1 | 65 | 1938/5/19 | |
| 松本 | 田 | O14 | | 1938/5/21 | 68 | 1938/5/2 | |
| 松本 | 田 | M10 | B | 1938/4/28 | 71 | 1938/3/25 | |

出典：『事業勘定原簿』（川端正和氏文書(2) No.641、尼崎市立地域研究史料館所蔵）、前掲『橘土地区画整理組合書類綴』〔表1－2〕。

注：小作農家番号は、表1－4と共通。換地予約地に割当てられ暫定的に耕作を続けていた小作農家を示す。

ものである。ここから以下の三点を読み取ることができよう。

第一に、一九三七年・三八年度の地上げは三六筆分あり、この両年の地上げ工事だけで、川端が所有する筆数の五割に達しているという点である。地上げ業者も五人（社）に委託して進めていた。川端が、土地区画整理後において直ちに地上げに取り掛かったことがわかる。

第二に、本表の対象時期に地上げされた土地に関しては、そのほとんどが貸地として提供され、借り手が見つかり敷金が支払われた場合が多い点である。(47)

第三に、表1-9には地上げ前に土地を耕作していた小作農民の番号を付したが、工事後の貸地を小作農民がそのまま継続して借りているケースは存在しなかった点である。土地区画整理と同時に行われた川端家所有地の土地造成によって、後述するような例外は存在するものの、土地区画整理地区内において川端家の土地を耕作する小作農民による土地利用は終了したのである。

## 二、貸地経営と貸家の建設

地上げした土地への家屋建設の担い手に関しては一九三〇年代の全体動向が不明であるため、ここでは主要地主所有地別に四〇年代の動向を概観する。表1-10は、一九三九年の登記時において橘土地区画整理区内の主要地主所有地であった箇所の、一九四八年における土地利用を示したものである。表の「一九四七年末の所有面積」欄をみると不在地主の藤原敬造・河瀬魁は、この時点で地区内の全所有地を譲渡していた。これに対して在村地主の橋本新右衛門、川端又市および不在地主の尼崎伊三郎は、四七年末に至るまで土地所有を継続させている割合が高いことがわかる。四八年時点での土地利用の内訳を見ると、建築地として利用されている面積が最も大きいのは川端又市所有地であった。川端は、橘土地区画整理地区内の主要地主のなかでも、とりわけ自所有地の建物利用に積極的であったこと

表1-10 橋土地区画整理地区内主要地主所有地における敗戦後の土地利用

（単位：坪）

| | 1939年登記時の所有面積 | 登記時所有地の1948年4月2日時点での土地利用 | | | | |
|---|---|---|---|---|---|---|
| | | 建築地 | 宅地 | 田 | 戦災地 | 1947年末の所有面積 |
| 橋本新右衛門 | 9,634 | 4,471 | 4,158 | 1,006 | - | 7,244 |
| 川端又市 | 10,887 | 9,105 | 684 | 912 | 186 | 9,668 |
| 尼崎伊三郎 | 7,302 | 6,015 | 233 | - | 1,054 | 5,818 |
| 藤原敬造・河瀬魁 | 8,069 | 2,244 | 975 | 4,851 | - | - |

出典：前掲『整理施行後土地各筆字番号地目地籍賃貸価格並に所有者氏名調書』〔表1-8〕、「昭和23年4月2日調査自作農創設特別措置法第五条第四号による除外指定申請用」（松崎豊三郎編『兵庫県川辺郡立花村土地宝典』大日本帝国市町村地図刊行会、1939年、9頁への川端又市自身による書き入れ、川端正和氏文書(3)、No.3、尼崎市立地域研究史料館所蔵）、『旧土地台帳』（神戸地方法務局尼崎支局所蔵）。

注：区画内の土地利用が、田と建築地などのように二つ以上の利用区分になっている場合には、便宜的に該当する地番の面積を利用区分数で除した数値を各項目に加算した。『旧土地台帳』については、史料の保存状態から、一部閲覧が不可能な箇所があり、この部分については、「1947年末の所有面積」に含まれていない。

がわかる。短期間でこれだけの建築地を生みだした手法とは、既にみたように所有地を貸地として貸し出すことであった。

表1-11は、川端家の貸地台帳から、貸地増加の傾向を示したものである。注にあるように、この表は川端家の貸地全体の台帳であり、橋土地区画整理地区外も含まれるが、契約の詳細がわかる本資料を用いて川端家の貸地の分析を行うことにする。賃貸料合計、契約面積いずれにおいても、一九三〇年代末にかけて、増加していることがわかる。単に地上げ工事をしただけでなく、旺盛な土地需要が存在していたことが理解できよう。

借主を住所別に区分したのが、表1-12である。住所が大阪市と神戸市の者で、全体の七割以上を占めていることがわかる。主な借主を表1-9からみると52（神戸市）が五筆と最も多い。52が一九三八年三月に借りた二筆については勘定原簿には「市場用地料」と記載されており、この土地には立花市場が設置された(48)。52は、他の地主の貸地台帳にも借主として名前が登場しており、尼崎近郊の土地区画整理後の貸地を斡旋する不動産業者とみて、間違いなかろう。また貸地台帳には、氏名が出てこないが、地上げした際の敷金の支払者として氏名が登場する58は、橋土地区画整理地区内で七松の地主橋本市之介（表1-3参照）の所有地におけるアパート管理者とな

### 表1-11　川端家における貸地の変化

| | 新規契約筆数 | 新規契約面積(坪) |
|---|---|---|
| 1936年1～6月 | 1 | 129.8 |
| 1936年7～12月 | 4 | 330.7 |
| 1937年1～6月 | 7 | 608.9 |
| 1937年7～12月 | 8 | 981.7 |
| 1938年1～6月 | 14 | 1620.5 |
| 1938年7～12月 | 6 | 994.0 |
| 1939年1～6月 | 19 | 1908.6 |
| 1939年7～12月 | 8 | 1057.3 |

出典：『昭和拾壱年　貸地台帳』（川端正和氏史料(5)　尼崎市立地域研究史料館所蔵）。
注：橘土地区画整理地区外の新規契約貸地も含まれる。

### 表1-12　川端家貸地の借主住所（1936～39年）

| 市町村 | 筆数 | 面積(坪) |
|---|---|---|
| 大阪市 | 30.5 | 3063.8 |
| 神戸市 | 21 | 2711.2 |
| 尼崎市 | 8 | 823.9 |
| 川辺郡立花村 | 5.5 | 579.9 |
| 武庫郡本庄村 | 1 | 144.1 |
| 奈良県添上郡田原村 | 1 | 128.5 |
| 武庫郡大庄村 | 1 | 101.5 |
| 豊中市 | 1 | 78.6 |

出典：表1-11に同じ。
注：借主が複数名いて住所が異なる場合には、筆数・面積を借主人数で割った数値を各項目に加算した。借主が変更した場合、最初の借主住所でカウントした。

り、自らも居住していた[49]。アパートの所有者が誰かは不明であるが、58は電話帳による職業が「無職」の欄に掲載されていること[50]、橋本市之介所有地に所在するアパートを管理し川端からも土地を複数筆借り受けていることに鑑みれば、58は一定の資産家（あるいはその代理人）であり、アパート賃貸などの住宅供給に携わっていた可能性が高い。

貸地をどのような建物に利用したのかという点について、借主の土地利用をうかがい知ることができるのが表1-13である。この表は、川端家で貸地の契約が解約された場合のその後の新契約を示したものである。52、65、72などの借主が、短い場合は数カ月で解約しその直後に新契約者と川端が契約していることがわかる。土地A、E、E1、F、G、H、I、K、Lのように、旧契約者が、新契約者の保証人になっているケースも多く存在する。とりわけ興味深いのは、土地A、H、M、Sの事例で確認されるが、原史料の新契約者欄に「転売・転貸」と記されている場合が存在する点である。「転貸」だけでなく「転売」と史料に書かれているのは、川端家の土地が「転貸」されただけでなく、旧契約者が建てた建物を新契約者に譲渡した（すなわち「転売」）ためと推定できよう。土地Sの場合、借主が借りて一カ月余り後の一九三九年七月の地代納入済の押印がされている箇所に、「六月三十日　上棟」との注記があるが、これも土地を借りた者が建物を建設しようとしている実態を示したものと言えよう。これらの専門的な不動産業者と、川端家から土地を借りて建物を建てる資金力を有する大阪市、神戸市、尼崎市などの借主（不動産業者）によって、土地区画整理地区内に借家やアパート、商店街などが形成されたと考えられよう(51)。

川端の収入を見ると、一九三七年度小作料収入二六七五円、貸地収入二〇一一円であるのに対し、三八年度は小作料収入二二三五円、貸地収入六七一九円となり、貸地収入が小作料収入を上回った(52)。川端は小作農民との関係を弱めつつ、市街地地主に転身していったのである。

## 第五節　戦時期における変化

### 一、整理後の土地所有と利用

橋土地区画整理事業の終了は戦時期と重なったが、その後の土地所有と利用および組合が設置した諸施設はどのようになったのか。一九四〇年代前半までの変化を検討しておこう。

表1-14は、整理後、土地登記（一九三九年）の際の地区内の土地所有者数と総面積を所有面積別に示したものである。公共用地に地区内の私有地が編入されたため、土地所有総面積は約四八〇反に減少した。組合地の売却によって零細な一反未満所有層が増加し、土地所有者数は二七〇人となった。一〇反以上所有の地主は、川端又市、橋本新右

関する解約と新契約の主要事例

| 新借主 | 住所 | 備考 |
|---|---|---|
| 76 | 神戸市灘区 | 「76に、転売、転貸」との記述あり。51は保証人に。 |
| 77 | 神戸市林田区 | |
| 78 | 神戸市灘区 | 「78氏へ転貸」との記述あり。その際に、28.27坪は、別の人への貸地に。 |
| 78 | 神戸市灘区 | |
| 79 | 川辺郡立花村 | 62は、79契約時の保証人。Eは分割され62と79に賃貸。 |
| 80 | 川辺郡立花村 | 62は、80契約時の保証人の一人。E1は分割され62と80に賃貸。 |
| 81 | 神戸市灘区 | 52は、81契約時の保証人。台帳には「名義変更」とあり。 |
| 81 | 神戸市灘区 | 52は、81契約時の保証人。台帳には「名義変更」とあり。 |
| 51 | 神戸市灘区 | 52は、51契約時の保証人。 |
| 82 | 尼崎市西御園町 | 51は、82契約時の保証人の一人。「51氏へ貸地のトコロ、転売、転貸」とあり。 |
| 83 | 大阪市西区 | 68は、83契約時の保証人に。 |
| 84 | 西宮市 | |
| 72 | 大阪市港区 | 65は、72契約時の保証人の一人。 |
| 85 | 大阪市港区 | 72は、85契約時の保証人の一人。 |
| 86 | 神戸市灘区 | 62は、86契約時の保証人。 |
| 87 | 大阪市東淀川区 | |
| 88 | 尼崎市 | 「60氏へ貸地ノ処転売転貸」との記述あり。 |
| 89 | 大阪市港区 | 「65氏貸地ノトコロ名義人変更」との記述あり。 |
| 89 | 大阪市港区 | 「65氏貸地ノトコロ名義人変更」との記述あり。 |
| 90 | 尼崎市 | 62は、90契約時の保証人。 |
| 91 | 大阪市北区 | 62は、91契約時の保証人。 |
| 82 | 大阪市此花区 | 1939年7月分の地代納入済印の箇所に「六月三十日上棟」とあり「75氏へ貸地トコロ、74氏へ転売、再び同人へ転売転貸」。 |

衛門、藤原敬造ほか一名、尼崎伊三郎、松井利作、中迫恂逸、立花村、日本電力、金井慶二であった。一〇反以上所有の土地所有者の総面積は二〇五・〇反で、総面積の四割以上を占めた。表1-3と比べると、川端、橋本、藤原ほか一名、尼崎は整理後も上位に位置する一方で、白洲文平が消え、新たに中迫恂逸（中迫商事社長、神戸市灘区居住）という不在地主が登場した[53]。

表1-15は、一九三九年七月二四日調査による、土地区画整理地区内の小字別地目別地籍を示したものである。ここからいくつかの

表１-13　川端家の貸地に

| 土地 | 小字名 | 坪数 | 契約日 | 契約者 | 住所 | 解約日 |
|---|---|---|---|---|---|---|
| A | 加茂 | 141.35 | 1936年11月18日 | 51 | 神戸市灘区 | 1939年10月23日 |
| B | 松本 | 104.54 | 1937年6月2日 | 68 | 大阪市港区 | 1937年9月4日 |
| C | 加茂 | 144.1 | 1937年6月2日 | 55 | 武庫郡本庄村 | 1939年2月7日 |
| D | 加茂 | | 1937年6月2日 | 55 | 武庫郡本庄村 | 1939年2月7日 |
| E | 松本 | 173.8 | 1937年7月8日 | 62 | 川辺郡立花村 | 1938年6月3日 |
| E1 | 松本 | 122.8 | 1938年6月3日 | 62 | 川辺郡立花村 | 1939年5月3日 |
| F | 旭 | 161.69 | 1937年7月8日 | 52 | 神戸市灘区 | 1937年12月26日 |
| G | 旭 | 95.79 | 1937年7月8日 | 52 | 神戸市灘区 | 1937年12月26日 |
| H | 加茂 | 109.3 | 1937年7月23日 | 52 | 神戸市灘区 | 1938年3月7日 |
| H | 加茂 | 109.3 | 1938年3月7日 | 51 | 神戸市灘区 | 1939年12月25日 |
| I | 松本 | 101.5 | 1937年9月4日 | 68 | 大阪市港区 | 1937年12月23日 |
| J | 松本 | 103.3 | 1938年1月26日 | 68 | 大阪市港区 | 1938年5月2日 |
| K | 松本 | 101.5 | 1938年5月19日 | 65 | 大阪市港区 | 1938年10月21日 |
| K | 松本 | 101.5 | 1938年10月21日 | 72 | 大阪市港区 | 1939年1月28日 |
| L | 松本 | 51.59 | 1938年6月3日 | 62 | 川辺郡立花村 | 1938年12月24日 |
| L | 松本 | 51.59 | 1938年12月24日 | 60 | 神戸市灘区 | 1939年6月23日 |
| M | 松本 | 116.98 | 1938年9月6日 | 60 | 神戸市灘区 | 1939年12月8日 |
| N | 松本 | 101.5 | 1938年9月26日 | 65 | 大阪市港区 | 1939年12月15日 |
| O | 松本 | 77.1 | 1938年10月14日 | 65 | 大阪市港区 | 1939年12月15日 |
| P | 加茂 | 101.93 | 1939年1月24日 | 73 | 川辺郡立花村 | 1939年8月3日 |
| Q | 榎木 | 208.6 | 1939年5月24日 | 74、75 | 神戸市灘区 | 1939年9月26日 |
| R | | | | | | |
| S | 加茂 | 79.5 | 1939年5月24日 | 75 | 神戸市灘区 | 1939年12月15日 |

出典：表１-11に同じ。

特徴を読み取ることができる。

第一に、地目が宅地の割合は、既に三四％に達している点である。地目は必ずしも現状の土地利用と一致するものではないが、地目が宅地の地区では、既に地上げなど宅地化が進められていたと考えられよう。

第二に、地目が宅地の割合は、小字ごとに大きく異なる点である。七松では稲荷や橘において宅地の割合が五〇～六〇％台、昭和や別井が四〇％台になっており、水堂でも加茂が四一・五％、三反田では生田が四五・五％となっているが、

### 表1-14　整理後の土地所有者

（単位：反）

| 土地所有面積 | 所有者数 | 組合売却地購入者数 | 村内居住者数 | 総面積 |
|---|---|---|---|---|
| 1反未満 | 185 | 125 | 11 | 84.6 |
| 1反以上2反未満 | 45 | 7 | 2 | 62.7 |
| 2反以上3反未満 | 15 | 4 | 1 | 36.9 |
| 3反以上4反未満 | 6 | 0 | 0 | 20.2 |
| 4反以上5反未満 | 4 | 0 | 4 | 18.3 |
| 5反以上6反未満 | 1 | 0 | 0 | 6.0 |
| 6反以上7反未満 | 1 | 0 | 0 | 6.4 |
| 7反以上8反未満 | 3 | 1 | 1 | 22.2 |
| 8反以上9反未満 | 1 | 1 | 1 | 8.4 |
| 9反以上10反未満 | 1 | 0 | 0 | 9.1 |
| 10反以上 | 9 | 4 | 3 | 205.0 |
| 合計 | 271 | 142 | 23 | 479.7 |

出典：前掲『整理施行後土地各筆字番号地目地籍賃貸価格並に所有者氏名調書』〔表1-8〕。
注：共有名義の土地の場合、共有者1組で1人とカウントした。村内居住者数は、前掲「大正12年度　県税戸数割賦課額表　立花村」に掲載された氏名と出典資料に掲載されている氏名とが一致した場合にのみカウントした。

### 表1-15　橘土地区画整理地区内地籍（1939年　小字別、地目別）

（単位：坪）

| 大字名 | 小字名 | 宅地 | | 田 | | その他 | | 合計 | |
|---|---|---|---|---|---|---|---|---|---|
| | | 地籍 | 百分率(%) | 地籍 | 百分率(%) | 地籍 | 百分率(%) | 地籍 | 百分率(%) |
| 七松 | 福添 | 3,426 | 29.5 | 8,196 | 70.5 | 0 | - | 11,622 | 100.0 |
| | 神楽 | 2,348 | 21.1 | 8,705 | 78.3 | 58 | 0.5 | 11,111 | 100.0 |
| | 稲荷 | 6,890 | 64.2 | 3,761 | 35.1 | 85 | 0.8 | 10,736 | 100.0 |
| | 橘 | 8,021 | 55.8 | 6,165 | 42.9 | 178 | 1.2 | 14,364 | 100.0 |
| | 昭和 | 5,151 | 45.0 | 4,905 | 42.8 | 1,392 | 12.2 | 11,448 | 100.0 |
| | 別井 | 806 | 47.0 | 909 | 53.0 | 0 | - | 1,715 | 100.0 |
| 水堂 | 松本 | 4,219 | 27.8 | 10,273 | 67.7 | 690 | 4.5 | 15,182 | 100.0 |
| | 加茂 | 3,716 | 41.5 | 5,077 | 56.7 | 164 | 1.8 | 8,957 | 100.0 |
| | 旭 | 1,671 | 20.3 | 6,444 | 78.3 | 114 | 1.4 | 8,229 | 100.0 |
| | 高瀬 | 2,197 | 29.9 | 4,405 | 59.9 | 752 | 10.2 | 7,354 | 100.0 |
| | 福住 | 1,310 | 21.4 | 3,691 | 60.3 | 1,118 | 18.3 | 6,119 | 100.0 |
| | 榎木 | 565 | 13.1 | 3,762 | 86.9 | 0 | - | 4,327 | 100.0 |
| | 玉川 | 1,016 | 23.8 | 3,121 | 73.1 | 130 | 3.0 | 4,267 | 100.0 |
| 三反田 | 若松 | 3,883 | 36.0 | 5,396 | 50.1 | 1,495 | 13.9 | 10,774 | 100.0 |
| | 千歳 | 2,798 | 31.3 | 5,397 | 60.5 | 732 | 8.2 | 8,927 | 100.0 |
| | 生田 | 3,879 | 45.5 | 4,647 | 54.5 | 0 | - | 8,526 | 100.0 |
| 合計 | | 51,896 | 34.0 | 93,665 | 61.4 | 6,908 | 4.5 | 152,469 | 100.0 |

出典：表1-14に同じ。

表1-16　整理後七松における主要地主

（単位：坪）

| 小字名（字内地籍） | | 所有者名 | 在村地主か | 地籍 | うち、地目が宅地の面積比 | 字内総地籍に占める面積比 |
|---|---|---|---|---|---|---|
| 福添 | 11,622 | 藤原敬造・河瀬魁 | | 3,980 | 0% | 34.2% |
| | | 日本電力株式会社 | | 1,049 | 0% | 9.0% |
| 神楽 | 11,111 | 藤原敬造・河瀬魁 | | 4,089 | 5.0% | 36.8% |
| | | 上畠ハツ | | 1,778 | 21.5% | 16.0% |
| | | 金井慶二 | | 1,719 | 0.0% | 15.5% |
| 稲荷 | 10,736 | 橋本新右衛門 | 在村 | 2,225 | 100.0% | 20.7% |
| | | 井上一子 | | 1,906 | 100.0% | 17.8% |
| | | 中道恂逸 | | 1,608 | 0.0% | 15.0% |
| 橘 | 14,364 | 橋本新右衛門 | 在村 | 3,395 | 100.0% | 23.6% |
| | | 中迫恂逸 | | 2,227 | 0.0% | 15.5% |
| 昭和 | 11,448 | 橋本新右衛門 | 在村 | 3,123 | 72.3% | 27.3% |
| | | 中迫恂逸 | | 1,572 | 6.8% | 13.7% |
| | | 立花村 | | 1,275 | 0.0% | 11.1% |
| | | 日本電力株式会社 | | 1,149 | 0.0% | 10.0% |
| 別井 | 1,715 | 川端辰蔵 | | 234 | 0.0% | 13.6% |
| | | 橋本久三郎 | 在村 | 207 | 100.0% | 12.0% |
| | | 橋本新右衛門 | 在村 | 206 | 100.0% | 12.0% |
| | | 中迫恂逸 | | 204 | 0.0% | 11.9% |
| | | 園部宗紹 | | 192 | 0.0% | 11.2% |

出典：表1-14に同じ。
注：字内総地籍に占める面積比10%以上の地主を載せた。

これらの小字以外の多くは宅地の割合は一〇～二〇％台にとどまっていた。このような相違を理解する上で参考になるのが、表1-16、表1-17である。この二表は、橘区画整理地区のうち、旧七松地区と水堂地区における小字ごとの主要地主を示したものである。地目が宅地の割合が高い七松地区の橘や昭和、水堂地区の加茂などでは、在村地主である橋本新右衛門や川端又市の所有面積の割合が高い。他方で、地目が宅地の割合が低い福添や神楽では、不在地主である藤原敬造・河瀬魁の所有面積の割合が高い。小字ごとに地目の割合が異なる要因の一つは、二町以上所有地主の宅地化への積極性の相違とみなすことができよう。

橘土地区画整理事業区域のなかの旧七松・水堂地区における一九四五年までの土地移動について取りまとめたのが、表1-18である。合計値をみると、登記直後

## 表 1 -17　整理後水堂における主要地主

| 小字名（字内地籍） | | 所有者名 | 在村地主か | 地籍 | うち、地目が宅地の面積比 | 字内総地籍に占める面積比 |
|---|---|---|---|---|---|---|
| 松本 | 15,182 | 川端又市 | 在村 | 3,253 | 8.9% | 22.6% |
| 加茂 | 8,957 | 川端又市 | 在村 | 2,516 | 39.6% | 28.1% |
| | | 尼崎伊三郎 | | 1,342 | 0.0% | 15.0% |
| 旭 | 8,229 | 松井利作 | 在村 | 3,246 | 0.0% | 39.4% |
| | | 川端又市 | 在村 | 1,371 | 35.7% | 16.7% |
| 高瀬 | 7,354 | 川端又市 | 在村 | 1,721 | 12.6% | 23.4% |
| | | 松井利作 | 在村 | 758 | 0.0% | 10.3% |
| 福住 | 6,119 | 筒井ふみ | | 698 | 100.0% | 11.5% |
| 榎木 | 4,327 | 尼崎伊三郎 | | 1,379 | 0.0% | 31.9% |
| | | 関西共同火力発電株式会社 | | 924 | 0.0% | 21.4% |
| 玉川 | 4,267 | 川端又市 | 在村 | 1,190 | 21.8% | 27.9% |
| | | 松井利作 | 在村 | 648 | 0.0% | 15.2% |
| | | 堀力松 | 在村 | 598 | 0.0% | 14.0% |

出典：表 1 -14 に同じ。
注：字内総地籍に占める面積比 10%以上の地主を載せた。

## 表 1 -18　橘土地区画整理登記後の土地移動件数（1939～45 年、小字別）

| | 旧七松 | | | | | | 旧水堂 | | | | | | | |
|---|---|---|---|---|---|---|---|---|---|---|---|---|---|---|
| 年次 | 神楽 | 福添 | 稲荷 | 橘 | 昭和 | 別井 | 松本 | 加茂 | 旭 | 高瀬 | 福住 | 榎木 | 玉川 | 計 |
| 1939 | 21 | 7 | 7 | 3 | － | 2 | 8 | 6 | － | 3 | － | － | 5 | 62 |
| 1940 | 29 | 40 | 6 | 16 | 11 | 1 | 7 | 8 | 6 | 6 | 21 | 11 | 1 | 163 |
| 1941 | 9 | 5 | － | 14 | 6 | － | 7 | 5 | 2 | 3 | 2 | － | － | 53 |
| 1942 | 4 | 0 | 4 | 4 | 3 | － | 3 | 2 | 1 | 8 | 3 | － | 1 | 33 |
| 1943 | 1 | 3 | 1 | 5 | 3 | 2 | 10 | 8 | 1 | 2 | 1 | － | － | 37 |
| 1944 | － | 3 | 4 | 2 | 2 | 1 | 7 | － | 3 | 5 | 4 | － | 3 | 34 |
| 1945 | 11 | 3 | － | 5 | 1 | － | 3 | 9 | － | 3 | － | － | － | 35 |
| 計 | 75 | 61 | 22 | 49 | 26 | 6 | 45 | 38 | 13 | 30 | 31 | 11 | 10 | 417 |

出典：前掲『旧土地台帳』〔表 1 -10〕。
注：件数は、名義変更、住所変更を除いた、土地台帳上にみられるあらゆる土地移動をカウントした。史料の保存状態から、一部閲覧が不可能な箇所がある。

の四〇年の土地移動件数が急増することが、特徴である。小字別にみると、旧七松では神楽・福添・橘、旧水堂では福住、榎木の件数の多さが顕著である。このうち、橘や福住、榎木などでの四〇年の移動の多くは、電力会社が日本発送電株式会社に統合されたことによる高圧線下所有地の移動であった。その一方で、神楽については二九件中二〇件、福添については四〇件中二一件が、藤原敬造・河瀬魁の所有地の売却等にともなう移動であった。藤原・河瀬は、神楽に四〇八九坪、福添に三九八〇坪、合計八〇六九坪の土地を所有していたが、登記直後の一九三九〜四一年に、そのうちの七一八一坪（登記時所有面積の八九％）を売却した。両名所有地は地目がほとんど田のままであったこと（表1-16）に鑑みれば、両名は、区画整理地を自ら利用する（あるいは貸地・貸家に出す）ことなく、登記の完了を契機に売却したと考えられる。

戦時期の福添における藤原・河瀬の所有地の譲渡先を示したのが、表1-19である。綿花商であるFTらや石油商であるKOなど、大阪市に居住する商人であった。[54] このような居住目的以外での土地区画整理地区内の土地購入は、前節で述べたように、組合売却地（替費地）購入者にも見られたが、不在地主の中にも、土地登記後直ちに所有地の過半を売却するケースが存在したのである。

## 二、宅地造成・家屋建設とその担い手

一九四五年までに地目が田から宅地に転換された面積は、七松五五四九坪（七松区画整理地区全体の九％）、水堂一万三九三二坪（水堂区画整理地区全体の二六％）にのぼった。水堂地区での地目転換が増加したのは、同地区最大の地主であった川端又市が、地上げした所有地の大部分を一九四〇年に地目変更したからであった。前述したように、川端の場合、一九三八年度に貸地収入が増加し、貸地収入が小作料収入を上回っており、四〇年の地目変更はこのような三〇年代後半の宅地化を後追いしたものと考えられる。

表1-19　戦時期における藤原敬造・河瀬魁所有地譲渡先（福添）

（単位：筆、坪）

| 氏名 | 住所 | 筆数 | 面積 | 備考 |
|---|---|---|---|---|
| FTほか2名 | 大阪市西区 | 10 | 1,233 | FTは綿花商 |
| KO | 大阪市港区 | 6 | 1,013 | 石油商。1954年データでは、豊中市在。高額所得者名簿に記載あり。 |
| KS | 豊中市 | 1 | 199 | |
| YT | 岡山県 | 1 | 133 | |
| NM | | 1 | 108 | |
| N | | 1 | 91 | |
| MT | | 1 | 81 | |
| TS | | 1 | 59 | |

出典：前掲『旧土地台帳』〔表1-10〕。備考欄は、谷元二『大衆人事録　近畿編』帝国秘密探偵社・国勢協会、1940年、東京商工興信所関西支社編『昭和34年度　高額所得者名簿（西日本版）』、東京商工興信所関西支社、1960年。『大阪市　尼崎布施吹田守口五十音別電話番号簿』近畿電気通信局、1962年。

もっとも戦時期においては、貸地の賃料が上昇しなかった点に注意する必要がある。一九三八年から四五年までの地代が判明する川端又市同族所有地の地代および小笠原萬次郎の地代を確認すると、坪あたり月額はそれぞれ一六銭（松本）、一四銭（松本）、一七銭（榎木）の額のままで変化がなかった(55)。地代家賃統制令のもとで、地代収入の利回りは低下したことがうかがえよう。

地主の中には、貸地業のみならず、自ら家屋を建設し、貸家業を経営する者もいた。橋土地区画整理組合の組合長であった橋本新右衛門は、奈良県吉野地方に山林を所有しており、ここから切り出した木材を活用して自所有地に貸家を建設したという(56)。しかし、一般の地主においては、戦時下における物資の高騰のもとで建築を進めねばならず、その規模には限界があった。川端又市は、戦時期に二棟の貸家を建設した。このうち立花駅に近い加茂に建築した一棟（一〇戸分）は、一九四〇年一二月に竣工した。川端はこの貸家建設工事に関し「七ヶ月を要し漸く竣工。契約九月廿八日より遅ること。タイル工事職人の来ないため。又建具も遅る」と、戦時期の貸家建設の困難を記している(57)。この貸家建築費用は、全体で約二万円であった。川端は一九四三年にも自らの所有地一筆に貸家を建設し、ここにも四戸入居した(58)。川端家の一九三五年から一九三九年二月までの不動産売却累計額は七万六五三九円であった(59)。このような資金を利用して貸家建設を進めたと考えられるが、これらの地主が所有する土地区画整理地区内の土地面積に鑑みれば、戦時期においてこのような自己資金を中心に地主自らが所有地に貸家を建設すること自体の限界面に留意する必要がある。地上げの多くを貸地としたのも、このような事情があったからと考えられよう。

地主による貸家建設の限界面を補ったのが、貸地の借主であった。これには二通り存在したと考えられる。第一に、貸家経営のために土地を借りるケースである。この点は、前節で分析した通りである。たとえば、前節でも登場した借主52は、戦時期において川端又市から六筆六六〇・三四坪(60)、小笠原萬次郎から二筆二六二・七八坪(61)の土地を借り入れていた。第二に、自ら居住（営業）するために土地を借りるケースである。川端又市から松本の土地を借りた借主67は、同所で米穀商を営んでいた(62)。借主72は、前述した川端の加茂における貸家を建設した大工であったが、小笠原萬次郎から榎木の貸地を借り居住していた。借主67や72の家屋が、持家か借家かは不明であるが、貸地の存在が立花駅周辺の居住・営業の機会を増やしていったことがわかる。

## 三、市街地形成とその問題

こうして、橘土地区画整理事業の区域は大きな変貌を遂げた。一九三五年度の地区内建物数五〇戸・立花駅乗降客一日平均約一〇〇〇人（以下、同様に記す）であったのが、三六年度には二五〇戸・一五〇〇人、三七年度四〇〇戸・二五〇〇人、三八年度七〇〇戸・三六〇〇人、三九年度には、立花駅一日平均乗降客約五〇〇〇人、四〇年度における地区内建物数は一七〇〇戸に達した(63)。工事が終了した三七年以降に、建物数・駅利用者数ともに急増した。図1-4は、四三年時点での立花駅周辺を写した航空写真である。駅を中心に放射状に伸びる街路とともに、家屋の建設も

図１－４　換地後の橘土地区画整理地区（1942 年）

出典：大阪市計画調整局所蔵　航空写真（1942 年撮影）。

進んでいることがわかる。短期間でこのような市街地開発が可能となったのは、在村地主が担い手となった土地区画整理事業及び、私有地の地上げ（嵩上げ）と貸地によって、建物建設が進んでからといえよう。

　しかし、その一方で、市街化に伴う問題点も表面化していた。なかでも早くから問題となっていたのは、組合が運営する水道水の枯渇の問題であった。大阪朝日新聞は、「〝工場はお断り〟余り多過ぎて水の悩み　立花住宅地の悲鳴」という見出しで、「省線立花駅を中心とする立花住宅地は大阪や神戸の会社、商店その他に通勤するサラリーマンの健康住宅地として素晴しい発展を遂げつゝあるが、（中略）付近に工場三つが出現し大がかりな鑿井を掘ってどんどん用水を使ひだしたためこんどは整理組合の鑿井水道の水源（地下水）に影響し住宅の増加に反比例して水道の出が悪くなりだしたので整理組合では痛し痒しのヂレンマにたうたう悲鳴をあげて尼崎署にたいし『今般住宅地付近には新設工場の建築を許可相ならぬやう』との陳情を行ふことになった」と報じている[64]。もともと、通常の民家にある浅井戸では水が出ないことから設置された水道施設であったが、組合の井戸においても一九三八年の段階から支障が生じ始めたのである。この後、一九四四年に組合営の水道施設は尼崎市によって買収された。当時の様子を、栗山水道部長（五三年時点）は、「思い出を語る」という座談会で、「立花の分は、区画整理組合の水道で経営が非常に困難になって来たので、組合長は市の方へさかんに買収してくれという要求があった」と話している。(65) 戦時期から戦後改革期にかけては、橘土地区画整理地区の北部に当たる阪神急行電鉄沿線でも、三〇年代における同社の宅地造成とともに水道施設（園田水源地、富松ポンプ場）を設置し、三〇年代後半から運転を開始していたが、これらも、施設の運用に支障もあって、一九四七〜四八年には買収された。(66) 民間の会社や土地区画整理組合が、水道施設を維持管理することの難しさが、これらの事例から読み取れよう。

市街地形成に対して影響を与えたもう一つの問題点は、地代家賃統制令の施行に伴って、貸家やアパートの利回りが抑制された点である。このため、貸家やアパートを業者が建設しても、地代家賃統制令によって一定の利回りが見込めないため、これらの買主が減少し、その結果せっかく完成しているのに空家（空室）のままになっている建物の存在が新聞で報じられた。(67) この新聞記事は、大阪市の状況を報じたものだが、表1-13からわかるように、尼崎市でも地主の貸地を業者が借りて建物を建て、その後借地の権利と建設した建物の双方を第三者に譲渡するケースがみられる。地代が一九四〇年代に入って統制されたことは前述したとおりだが、戦時期の資材や労賃の高騰とともに、地代家賃の統制が、土地区画整理地区内の新たな住宅供給に対する障害となり始めたのである。(68)

## 四、地主による事業の特徴——結びにかえて

橘土地区画整理事業は、東海道線の電化により新駅が設置されるという特殊な条件のもとで実施された。そのような特殊な条件をいかすことができた理由として本書が注目したのが、新駅の誘致活動から組合結成と事業の実施に至

るまで、一貫して事業に関わった在村地主の存在であった。その役割は、主に二つの点にまとめることができよう。

第一に、組合の結成や運営における役割である。事業区域の中心を占める七松、水堂における在村地主（橋本新右衛門や川端又市ら）は、村落（＝大字）ごとに、土地区画整理組合結成に関する同意を土地所有者から得た。村落内の土地所有者から同意を得ていた設計内容は、県都市計画技師の修正案を拒否するだけの規定力を有したし、利害が対立する小作農民との交渉も、地主間の緊密な相談によって行われた。土地区画整理の実際の設計を担当した技師（渋田一郎）や、政府との交渉の際のパイプ役を担う政治家（代議士蔭山貞吉）の存在も、組合設立に不可欠であったと考えられるが、組合の事業区域を設定し設立に必要な土地所有者の同意を得るという土地区画整理組合結成に際しても最も基本的な事柄は、在村地主が村落ごとに行った(69)。

第二に、公共施設の整備とともに私有地の宅地化を推進する役割である。組合の事業としての種々の基盤整備（道路、上水道、溝渠、側溝など）を前提として、上層の在村地主であった川端又市の場合、小作農民に対して離作料を支払って立ち退かせ、所有地の田を地上げして貸地とした。川端は自ら貸家も建設したが、多数の建物を建設する資金力を持ちあわせていなかった川端が取った方策が、地区内所有地を貸地とすることであった。これらの貸地は、尼崎近隣の神戸市や大阪市などの業者が主たる借主となって建築が進められた。不動産業者がいったんは借地し自ら貸家の建設を行ったうえで、貸地と家屋をセットで、第三者に売却（土地は貸与）するという方式も取られた。こうして、規模は零細ではあるものの、整地だけでなく住宅建設も進んだ。

このように、在村地主は土地区画整理組合を通じて道路や上水道、溝渠、側溝等を建設し、自らの所有農地を宅地に造成し直し建物の建設を促すことを通じて市街地形成に寄与した。しかし、地主による土地区画整理には限界面も存在していた。不在地主の所有地は宅地造成が進まない場合が多かった。替費地の売却先としては、地区内に居住しない利殖目的とした資産家が想定され、事実そのような不在地主が購入するケースが多かった。在村地主にしても、自所有地に貸家を建てるケースは少なく貸地が中心であり、土地利用の中身にまでタッチしていなかった。すなわち在村地主は、農地を小作に出していた時と比べて、土地区画整理地区内への土地利用に対してより間接的な関わりしか持たなくなったといえよう。上水道については、地区内に建物が増加し人口も急増する過程で施設の不十分さが露呈し、戦時下において水道施設を市に譲渡した。橘土地区画整理組合は在村地主が中心となって設立された土地区画整理組合であったが、土地整理後の宅地利用を持続させるための機関としては十分に機能することができず、一九四四年に解散したのである。

アジア太平洋戦争期にはいると、未利用地での食糧増産が奨励されるようになり、農地としての利用が一時的に活発となった。これらの新たな事態は、公共施設の維持管理の問題とともに、敗戦後の市街地形成に重要な意味を持つこととなった。アジア太平洋戦争を経た後の土地区画整理地区では、どのような市街地が形成されたのか。組合設立において大きな役割を果たした在村地主との関係はどのように変化していくのか。これらの点に関する分析が、第二章の課題となる。

**注**

（1）井上衛「消えたJR高瀬川の避溢橋」『地域史研究』第三六巻第一号、二〇〇六年一一月、七八頁。

（2）「議案第十四号　官設鉄道増設工事に関する意見の件　立花村長　橋本新右衛門」（一九二一年四月一六日）『大正十年　村会に関する文書　立花村役場』（尼崎市立地域研究史料館所蔵）。なお、同文書によれば、一八九七年の浸水の際に、立花村は「全村悉く浸水し床下壱尺を距るの水量に及」び、「退水一週間を要」したものの、「鉄道以南は田面の稲の葉先きを僅に見顕せるの水深にして字七松並に東西両難波は浸水を免かれたり」という状況であった。鉄道敷設が地域の排水に与えた影響がうかがえる。

（3）渡辺久雄編『尼崎市史　第3巻』尼崎市役所、一九七〇年、五九〇～五九一頁。

（4）同右書、五二八～五二九頁、六三七～六三九頁。

(5) 同右書、五八五頁。
(6) 『昭和七年　村会関係往復文書　立花村』(尼崎市立地域研究史料館所蔵)。
(7) 「昭和九年六月現在　土地原簿(橘土地区画整理組合)」『橘土地区画整理組合書類綴』(川端正和氏文書(2)、No.七二三―一、尼崎市立地域研究史料館所蔵)所収。以下、整地前の土地所有に関するデータは同史料による。
(8) 尼崎伊三郎について詳しくは、前掲『尼崎市史　第3巻』〔注3〕三四三～三四八頁、山崎隆三「大正期都市周辺における地主制」『経済学雑誌』第七〇巻第五・六号、一九七四年。
(9) 注7に挙げた土地原簿の氏名と「大正十二年度　県税戸数割賦課額表　立花村」『大正十二年　村会会議録　立花村役場』(尼崎市立地域研究史料館所蔵)に記載された氏名とが、一致したものについて確認した。
(10) 以上の農家数は、各年次『兵庫県統計書』。
(11) 『大阪朝日新聞』一九三三年一一月一〇日。
(12) データは、前掲「大正十二年度　県税戸数割賦課額表　立花村」〔注9〕。
(13) 「区画整理記録　川端手記」『橘区画整理書類綴』(川端正和氏文書(2)、No.六二八所収、尼崎市立地域研究史料館所蔵)。
(14) 一九三一年耕地整理法改正により、都市計画区域内での耕地整理の施行が禁止されたため(小栗忠七『土地区画整理の歴史と法制』巌松堂書店、一九三五年、二一～二四頁)と推定される。
(15) 渋田一郎に関しては、枝川初重「戦前戦後の駅前区画整理事業(尼崎市)」『尼崎まちづくり研究ノート』No.二、二〇〇〇年、一〇二～一〇三頁。
(16) ここから手記の記述は、「発起人会」から「創立委員会」に変わっているが、各大字代表の地主が中心になっている点に変化はない。
(17) 土地所有者から同意を得るのに難航した点、後述するように小作農民との交渉は別個に行われた点に鑑みれば、集落の役割の限界面も留意が必要である。
(18) 橘土地区画整理組合編『事業の概要』橘土地区画整理組合、一九三六年、一〇頁。
(19) 蔭山・川端らの内務省本庁への陳情が功を奏したとも考えられるが、国と県との都市計画行政に関する権限分掌に関しては本稿では扱えないため、ここでは、県都市計画課と地主との関係に注目した。
(20) 「昭和九年四月　京都・名古屋・東京土地区画整理事業視察概要　橘土地区画整理組合川端生」前掲『橘区画整理書類綴』〔注

13〕所収。
(21)「兵庫県連　情勢報告書（一九三一年）」『全農　兵庫　一九三一年』（法政大学大原社会問題研究所所蔵）所収。
(22)衆議院事務局編『衆議院議員略歴』衆議院事務局、一九三六年。
(23)『大阪朝日新聞』（阪神版）一九三三年一〇月四日。
(24)前掲『事業の概要』〔注18〕三〜四頁。
(25)全国農民組合兵庫県連合会『昭和11年大会報告・議案』（一九三六年一〇月一〇日）『全農　兵庫　一九三四〜一九三七年』（法政大学大原社会問題研究所所蔵）所収。
(26)「常任委員会議案」（一九二七年一二月二二日）『日農兵庫　一九二七年』（法政大学大原社会問題研究所所蔵）所収。
(27)土地区画整理事業を実施する際に、予め一定面積を換地計画から除外し、その土地を組合売却地として販売することで、事業に必要な資金を得るための土地のことを指す。
(28)以上、道路や側溝については、前掲『事業の概要』〔注18〕五〜六頁。
(29)同右書、六〜七頁。
(30)前掲『橘区画整理書類綴』〔注13〕所収。前後の史料の関係から、一九三三年一〇月四日に開催された地主会での書類と推定される。
(31)同右史料所収。
(32)換地の際、整理前の面積から一定の減歩率を差し引いた分の面積を換地の面積とする方法。
(33)前掲『橘区画整理書類綴』〔注13〕。
(34)橘土地区画整理組合では「換地予定地は割当区域内の整理前土地の現位置又は現位置に近き場所において定む」と定められ、換地前所有地が停車場用地などの場合は「なるべく隣接の土地を選ぶ」こととなっていた。前掲『橘区画整理書類綴』〔注13〕。
(35)同右史料。
(36)立花駅開設30周年祝賀委員会編『立花駅――30年のあゆみ』立花駅開設三〇周年祝賀委員会、発行年不詳、三頁（川端正和氏文書(2)、No.六三六、尼崎市立地域研究史料館所蔵）、『大阪毎日新聞』昭和九年三月一三日。
(37)「替費地売却地積並に価格表　橘土地区画整理組合」前掲『橘区画整理書類綴』〔注13〕所収。
(38)『橘案内』（川端正和氏文書(2)、No.七二一―二、尼崎市立地域研究史料館所蔵）。以下、同パンフレットからの引用も、同様。

(39) 旧土地台帳では、住所が管轄税務署内であれば台帳への住所記載を省略してもよい（友次英樹『土地台帳の沿革と読み方』日本加除出版、一九九五年、一一七頁）。非組合員による組合売却地購入者の土地台帳における住所記載無しが三六筆あり、これに管内でも住所記載がある場合を加え、「伊丹税務署管内」としてまとめた。
(40) 『旧土地台帳』（神戸地方法務局尼崎支局所蔵）。同上史料によれば、購入者には、東京・新潟・愛知・滋賀・奈良・岡山・広島・山口・香川の各府県と台湾を住所とする者も存在した。
(41) 橘土地区画整理組合編『整理施行後土地各筆字番号地目地籍賃貸価格並に所有者氏名調書』橘土地区画整理組合、一九三九年（川端正和氏文書(2)、No.七一三一二、尼崎市立地域研究史料館所蔵）。
(42) 前掲『旧土地台帳』〔注40〕。
(43) 前掲「大正十二年度　県税戸数割賦課額表　立花村」〔注9〕。
(44) 前掲『橘区画整理書類綴』〔注13〕。
(45) 前掲『整理施行後土地各筆字番号地目地籍賃貸価格並に所有者氏名調書』〔注41〕。
(46) 前掲『事業勘定原簿』（川端正和氏文書(2)、No.六四一、尼崎市立地域研究史料館所蔵）。ただし、ここでの費用・件数には、橘土地区画整理地区外の土地も含まれる。年度は、各年二月から翌年一月で区切ったもの。
(47) このような川端の行動は、当該期の地価上昇と高い地代利回りに誘発されての貸地経営拡大を強調する瀬川信久『日本の借地』有斐閣、一九九五年、一二一～一四六頁の議論に一致する。
(48) 神戸地学協会編『尼崎市全産業住宅案内図帳　武庫・立花地区』神戸地学協会、一九五六年、一九頁。
(49) 京阪神職業別電話名簿編纂所編『京阪神職業別電話名簿』報国出版社、一九四一年および前掲『整理施行後土地各筆字番号地目地籍賃貸価格並に所有者氏名調書』〔注41〕、三一頁より。
(50) 前掲『京阪神職業別電話名簿』〔注49〕。
(51) これらが、自己利用目的でないことは、借主の多くが、住所を借地所在地に変更していないことからもあきらかであろう。
(52) 前掲『事業勘定原簿』〔注46〕。
(53) 前掲『整理施行後土地各筆字番号地目地籍賃貸価格並に所有者氏名調書』〔注41〕。
(54) 福添における藤原・河瀬の所有地でみれば、藤原の個人名義に変更した分を除いた二九一七坪は全て売却されたが、このうちFTらへ一二三三坪（四二％）、KOへの売却は一〇一三坪（三五％）というように、八割近くが、大阪市内居住の商人に売却された。

(55)　『地料勘定簿』(川端正和氏文書(4)、№一九〇二-一、尼崎市立地域研究史料館所蔵）および『昭和十三年八月　貸地・貸家元帳　小笠原茂』（個人蔵）。
(56)　橋本和子氏からの聞き取り調査（二〇〇八年一一月二一日実施）より。
(57)　『家屋に関する書類綴』(川端正和氏文書(2)、№六三三-一、尼崎市立地域研究史料館所蔵）。
(58)　同右史料。
(59)　前掲『事業勘定原簿』〔注46〕。
(60)　同右史料。
(61)　前掲『昭和十三年八月　貸地・貸家元帳　小笠原茂』〔注55〕。
(62)　大阪逓信局『兵庫県電話番号帳簿乙巻　昭和十四年九月十五日現在』大阪逓信局、一九四〇年。
(63)　各年度「事業報告書」前掲『橘区画整理書類綴』〔注13〕。
(64)　『大阪朝日新聞』（阪神版）一九三八年二月一五日。
(65)　今井信一編『風霜三十五年』尼崎市水道局、一九五四年、一七、四五頁。
(66)　同右書、一六、二〇、四四～四五頁。栗山水道部長の以下の回顧も参考になる。「武庫之荘は阪急の経営で、だんだん施設が悪くなって水が出ないために、非常に喧しくなって住民が陳情に来たが、市の施設ではないから、どうすることもできない。ところが住民の生命に関することであるから、と云うことで、水道部で一台七万円のコンプレッサーを阪急に貸してやることにして、武庫之荘につけて当分は阪急で経営をやっておった。ところがその後ますます水が出なくなったために、結局水道施設を市で経営してくれと云う住民からの陳情があった」（同右書、四四～四五頁）。
(67)　『東京朝日新聞』（阪神版）一九四〇年一二月一三日。
(68)　地代家賃統制令とその実態については、沼尻晃伸「開発と地価・地代への統制」橘川武郎・粕谷誠編『日本不動産業史』名古屋大学出版会、二〇〇七年、一四四～一四五頁も参照されたい。
(69)　この点に関連して集落の性格自体を歴史的にどのように位置づけるかは議論のあるところだが（近年の研究として高嶋修一『都市近郊の耕地整理と地域社会』日本経済評論社、二〇一三年）、本書では、集落における地主と小作農民の対立とその戦時期から戦後にかけての変化に注目しているため、ここでは、在村地主が集落内の土地所有を把握し土地区画整理実施に向けて集落内の諸利害を調整する能力を持ち合わせていた点を強調しておきたい。

# 第二章　土地区画整理後の土地移動と土地利用

本章では、橘土地区画整理地区における土地所有権の移動と土地利用の実態を、敗戦後から一九六〇年代初頭までの期間を中心に検討する。本章で明らかにすることがらは、以下の三点である。第一に、土地区画整理実施区域における農地改革の問題である。地区内の農地の分布の特徴を検討すると共に、農地改革が土地区画整理地区内の土地利用にどのような影響を及ぼしたのかを検討する。第二に、地区内私有地に関しての、一九四五年から六〇年代初頭に至るまでの移動と利用についてである。戦時期に引き続き、地区内の旧七松地区と旧水堂地区を対象として旧土地台帳による一筆ごとの検討を行う(1)。第三に、市街地形成に必要となる公共施設・用地の維持管理と担い手についてである。戦後における自治体の政策との関連などにも留意して検討する。

戦後の旧立花村域の人口増加を表序-1で確認すると、一九五〇年＝四万〇八四五人から、一九六〇年六万四四七九人と増加し、一九七〇年には一〇万人を超えた。住宅地として人口が急増していった地域といえる(2)。

# 第一節　土地区画整理地区と農地改革

## 一、一九四八年時点での土地利用

アジア・太平洋戦争期に食糧増産が目指された橘土地区画整理地区内では、「時局下諸建築は概ね中絶し現在空地の総ては挙げて食料増産に利用されつつあ」る状況となった(3)。組合設立時に小作農民を立退かせたものの、戦時期に再び農地として利用され敗戦後においても農地利用が継続された土地は、地区内に多く存在した。土地区画整理実施地区に存在したこのような農地を農地改革の一環として買収の対象とするか否かは、都市近郊を中心に全国的に大きな問題となったが(4)、尼崎市の土地区画整理地区においても同様の問題が生じた。そこで、後述する農地改革の指定除外申請の際に作成された一九四八年の調査を利用して(5)、橘土地区画整理地区における農地の状況を確認しよう。

土地利用別、地区別に、一九四八年調査をまとめたのが表2-1である。同表は表1-15と異なり地目にかかわらず土地利用の実態に即して建築地、宅地（地上げして未建築の土地）、田などに分類したものだが、重要なことは、地域によってこの割合に大きな差がみられる点である。水堂では、ほとんどの字で建築地が全体の五割を超えた。これに対し七松の福添と神楽、三反田の若松では、田の割合が三〜四割を占め、建築地とほぼ同じ割合（あるいは建築地を上回る割合）であった。これらの違いが、立花駅からの距離による差でないことは、立花駅前に位置する神楽より、区画整理区域北西部に位置する松本のほうが、建築地の割合が高い点からみて明らかである。前掲の一九四二年における航空写真（図1-4）からも、駅前北東部付近（神楽）において建築が進んでいないと推定される区画がある一方、駅北部（松本）は駅から離れていても家屋の屋根が確認できる箇所が多いことがわかる。

### 表2－1　橘土地区画整理地区の土地利用（1948年）

（単位：坪）

| 大字 | 整理後字名 | 建築地 | 百分率（％） | 宅地 | 百分率（％） | 田 | 百分率（％） | 戦災地 | 公園・その他 | 合計 |
|---|---|---|---|---|---|---|---|---|---|---|
| 七松 | 福添 | 4,127 | 35.5 | 2,434 | 20.9 | 5,062 | 43.6 | － | － | 11,622 |
| 七松 | 神楽 | 4,593 | 41.3 | 1,988 | 17.9 | 4,524 | 40.7 | － | 6 | 11,111 |
| 七松 | 稲荷 | 4,706 | 44.0 | 3,273 | 30.6 | 2,596 | 24.1 | 77 | 85 | 10,736 |
| 七松 | 橘 | 5,575 | 38.8 | 4,675 | 32.5 | 3,848 | 26.8 | 89 | 178 | 14,364 |
| 七松 | 昭和 | 4,933 | 43.1 | 1,365 | 11.9 | 3,875 | 33.8 | － | 1,275 | 11,448 |
| 七松 | 別井 | 935 | 54.5 | 297 | 17.3 | 483 | 28.2 | － | － | 1,715 |
| 水堂 | 松本 | 10,163 | 67.0 | 1,734 | 11.4 | 1,959 | 12.9 | 750 | 576 | 15,192 |
| 水堂 | 加茂 | 8,102 | 90.5 | 561 | 6.3 | 290 | 3.2 | － | 4 | 8,957 |
| 水堂 | 旭 | 5,951 | 72.3 | 885 | 10.8 | 1,089 | 13.2 | 257 | 46 | 8,229 |
| 水堂 | 高瀬 | 3,920 | 53.3 | 1,343 | 18.3 | 1,339 | 18.2 | － | 752 | 7,354 |
| 水堂 | 福住 | 2,765 | 45.3 | 890 | 14.5 | 1,346 | 22.0 | － | 1,118 | 6,119 |
| 水堂 | 榎木 | 3,144 | 72.7 | 167 | 3.9 | 757 | 17.5 | 259 | － | 4,327 |
| 水堂 | 玉川 | 2,897 | 67.9 | 331 | 7.8 | 994 | 23.3 | － | 45 | 4,267 |
| 三反田 | 若松 | 4,033 | 37.4 | 1,341 | 12.4 | 3,905 | 36.2 | － | 1,495 | 10,774 |
| 三反田 | 千歳 | 4,294 | 48.1 | 1,747 | 19.6 | 2,154 | 24.1 | － | 732 | 8,927 |
| 三反田 | 生田 | 5,345 | 62.7 | 1,083 | 12.7 | 2,098 | 24.6 | － | － | 8,526 |
| （合計） | | 75,444 | 52.5 | 24,638 | 17.1 | 35,920 | 25.0 | 1,432 | 6,257 | 143,691 |

出典：前掲『整理施行後土地各筆字番号地目地籍賃貸価格並に所有者氏名調書』〔表1－8〕、前掲「昭和23年4月2日調査自作農創設特別措置法第五条第四号による除外指定申請用」〔表1－10〕。

注：一区画内の土地利用が、田と建築地などのように二つ以上の利用区分になっている場合には、便宜的に該当する地番の面積を利用区分数で除した数値を各項目に加算した。

そこで、字ごとに上述の土地利用と土地所有者（一九三九年九月の登記の時点）との関係をみると[6]、建築地の割合が最も高い加茂の場合、建築地の所有面積の大きい地主は、川端又市が二五一六坪（字面積全体の二八％、以下同様）、次いで尼崎伊三郎一三四二坪（一五％）、松井利作七〇四坪（八％）で、川端・尼崎・松井は、川端が三九年に三筆を売却した分を除けば、四八年の調査時点までこれらの地主が土地を所有し続けていた。なかでも川端又市が積極的に宅地開発を進めたことは、前章で確認した（表1-10）。加茂の場合、川端・松井などの上層の在村地主と尼崎が地上げ工事とその後の土地利用に積極的であったことに、立花駅前という立地条件が加わって、九〇％を超える高い建築地の割合を生み出したといえよう。加茂に比べ駅から離れている松本における建築地の割合の高さも、川端又市三二五三坪（二一％）、尼崎伊三郎八一二坪（五％）など、市街化に積極的であった地主の所有面積の割合が高いことに起因していた。

これに対し、建築地の割合が最も低い福添に関して、田の所有面積（一九三九年九月時点）の大きい地主をみると、藤原敬造ほか一名二三〇五坪（字面積全体の二〇％）、日本電力株式会社一〇四九坪（同九％）、土井宇太郎五六六坪（五％）と続く。同字では電線下土地を有する電力会社の所有地面積が一定の割合を有する点に留意する必要があるが、重要なことは、不在地主の藤原敬造らの旧所有地と土井宇太郎旧所有地の田の面積の大きさである。不在地主所有地における地上げの遅れについては一九三〇年代に既にみられたが、その影響は戦後に及んでいたといえよう。

藤原敬造ほか一名旧所有地における建築地面積の割合の低さは、表1-10で見た通りである。一九三九年九月土地登記後における福添での所有地二九筆・三九八〇坪をみると、登記後間もない三九年・四〇年に二二筆・二九一七坪が売却されており（売却先は表1-19の通り）、このうち一〇筆・一二四一坪と残された七筆・一〇七〇坪は一九四八年においても田のままであった。藤原らは地上げ工事に消極的で地上げせずに売却した土地もあったうえに、それらの土地の譲受人も宅地化に必ずしも積極的でなかったと考えられよう。表2-1の神楽において建築地と田の割合がほぼ同一なのも、三九年九月時点で同字最大の地主であった藤原敬造ほか一名の旧所有地が、田二四七九坪（神楽地籍全体の二二％）、建築地一二五一坪（同一一％）、宅地三五九坪（同三％）というように田の割合が高いためであった。上層の在村地主が概ね田の地上げと建築に積極的であったのに対し、不在地主は尼崎伊三郎を除けば消極的であった。地主による地上げ工事の差異が、敗戦後の地区ごとにおける建築地と田の割合の差異を生み出す重要な要因になったといえよう。

組合売却地に関して同様に一九四八年の土地利用をみると、建築地一万一九二五坪、宅地七五五六坪、田一六一九坪、戦災地一一六坪であった。電力会社が電線下の敷地を購入した分（田）を除いた組合売却地に占める建築地の割合は六割程度であった。組合売却地を購入しても、直ちに建物を建てない事例が一定数確認される。(7)

橘土地区画整理地区内における自作・自小作層所有地の利用変化に関しては、川端家の小作農家M12（表1-4参照）の事例が判明する。M12は前述の一九四八年の調査では、地区内の所有地全てを建築地と宅地に変えていた。自作（あるいは自小作）の可能性がある橘土地区画整理組合の組合員としては、一九二三年所得額が平均値に近い五〇〇円台の者一名と五〇〇円未満の者四人を想定できる。このうち五〇〇円台の者は、四八年調査で所有地全てが宅地（三三一坪）であり、五〇〇円未満四人についても二名は所有地の全てを建築地（二五七坪と九一坪）としていたが、残りの二名のうち一名は全て田（一三九坪）、残りの一名も所有地の八割近くが田（二二八坪）であった。(8) 自作・自小作層においても建築地・宅地に転換するケースが多いが、農地として戦後まで残すケースも存在した。

## 二、地主側の運動とその帰結

都市計画区域内の農地を買収の対象とするか否かを定めたのが、自作農創設特別措置法第五条第四号である。同法第五条には「政府は左の各号の一に該当する農地については、第三条の規定による買収をしない」と定められていて、その第四号に都市計画法第十二条による土地区画整理を施行する土地や主務大臣の指定するこれに準ずる土地が含まれていた。兵庫県では、この問題に関して一九四七年に政府から出された三回の通達に即して、同法第五条第四号に該当する地区指定をするための諮問委員会を設置し、四七年一一月二六日に農林・内務・戦災復興院の三次官によって出された通達に従って、主に四八年から、地主側・小作農民側の代表も交えながら現地視察を踏まえた調査と審議が行われた。(9)

この問題に地主側から深くコミットしたのが、橘土地区画整理組合の組合副長でもあった川端又市であった。川端と尼崎市復興部長の栗山巳紀雄両名が地区内土地所有者に送った手紙に依れば、その後の経緯は以下の通りである。(10)橘土地区画整理地区について、当初尼崎市当局が県諮問委員会に申請した書類から「立花駅を中心に半径僅か三百米の区域を五年制（買収の上政府に於て一応五ヶ年間保有するものの所有者は農地解放と同様）に指定を申請するに止まり他は全部農地（地目又は宅地造成地の如何を問はず現況農作の用に供して居る土地は全部農地として扱はれる）として自作農創設のために解放される運命に晒されている」ことを知った川端は、「独り個人の特質に拘わらず地主各位の大きな犠牲を以て建設された好個の住宅地を農地として解放されることは、市将来の発展の為にも、このままでは諦めきれず、（中略）取敢えず近在の同憂の士を糾合して『橘住宅地確保連盟』を結成し、不肖会長の名を汚した市復興部長の協賛を得て関係各方面に善後策を折衝すると共に部長の尽力を持って漸く適当な技術者に委嘱して測量並びに細密煩雑な図書作製を急ぎ辛じて委員会開催迄に遅れ馳せに提出申請なし得た」という。土地区画整理地区も農地改革の対象となる可能性を察知した川端が、尼崎市復興部長とともに、このことを審議する県諮問委員会向けの資料を作成したことがわかる。先に検討した表2-1の出典となった史料の調査年月日は一九四八年四月二日であり「自作農創設特別措置法第五条第四号による除外指定申請用」との記載があることから、「測量並びに細密煩雑な図書作製」の過程で作成された図面の写しが、表2-1の出典と考えられよう。この結果「尼崎市区画整理協会長はじめ市職員各位の絶大な支持御尽力」を得て、一九四八年四月一六日の第一回県諮問委員会で、橘土地区画整理の事業地域は阪神間で最初の除外指定の議決を得た。

一九四八年五月八日の橘住宅地確保連盟総会では、地区内の土地利用の現況は、農地三万六七二二坪（うち、在市地主分一万一四〇五坪、不在地主分二万五三一七坪）、宅地造成地二万四〇七三坪（うち、在市地主分一万二四三九坪、不在地主分一万一六三四坪）と報告された(11)。川端らの調査でも、在市地主と不在地主とを分けて調査を行っており、不在地主における宅地開発の遅れが認識されていたことが理解できよう。

その後の、県諮問委員会での協議の経緯は不明であるが、橘土地区画整理組合は、一九四八年九月三〇日に全地域が第五条第四号の規定による指定地として県報で公示された(12)。こうして橘土地区画整理地区は、川端らの意図通りに買収を免れた。

## 三、土地区画整理地区内における耕作権

この時期、尼崎市尼崎地区農地委員会においては、土地区画整理地区を農地買収の対象とするか否かについて特に議論が交わされてはいなかった(13)。一九四八年四月の委員会で、県の諮問委員会に出席した委員が自作農創設特別措置法第五条第四号に指定される地区に関する報告を行ったが、これについても特に質疑は行われなかった(14)。

しかし、土地区画整理地区内における耕作権に関する個別の紛争に関しては、市農地委員会では、これを取り上げ、多くの場合耕作権を尊重する姿勢を取った。この点に関して、橘土地区画整理地区内で問題となった事例を二点紹介する(15)。

一つは、芦屋市居住の地主92から農地委員会に一九四九年一一月一四日に提出された陳情書である。92の神楽の所有地(地目=田)は耕作者93によって四六年から耕作されていた。93は当時七〇歳で自宅の付近に貸家を所有していたが、「昨年冬より病臥し耕作は全然不能の状態」となった。92は「戦争前は相当大阪で家作も有り土地も所有してゐましたが、戦災で貸家は半分消失しその後の財産税の徴収、生活費の膨張にて家財不動産は次々と売喰してゐる現状」なので、93に対し耕作権の返還を求めたのである。これに対し委員会では、旧立花村の委員から「なる程本人(93のこと――引用者)は年寄であるがこれを取上げると七ツ松には斯かる土地は沢山ある」「本件について七ツ松では注目の的になってゐる」との意見が出され、別の委員から「供出の問題は第二の問題である。委員会としては耕作権、所有権の問題で主として取り扱ってやるべき」との意見が出され、結局陳情は却下された。土地区画整理地区内とはいえ、市農地委員会は耕作者の権利を第一に考えて判断を下していたといえよう。

もう一つの事例は、耕作者の側から、前の陳情と同様一九四九年一一月一四日に提出された。福添居住の耕作者94は、一九四〇年五月から福添の二筆(地目=ともに田)を耕作していた。当該土地の所有者95(大阪市居住の不在地主)

の姻戚関係にあたる96は、一九四五年一二月に尼崎に移住し、当該土地を耕作することについて95の承諾を得てここに土地返還の立札を建てた。これに対し、耕作者94は「利用者の代表として私が96と交渉の結果、耕作面の多い利用者のみが大略半地を借用すること」になった。一九四八年になって96は病気となり耕作できなくなったため、96はほとんど全ての土地の耕作を94に任せた。その翌年、同地購入予定者97が土地明け渡しの要求をしたのに対し、耕作者94はこれを拒否したため、地主95は96に土地明渡しを求める訴訟を起こした。これに対し、耕作者94は農地委員会に耕作権の認定と擁護を求める陳情を提出したのである。もともとの耕作者94、所有者95、管理人であり耕作者であった96、同地購入予定者97が関係する本問題に対し、農地委員会でも種々議論となったが、耕作権を認める意見が相次ぎ——他方、所有者側を擁護する意見は出されず——耕作者94から出された陳情書は採択された。

上記二例からわかることは、尼崎市尼崎地区農地委員会は耕作者を擁護する姿勢を取ったため、地主の側は、耕作者を立ち退かせることが困難になった点である。戦時期の食糧不足のもとで、土地区画整理地区内とはいえ戦争末期から敗戦直後に新たな耕作者が耕作を始め、このような耕作実態に即して、農地委員会は耕作者の耕作権を確認したのである。(16) 橘土地区画整理地区内では、事業開始前段階においては小作農民と離作補償の協議を行い地主は小作農を立ち退かせた。しかし事業終了後である戦時期から戦後改革期において、再び未利用のままとなっていた土地の耕地としての利用が進んだ。そのような耕地利用を、市農地委員会が認めたため、土地区画整理地区内とはいえ、耕地利用が存続したのである。

表２－２　戦後の土地移動延べ面積と延べ件数

（単位：坪、件）

| | 移動延べ面積 | | | 移動延べ件数 | | |
|---|---|---|---|---|---|---|
| 年次 | 旧七松 | 旧水堂 | 合計 | 旧七松 | 旧水堂 | 合計 |
| 1946 | 2,699 | 1,045 | 3,744 | 21 | 11 | 32 |
| 1947 | 7,380 | 3,478 | 10,859 | 68 | 41 | 109 |
| 1948 | 5,827 | 2,797 | 8,624 | 47 | 41 | 88 |
| 1949 | 4,660 | 2,993 | 7,653 | 62 | 50 | 112 |
| 1950 | 3,449 | 4,707 | 8,156 | 49 | 104 | 153 |
| 1951 | 3,662 | 4,118 | 7,780 | 42 | 102 | 144 |
| 1952 | 4,148 | 2,310 | 6,458 | 67 | 51 | 118 |
| 1953 | 1,649 | 5,802 | 7,452 | 42 | 95 | 137 |
| 1954 | 8,152 | 3,464 | 11,615 | 96 | 80 | 176 |
| 1955 | 4,334 | 5,168 | 9,502 | 50 | 68 | 118 |
| 1956 | 3,301 | 5,347 | 8,648 | 57 | 85 | 142 |
| 1957 | 3,479 | 2,738 | 6,216 | 41 | 49 | 90 |
| 1958 | 2,064 | 3,280 | 5,344 | 35 | 79 | 114 |
| 1959 | 1,345 | 1,622 | 2,967 | 28 | 47 | 75 |
| 1960 | 2,846 | 2,158 | 5,004 | 47 | 54 | 101 |
| 1961 | 2,231 | 2,565 | 4,796 | 37 | 66 | 103 |
| 合計 | 61,226 | 53,592 | 114,818 | 789 | 1023 | 1812 |

出典：前掲『旧土地台帳』〔表１－10〕。

## 第二節　敗戦後から一九六〇年代初頭における市街地形成

### 一、土地移動と商業地・住宅地の形成

敗戦後から一九六〇年代初頭にかけての橘土地区画整理地区（七松・水堂）における土地移動をまとめたのが、表2-2である。土地移動延べ面積についてみると、四七年が移動延べ面積におけるピークの一つになっている。旧大字別では七松の移動面積が大きい。その後移動延べ面積は減少した後、五〇年代半ばに再び増加に転じ、五〇年代後半に移動面積は減少していった。七松・水堂の旧大字別にみても、ほぼ同様の傾向が指摘できる。

これに対して、土地移動件数別にみると、やや異なる特徴がみてとれる。対象とする期間の延べ件数合計は、七松七八九件・水堂一〇二三件で、水堂の方が多い。時期別に見ると、一九四〇年代後半（特

件数の割合（旧三反田を除く 1946-61 年）

（単位：%）

| 旧水堂 | | | | | | | | 七松・水堂合計 |
|---|---|---|---|---|---|---|---|---|
| 松本 | 加茂 | 旭 | 高瀬 | 福住 | 榎木 | 玉川 | 計 | |
| 13.2 | 7.8 | 7.1 | 6.4 | 5.3 | 3.7 | 3.7 | 47.2 | 100.0 |
| 15.9 | 7.9 | 7.8 | 5.1 | 4.3 | 3.8 | 1.7 | 46.4 | 100.0 |
| 20.4 | 10.0 | 7.4 | 5.1 | 6.4 | 3.7 | 2.3 | 55.4 | 100.0 |

に四七年）は、面積の場合と同様七松の方が多いが、五〇年に、水堂が急増する。その増加は、面積の場合よりも顕著である。五〇年代半ばにおいて両大字の件数は拮抗するが、五〇年代後半になると、七松は四〇件未満に低下するものの、水堂は五〇～八〇件を維持し、両者の差が生じる。一九五〇年代後半の水堂で件数がもっとも多い小字は、一九五六～五八年は松本、一九五九・六〇年は加茂であった。

表2-3は、小字別に一九四六年から六一年までの土地移動延べ面積と土地移動延べ件数の七松・水堂の合計値に占める割合を示したものである。総地籍に占める各小字の地籍の割合もあわせてみていくと、七松の場合、土地移動延べ面積の割合が、地籍の割合よりも高い地区（神楽、稲荷、福添）と低い地域（橘、昭和、別井）というように、はっきりと分かれる。水堂の場合、松本が地籍の割合よりやや高めだが、それ以外の地区は、ほぼ同じか、やや低めであった。これに対し、土地移動延べ件数の割合を見ると、水堂で割合が高いのが松本で、次いで加茂であった。七松の場合、地区内面積の割合を超えるのは稲荷と神楽で、その他の地区（とりわけ橘・昭和）はそれを下回った。

以上、まとめると、(1)一九四〇年代後半に土地移動面積が増加した七松地区、(2)一九五〇年に土地移動延べ件数が増加した水堂（特に松本、加茂）、(3)土地移動延べ面積がピークとなる一九五〇年代半ば、(4)一九五〇年代後半から六〇年においても、土地移動件数が多い水堂（特に加茂）という、四つの特徴を見出

表2-3　橘土地区画整理区域内の土地移動面積と

| | 旧七松 | | | | | | |
|---|---|---|---|---|---|---|---|
| | 神楽 | 福添 | 稲荷 | 橘 | 昭和 | 別井 | 計 |
| 七松・水堂地区総面積に占める各字の地籍割合 | 9.6 | 10.1 | 9.3 | 12.4 | 9.9 | 1.5 | 52.8 |
| 土地移動延べ面積合計に占める割合 | 10.6 | 11.3 | 13.2 | 9.1 | 8.8 | 0.6 | 53.6 |
| 土地移動延べ件数合計に占める割合 | 10.3 | 9.7 | 11.6 | 7.2 | 5.3 | 0.6 | 44.6 |

出典：表2-2に同じ。

すことができよう。ただし、このうち(1)については井上一子（大阪市居住、表1-16参照）の土地売却が過半を占め、(3)については、日本発送電の高圧線下所有地の関西電力への移転手続き分面積と水堂地区第二位の在村地主松井利作の相続分がその中心であった。そこで以下、(2)と(4)を分析する。

(2)については、一九五〇年における水堂地区における土地移動延べ件数の増加に関して、松本を中心に考察する。一九五〇年における、松本の土地移動延べ件数は六二件（全体の四〇・五%）、土地移動延べ面積は二八五四坪（全体の三五・〇%）であった。一件当たりの土地移動面積は四六坪となるが、同年における七松・水堂地区全体の一件あたり土地移動面積五三坪を下回る。松本において一件あたりの土地移動面積が狭小であった要因は、土地の分筆であった。松本では、一九三九年の登記時に一三四筆が設定され、戦時期における分筆は四一年の一事例のみであったが、分筆は敗戦後に急増した。分筆によって増加した筆数は、四六年二筆、四七年三筆であったのに対し、四八年二七筆、四九年一〇筆、五〇年四二筆、五一年一五筆と増加した。

分筆数が最も多かったのが、松本二一番（三六三・二五坪）の事例である。同番地は一九四八年に一七分割（すなわち一六筆の増加）され、五〇年に一七分割されたうちの一筆が三分割された上で、一七筆が売却された。一七筆中一三筆は不動産業者と推定される人物98に売却され[17]、98は五三年までに購入した土地のうちの一二筆を一筆ずつ異なる人物に売却した。そのほかにも、五〇年には松本一四番地（一一一・五三坪）で五分割、一五番地（一〇四・五坪）で六分割、一六番地（一二三・七五坪）・一七番地（一六三・八一坪）で七分割のうえ、翌一九五一年に一四～一七番あわせて二二筆が売却された。松本二一番は、一九五六年版住宅地図[18]によれば立花市場に位置していた。立花市場は戦前に開設されていて[19]、一九五二年の段階で「市場は三十六店舗で長さ百メートルと幅三メートルの通路をもち、使用人の数だけでも百人を突破する」と報じられた[20]。在村地主の土地売却と不動産取引業者が介在し、商業地があらたに拡大したことがうかがえる。

次に、(4)としてまとめた一九五〇年代後半における水堂における延べ件数の増加について、商業地と住宅地のケースを取り上げる。商業地については加茂一一～一五番のケースが挙げられる。同番地は、立花駅北東に位置するが、ここで注目すべきことは、新興の商業者の役割である。加茂一一番は尼崎市杭瀬に居住していた99が、一九四六年に取得した土地であった。以後99は、立花商店連合会会長に就き、立花市場と並ぶ、立花駅北部商店街の中心人物となる[21]。99は、自ら商店街の所在する加茂一二番や一五番の土地を購入し、これを売却している。加茂一五番については土地を六分割し、このうち五筆をそれぞれ別人に売却した。購入者のなかの三人については、一九五六年版住宅地図で同人の確認ができるので[22]、居住者に土地を売却したと考えられよう。ちなみに加茂一三・一四は、前述した戦時期に建設した川端又市の貸家が一九五〇年代後半においても所在した。転居してきた商人と在村地主川端の貸家建設によって、立花駅前の商店街が拡大していったのである。

住宅地の例としては、加茂六一・六七番の例が挙げられる。同地は、もともとは不在地主尼崎伊三郎の所有地であったが、尼崎は一九五三年に尼崎の関連企業であった興亜火災海上保険に売却し、同社が一九五八年に加茂六一番を六分割、六七番を七分割し、各筆を別々の人物に売却した。六一番の六筆を購入した六人の中の四人と、六七番の七筆を購入した七人のうちの五人は、六五年版住宅地図で居住者として確認できるが[23]、残りは不在地主が購入しており、住宅地図の該当箇所と土地所有者は一致しない。尼崎の旧所有地は、五〇年代後半に入って分割を伴って売却に出され、居住者がこれを買うケースも存在したものの、不在地主の手に渡る場合もあった。こうして、地区内に二町以上の土地を所有していた尼崎は、五〇年代に地区内の全所有地を売却した。

所有地を売却する場合には、売却面積によって売却額は大きく左右する。立花駅に至近距離である橘土地区画整理地区内の土地の場合、商業地もさることながら住宅地においても土地を分割して売却することで、購入者の階層を広げようとしたと考えられよう。

## 二、在村地主と貸地経営

土地の分筆と同時に、橘土地区画整理地区で顕著であったのが、戦前来の在村地主が土地移動をせずに進めた貸地・貸家経営である。水堂居住で土地区画整理地区内最大の地主であった川端又市の場合、自所有地の分筆を進め市街化を推進したが、登記時の所有面積一万〇八八七坪のうち、一九四六〜六一年の分筆面積は三〇一四坪であり、七八七三坪は登記時の区画のままであった。登記時の区画のままであった所有地のうち一〇一二坪は売却したが、残りの五〇〇〇坪以上は六〇年代初頭まで所有し続けた。七松居住の橋本新右衛門も同様で、登記時所有面積九六三四坪のうち、一九四六〜六一年の分筆面積が三五五四坪、六〇八〇坪は登記時のままの区画であった。後者の売却面積は一〇三二坪であったから、橋本においても、五〇〇〇坪以上の土地を分筆せず一九六〇年代初頭まで所有し続けた。地主として土地を分筆せずに所有し続ける行動様式は、在村地主にほぼ共通しているもので、反対に不在地主にはみられない特徴であった。

在村地主において分筆しない土地は、戦後も貸地に提供される場合が多かった。表2-4は、水堂の小笠原家（小笠原萬次郎・小笠原茂）における貸地地代の変化を示したものである。坪一四・四銭〜坪一〇銭であった戦時期の地代は、六三年末には坪八・七円（榎木）〜坪一四・七円（松本）と上昇した。しかし、六三年末の地代は戦時期の地

### 表2－4　小笠原家における地代の変遷

（単位：坪、円）

| 小字名 | 榎木 | | 榎木 | | 松本 | |
|---|---|---|---|---|---|---|
| 面積 | 55.8 | | 64.3 | | 231.7 | |
| 戦時期の地代 | 坪 14.4 銭（1941 年） | | 坪 16 銭（1938 年） | | 坪 20 銭（1941 年） | |
| 地代／年次 | 月額 | 坪あたり | 月額 | 坪あたり | 月額 | 坪あたり |
| 1946 | － | 0.1 | 12.9 | 0.2 | 46.3 | 0.2 |
| 1947 | － | 0.1 | 12.9 | 0.2 | 46.3 | 0.2 |
| 1948 | 27.9 | 0.5 | 32.2 | 0.5 | 46.3 | 0.2 |
| 1949 | 55.8 | 1.0 | 64.3 | 1.0 | 231.7 | 1.0 |
| 1950 | 111.6 | 2.0 | 164.7 | 2.5 | 463.3 | 2.0 |
| 1951 | 142.8 | 2.6 | 164.7 | 2.6 | 550.0 | 2.4 |
| 1952 | 142.8 | 2.6 | 164.7 | 2.6 | 550.0 | 2.4 |
| 1953 | 235.0 | 4.2 | 164.7 | 2.6 | 834.0 | 3.6 |
| 1954 | 235.0 | 4.2 | 164.7 | 2.6 | 834.0 | 3.6 |
| 1955 | 351.0 | 6.3 | 328.0 | 5.1 | 834.0 | 3.6 |
| 1956 | 435.0 | 7.8 | 444.0 | 6.9 | 1798.0 | 7.8 |
| 1957 | 435.0 | 7.8 | 502.0 | 7.8 | 2007.0 | 8.7 |
| 1958 | 435.0 | 7.8 | 502.0 | 7.8 | 2007.0 | 8.7 |
| 1959 | 515.0 | 9.2 | 561.0 | 8.7 | 2007.0 | 8.7 |
| 1960 | 515.0 | 9.2 | 561.0 | 8.7 | 2007.0 | 8.7 |
| 1961 | 515.0 | 9.2 | 561.0 | 8.7 | 2007.0 | 8.7 |
| 1962 | 515.0 | 9.2 | 561.0 | 8.7 | 2007.0 | 8.7 |
| 1963 | 515.0 | 9.2 | 561.0 | 8.7 | 3400.0 | 14.7 |
| 1963 年 12 月 | 515.0 | 9.2 | 561.0 | 8.7 | 3400.0 | 14.7 |

出典：『昭和十三年八月　貸地・貸家元帳　小笠原茂』（個人蔵）。
注：データは、1963 年 12 月を除いていずれも各年 1 月の値。

代の一〇〇倍未満の範囲に収まった。これは一九三九〜六三年にかけての卸売物価の上昇率（二〇〇倍を超える）には届かない水準であり、五〇年代に毎年二〇〜三〇%の上昇を示した市街地地価の上昇率に照らしてみても、地主にとっての利回りの低下は顕著であった[24]。

小笠原家の貸地の借り手に注目すると[25]、借主＝居住者の場合と、借主と居住者が異なる場合に分かれる。借主＝居住者の一例が、借主100である。借主100については、一九五六年・六三年住宅地図においても、その氏名が確認される[26]。借主と居住者が異なる場合は借主と住宅地図の居住者とが一致しない場合であり、主な借主は不動産業者や家主であると考えられる。これらの実態把握は今後の課題となるが、貸地の地代の上昇率が低かったことは、土地を借りて貸家・アパート経営を営む零細な業者が成立する余地を生み出し、住宅不足の中でこれらの業者が建設した貸家・アパートに、持ち家を購入することができない住民が居住したものと考えられよう。

## 三、高度成長期における農地所有と利用

その後、高度成長期に至って、橘土地区画整理地区内の農地はどのように変容したのか？　当該期における地区内の実際の利用の詳細を知ることは史料の制約上困難だが、ここでは、農地転用に関する農業委員会資料を用いて、間接的にその実態に迫っていこう。

表2-5は、一九六〇～七〇年に承認された橘土地区画整理地区内の非農地証明の一覧である。ほぼ毎年にわたって、土地区画整理地区内で地目が農地だが、実際には宅地であった土地の証明願いが出されていたことがわかる。地目と現実の土地利用にずれが生じていることがわかるとともに、土地区画整理地区内の土地といえども、直ちに宅地利用されていたわけでなく、恐らくは高度成長期に徐々に宅地として利用に供されていったことがわかる。

地目が田や畑の場合で実際に自作地として農業が営まれていた土地を所有者本人が農地以外に転用する場合には、橘土地区画整理地区は農地改革時にその全域が自作農創設特別措置法第五条第四号に基づき買収除外地域に指定されていたため、農地法第四条の規定には基づかず、農地転用の例外の確認（旧五条四号地の自作地の転用）という扱いで転用が進められた。この点を取りまとめたのが、表2-6である。すべて関西電力株式会社の高架線鉄塔用の用地の転用であった。ただし、これらは、小作農民による耕作がない場合であり、耕作者が存在する場合もあり、その場合は、後述するように紛争となるケースも存在した。同地区内でも、農地転用のために所有者以外が土地を買収する場合には、農地法第五条による許可申請が行われた。一九六〇～七三年の一四年間の間に、四件、約一・六反の土地が

表2－5　橘土地区画整理地区内で非農地証明を受けた地積一覧（1960-70年）

| 尼崎市農業委員会上程年月日 | 大字 | 字 | 種別 | 面積（反） | 面積（歩） | 面積（㎡） | 現況 |
|---|---|---|---|---|---|---|---|
| 1960年 6月16日 | 七松 | 福添 | 田 | 0.4 | 0 | | 旧5条4号地宅地 |
| 1960年 6月16日 | 水堂 | 福住 | 田 | 0.3 | 6 | | 旧5条4号地宅地 |
| 1960年 6月16日 | 水堂 | 加茂 | 田 | 0.4 | 20 | | 旧5条4号地荒地 |
| 1960年 6月16日 | 七松 | 神楽 | 田 | 0 | 13 | | 旧5条4号地宅地・住宅あり |
| 1960年 8月27日 | 七松 | 橘 | 田 | 0.5 | 15 | | 宅地 |
| 1961年 1月23日 | 水堂 | 高瀬 | 田 | 0.3 | 14 | | 旧5条4号地宅地 |
| 1961年 7月11日 | 七松 | 福添 | 田 | 0.3 | 15 | | 宅地 |
| 1962年 1月24日 | 水堂 | 福住 | 田 | 0.1 | 0 | | 宅地（住宅有り） |
| 1962年 1月24日 | 水堂 | 福住 | 田 | 0.1 | 0 | | 宅地（住宅有り） |
| 1963年 1月21日 | 水堂 | 高瀬 | 田 | 0.2 | 25 | | 宅地 |
| 1963年 1月21日 | 七松 | 福添 | 田 | 0.4 | 9 | | 宅地 |
| 1963年 6月19日 | 三反田 | 若松 | 田 | 0.3 | 18 | | 宅地 |
| 1963年 6月19日 | 三反田 | 若松 | 田 | 0.3 | 13 | | 宅地 |
| 1963年 6月19日 | 七松 | 昭和 | 田 | 0.2 | 14 | | 宅地 |
| 1964年 6月22日 | 七松 | 橘 | 田 | 0.4 | 11 | | 宅地 |
| 1964年 6月22日 | 七松 | 橘 | 田 | 0.3 | 9 | | 宅地 |
| 1965年 5月19日 | 三反田 | 若松 | 田 | 0.6 | 27 | | 宅地 |
| 1965年 6月21日 | 七松 | 神楽 | 田 | 0.2 | 10 | | 宅地 |
| 1965年 6月21日 | 七松 | 神楽 | 田 | 0.2 | 28 | | 宅地 |
| 1965年 6月21日 | 七松 | 神楽 | 田 | 0.2 | 16 | | 宅地 |
| 1965年 6月21日 | 七松 | 神楽 | 田 | 0.3 | 2 | | 宅地 |
| 1965年 7月20日 | 三反田 | 若松 | 田 | 0.1 | 21 | | 宅地 |
| 1966年 4月20日 | 七松 | 橘 | 田 | 0.4 | 0 | | 宅地 |
| 1966年 8月22日 | 三反田 | 千歳 | 畑 | | | 271 | 荒地 |
| 1966年 8月22日 | 三反田 | 千歳 | 畑 | | | 264 | 荒地 |
| 1967年 3月20日 | 水堂 | 榎木 | 田 | | | 1133 | 5条4号地で荒地 |
| 1967年 8月21日 | 水堂 | 加茂 | 田 | | | 228 | 宅地（5条4号地） |
| 1968年 4月22日 | 水堂 | 高瀬 | 田 | | | 512 | 宅地（5条4号地） |
| 1970年 3月20日 | 水堂 | 玉川 | 田 | | | 604 | 宅地（5条4号地） |
| 1970年 10月20日 | 水堂 | 松本 | 田 | | | 310 | 宅地（5条4号地） |
| 1970年 10月20日 | 水堂 | 松本 | 田 | | | 360 | 宅地（5条4号地） |
| 1970年 10月20日 | 水堂 | 松本 | 田 | | | 294 | 宅地（5条4号地） |
| 1970年 10月20日 | 水堂 | 松本 | 田 | | | 406 | 宅地（5条4号地） |
| 1970年 10月20日 | 水堂 | 松本 | 田 | | | 360 | 宅地（5条4号地） |

出典：各年次『尼崎市農業委員会議事録』。

表2－6　1960年代における橘土地区画整理地区内における農地転用（旧5条4号地の自作地の転用）

| 上程年月日 | 申請人 | 土地 | 面積（反） | 面積（歩） | 転用の内容 |
|---|---|---|---|---|---|
| 1961年3月24日 | 関西電力株式会社 | 七松字昭和 | 0.5 | 20 | 電柱置場として |
| 1961年3月24日 | 関西電力株式会社 | 七松字昭和 | 0.7 | 4 | 電柱置場として |
| 1961年5月15日 | 関西電力株式会社 | 七松字昭和 | 0.1 | 3 | 電柱置場として利用 |
| 1962年1月24日 | 関西電力株式会社 | 水堂字福住 | 0.3 | 29 | 送電用電柱置場の必要に迫られたので |
| 1962年1月24日 | 関西電力株式会社 | 水堂字福住 | 0 | 29 | 送電用電柱置場の必要に迫られたので |
| 1962年1月24日 | 関西電力株式会社 | 水堂字榎木 | 0.4 | 6 | 送電用電柱置場の必要に迫られたので |
| 1962年1月24日 | 関西電力株式会社 | 水堂字榎木 | 0.2 | 1 | 送電用電柱置場の必要に迫られたので |
| 1962年1月24日 | 関西電力株式会社 | 水堂字榎木 | 0.2 | 1 | 送電用電柱置場の必要に迫られたので |

出典：表2－5に同じ。

第五条に基づき転用された。

農業委員会議事録では、農地転用の際には、記録として残るものの、実際に農業が続けられた場合には確認できないため、高度成長期に橘土地区画整理地区内にどれだけの農地が残ったのかを実証することはできないが、農地転用の記録が存在するものの、非農地証明の願いに関しては表2－5のように存在することから、実際に農業が行われていた農地は、相当程度減少していたと考えられよう。

とはいえ、高度成長期においても、農地所有と利用との矛盾が、なお存在していたことにも留意する必要がある。一九五八年六月二八日に、水堂の農民八名が尼崎市農業委員会に陳情書を提出した。[27]その内容は、これらの農民は関西配電（後に関西電力株式会社に社名変更）が所有していた土地（そのうちの一筆は、榎木に所在）を耕作していたが、「数年前より同社は一方的に小作料の納入を拒絶するので適切なる措置を見出せないのでやむなく納入を見合わせていました処同社は最近線下外地を希望者に分譲する方針を執り一部には既に売却を約束する事実を生じ、私共の有する賃借耕作の事実を単に数年納入していないかどを以て無視しようとする言辞を弄して耕作の権利をおびやかさんとする態度を示しますので安易に耕作を継続する事ができませんので貴委員会に於て善処方御斡旋下され将来に対処する様、お取計らい願い度陳情致します」というものであった。本陳情に対して、尼崎市農業委員会は、全会一致で同陳情を採択した。委員会としては事前に関西電力近畿支社管財係長等を招致して調査検討を行っており、「耕作者に売渡しが出来るよう配慮されるよう申入れ」をした[28]。

その後、この問題がどのように解決されたのかは不明であるが、陳情書に登場する農民に即して見ると、一九六〇年頃のデータと考えられる農地台帳および耕作台帳に前述の陳情書に記載された地目が記載されており、農地としての利用はなお継続していたと考えられよう[29]。その後の利用に関しては不詳であるが、一九六三年版の住宅地図をみると、周辺地区は宅地化が進んでいるのに対し、当該番地は、空白になっており、農地として存続していたと推定される。こうして、面積的には僅少であるが、小作農民側の耕作権主張が農業委員会においてなされた場合には、土地区画整理地区内に、農地が存続する場合も存在したのである。

## 四、地主小作関係の変化

土地区画整理後、川端家の小作農民は、その後どのようになったのか。表2-7は、川端家所有地を小作していた農家の戦後についてまとめたものである。戦前から戦後にかけて、川端家の小作面積は減少し、小作農家の数も減少している。橘土地区画整理地区の川端家所有地を小作していて土地を明け渡した農家（すなわち(b)）のうち、戦後も川端家所有地の小作を継続していることが確認できる農家は、わずか三戸であった、橘土地区画整理地区での耕作の有無にかかわらず、戦後における川端家所有地を小作する農家で、戦前来小作していることが確認できる農家（表2-7の「(c)の内、一九三一年の(a)」の欄）自体が、全体(c)の半数以下である。前述したように尼崎市内においては、土地区画整理地区内を中心に農地改革の対象除外地域となったため、川端家の小作地は戦後に継承された個所が少なか

表2-7　川端家所有地を小作する農家の変遷

（単位：戸）

| 集落名 | 1932年 | | 1954年 | | |
| --- | --- | --- | --- | --- | --- |
| | 小作農家(a) | (a)の内、橘土地区画整理地区内を耕作(b) | 小作農家(c) | (c)の内、1932年の(a) | (c)の内、1932年の(b) |
| 水堂（少路） | 8 | 6 | 6 | 2 | 2 |
| 水堂 | 14 | 3 | 12 | 6 | 1 |

出典：前掲『昭和7年1月小作人調査　本川端』〔表1-5〕、『小作台帳　川端喜一郎』（川端正和氏文書(2)№722、尼崎市立地域研究史料館所蔵）。

らず存在したが、他方で、小作地を耕作する農家に関してはかなりの移動が進んだと考えられよう。

川端家の小作農家のその後について、以下、いくつかの指標から確認していこう。表2-8は、水堂集落における農家全体に、戦前川端家所有地の小作を行っていた農家を位置づけたものである。表1-4でみたように川端家所有地を耕作した小作農民は、水堂以外にも水堂少路などの複数の集落に拡がっているが、一九五〇年代の集落内の農家データが判明するのが水堂集落だけであるため、ここでは水堂集落に限定して小作農家の動向を検討した。この表から、大きく分けて川端家の小作農家を三つにグループ化することができる。第一に、M9、M110、M11など、五反前後の耕作面積を有する農家群である。これらの農家は、戦後も川端家所有地を耕作している農家が多い。M9、M11など、橘土地区画整理地区内の耕地を川端に明け渡した農家も含まれているが、M9、M11ともに農地改革によってそれぞれ五反、六・八反の土地が売り渡されていた。区画整理に伴う土地明け渡しを受けた小作農家の中でも、土地区画整理地区外も同時に耕作していた農家の場合には、結果的に集落の中で中位の耕作面積を有する農家になる場合もあった。ただし、M111やM113らのように、一九三二年の段階で既に兼業の農家も存在しており、耕作面積自体も五反前後であることに鑑みれば、必ずしも、農業生産に前向きな農家とはいえないであろう。

第二に、M132、M136、M138ら耕作面積二反前後の農家である。これらの農家は、集落内においても耕作面積下位に位置しているが、このような耕作面積二反前後の農家

| | | | | | |
|---|---|---|---|---|---|
| M138 | ○ | | ○ | | 1.8 |
| M139 | | | | 0.6 | 1.8 |
| M140 | | | | 1.8 | 1.7 |
| M141 | | | | | 1.7 |
| M142 | | | | | 1.6 |
| M143 | | | | | 1.6 |
| M144 | | | | | 1.4 |
| M145 | | | | | 1.3 |
| M146 | | | | 1.2 | 1.2 |
| M147 | | | | | 1.1 |
| M148 | | | | 1 | 1.1 |
| M149 | | | | | 1 |
| M150 | | | | | 1 |
| M151 | | | | | 1 |
| M152 | | | | | 0.8 |
| M153 | | | | 0.1 | 0.7 |
| M154 | | | | | 0.6 |
| M155 | | | | | 0.6 |
| M156 | | | | 1.2 | 0.6 |
| M157 | ○ | | | | - |
| M158 | ○兼業 | | | | - |
| M12 | ○ | ○ | | | - |

出典：前掲『自昭和四年度　至昭和八年度　小作台帳　川端喜一郎』〔表1－6〕、前掲『昭和7年1月小作人調査　本川端』〔表1－5〕、前掲『小作台帳　川端喜一郎』〔表2－7〕、『肥料綴』（水堂農会文書 No.3、尼崎市立地域研究史料館所蔵）、『耕作台帳　水堂農業会』（水堂農会文書 No.2、尼崎市立地域研究史料館所蔵）、『尼崎市農地委員会議事録』（1948～49年）。

も、水堂集落には多数存在していた。おそらくは、土地区画整理にともなう宅地化の影響で耕作面積を減らしながらも、兼業化して集落に居住し続けたものと考えられよう。

第三に、M157やM158など、一九五二年の調査で農家として確認できないものである。ただし、これらの農家の場合、実際に離農したのか、三三年データと五二年データとの継承関係が不明なだけで実際には農家として継続しているのかが出典史料のみでは判断できないため、これ以上の検討はできない。ただ、仮に離農していたとしても、このグループはわずか三戸であり、水堂集落の場合、三〇年代に地主による土地区画整理地区内の地上げが進められていたとしても、それが理由で離農（あるいは離村）するケースは少数であったと考えられよう。

以上をまとめれば、川端家の小作農家の側からみた場合、橘土地区画整理地区内の土地

## 表2－8　戦後水堂集落居住農家と川端家小作農家

（単位：反）

| 農家番号 | 戦前川端家所有地を小作 | 橘土地区画整理地区内小作地を明け渡し | 戦後川端家所有地を小作 | 農地改革による売渡し面積（1948-49年） | 1952年水稲作付面積（水堂集落のみ） |
|---|---|---|---|---|---|
| M101 | | | | | 12.2 |
| M102 | | | | | 9 |
| M103 | | | | | 8.7 |
| M104 | | | | 2.1 | 8.5 |
| M105 | | | | 2.2 | 7.1 |
| M106 | | | | | 6.4 |
| M107 | | | | 8.4 | 6.0 |
| M108 | | | | | 5.9 |
| M109 | | | | | 5.8 |
| M9 | ○ | ○ | ○ | 5 | 5.8 |
| M110 | ○ | | ○ | 3.9 | 5.4 |
| M111 | ○兼業 | | ○ | 1.9 | 5.3 |
| M11 | ○ | ○ | | 6.8 | 5.2 |
| M112 | | | ○ | 2.8 | 5.2 |
| M113 | ○兼業 | | ○ | | 4.8 |
| M114 | | | | 0.1 | 4.3 |
| M115 | | | | | 4.2 |
| M116 | ○ | | | | 4 |
| M117 | ○兼業 | | ○ | 2.5 | 3.9 |
| M118 | | | | | 3.8 |
| M119 | | | | | 3.4 |
| M120 | | | | | 3.3 |
| M121 | | | | 2.7 | 3.1 |
| M122 | | | | | 3 |
| M123 | | | | 0.2 | 2.8 |
| M124 | | | | 5 | 2.6 |
| M125 | | | | | 2.5 |
| M126 | | | | 2.3 | 2.3 |
| M127 | | | | | 2.3 |
| M128 | | | | | 2.2 |
| M129 | | | ○ | | 2.2 |
| M130 | | | | 1.7 | 2.2 |
| M131 | | | | | 2.1 |
| M132 | ○兼業 | | | | 2 |
| M133 | | | | | 2 |
| M134 | | | | | 2 |
| M135 | | | | 0.8 | 2 |
| M136 | ○ | | | 0.9 | 1.9 |
| M137 | | | | | 1.8 |

明渡しを求められ耕作地の一部を失うことになったものの、それによって、直ちに離農（離村）した農家は少数であった。兼業農家が多かったこと、各農家は耕地を分散して耕作しており、その結果土地区画整理地区外においては戦後改革期に農地改革の対象となり、そのことが戦後の農業経営を可能としたことが、理由として挙げられよう。こうして小作農家は、戦時期から戦後改革期にかけて地主であった川端家との関係を徐々に弱めながら、その多数は兼業農家として集落内に居住し続けたものと考えられよう。

## 第三節　地区内公共施設の維持管理と担い手

### 一、排水の問題

橘土地区画整理組合によって設置された公共施設は、戦後の市街地形成においてどのような役割を果したのか。同組合が設置し運営した水道事業は一九四四年に尼崎市に移管されたが、橘土地区画整理地区のように戦前・戦時期の段階で私設水道が設置された地区[30]以外の旧立花村域では、戦後直ちに上水道は整備されなかったため、衛生上の問題が取りざたされていた[31]。その意味では、組合が設置した水道は、戦時期に水不足問題を招いていたとはいえ、戦後復興期における同地区の市街地形成に重要な役割を果したといえよう。

しかし、一九五〇〜六〇年代においては、橘土地区画整理事業による公共施設の整備の不十分さ、延いては同事業の公共施設を継承した尼崎市による諸施設の整備の必要性が指摘され始めた。その一つが、地区内の排水問題である。市会議員山下輝男は、一九六二年八月の市議会で、橘土地区画整理地区内の道路側溝に言及し、「立花地区の道路側溝の悪水排除について、多年にわたり今日まで言及してまいったのでありますが、結果は側溝の両端が何れも上がって側溝の中央が深くなっておる。逆になっておる。これは、橘及び生島整理組合でやったんでありますが、それを市に移管して道路課に移管しておるのであります。ああいう不良区画整理組合から移管されたときに無条件に受け入れたという当局の失態が今日まで改善されずにおる事実があります。現在までのところ中央の深いところに悪水が滞留し、上水の若干は流れておるという現状であります。改善の方法として現実に側溝の中央深部をコンクリートのかさ上げして、両端より浅くする必要があると思うのであります」と、側溝の不具合を指摘し事業内容を厳しく批判した。(32) このような構造上の問題については、市当局からは、「側溝勾配の規制も事業の一つとして取り上げておりますので、ご報告いただければ着工いたしまして完成いたしたい」(33)との応答がなされた。しかし、下水道事業が遅れた東海道線以北では、一九六〇年代半ば以後も下水処理を道路側溝に頼らざるを得ない状況が続いており、市議会では同地区の「一尺側溝ぐらいを全部暗きょにする気持ちがあるかないか」といった質問も出された。(34)

地区内の排水の問題は、単に道路側溝の構造の問題だけではなかった。戦後の尼崎市議会において浸水問題は度々取り上げられる深刻な市政上の問題の一つであったが、水害は市南部の高潮や地盤沈下の問題だけでなく、「北部浸水問題」としても一九五〇年代から取り上げられていた。国鉄東海道線以北の地区でたびたび生じる水害の原因には、尼崎市に隣接する伊丹市で河川改修が未整備のまま住宅開発が進んだため大量の溢水が尼崎市北部に流れ込んだ点、市北部自体も住宅開発が急激に進み農業用の灌漑用水路に家庭排水が流され悪水路に変っていった点などが指摘されてきた。(35) これらは、集落を超えた広域的な行政のもとで（あるいは農業用水と都市下水路との調整を踏まえた行政のもとで）解決されるべき問題と考えられよう。村落に住む在村地主中心に、個々に進められた市街地整備の限界――同時に土地区画整理組合に市街地整備を委ねてきた自治体の弱点――が、戦後に露呈したのである。

## 二、道路に関する新たな動き

道路に関しては、もともと橘土地区画整理事業の段階では一部の道路において砂利敷の舗装が施されただけであった。そのため、当時の尼崎は「泥ケ崎」の異名を持っていたが、橘土地区画整理地区でも同様の状況がみられた。これに対して、一九五三年に、立花地区商店街の代表は尼崎市議会議長あてに道路舗装を求めた陳情書を提出した(36)。旧集落に居住する地主とは異なる公共施設の整備を求める担い手が、新たに登場しはじめたといえよう。在村地主の所有地は、なお土地区画整理地区内に存在するとはいえ、戦後に至って、同地区の土地利用を支える公共施設の整備主体は、市行政と住民に移っていったと考えられる。

そのようななかで、既設の道路整備とは異なって、土地区画整理で敷設された道路以外の道路――すなわち私道と想定される小路が地区内に敷設されていった点にも注目する必要がある(37)。

図2-1は立花駅北側に関する一九五六年住宅地図である。これと、橘土地区画整理確定図（図2-2）の加茂一～二四番地とを比較検討しよう。直ちに判明することは、一区画ごとに一軒の家が建つのではなく複数の世帯や店舗が所在しており、結果として家々が密集している点である。とりわけ重要なことは、私道と思われる道路の建設であった。例えば、加茂五～一〇番地までの区画では、図2-1をみると、図2-2にはない道路が東西に二本、それらを結ぶ道路が南北に一本、敷設されており、組合が作った道路に接していない家々が多く確認される(38)。加茂一一～一八番地の区画や、一九～二四番地の区画でも、区画内を通る図2-2には存在しない道路が確認できよう。これらも、区画の内側に建てられた建物利用のための私道と考えられよう。このような私道は、住居が密集している区画で設置されている場合が多く、水堂地区では、加茂、榎木、松本、旭、高瀬、玉川、七松地区では橘、稲荷、昭和、福添、神楽、三反田地区では生田、若松、千歳の各小字で、私道とみられる区画整理確定時には存在しなかった道路が確認さ

図２－１　立花駅北側の街区

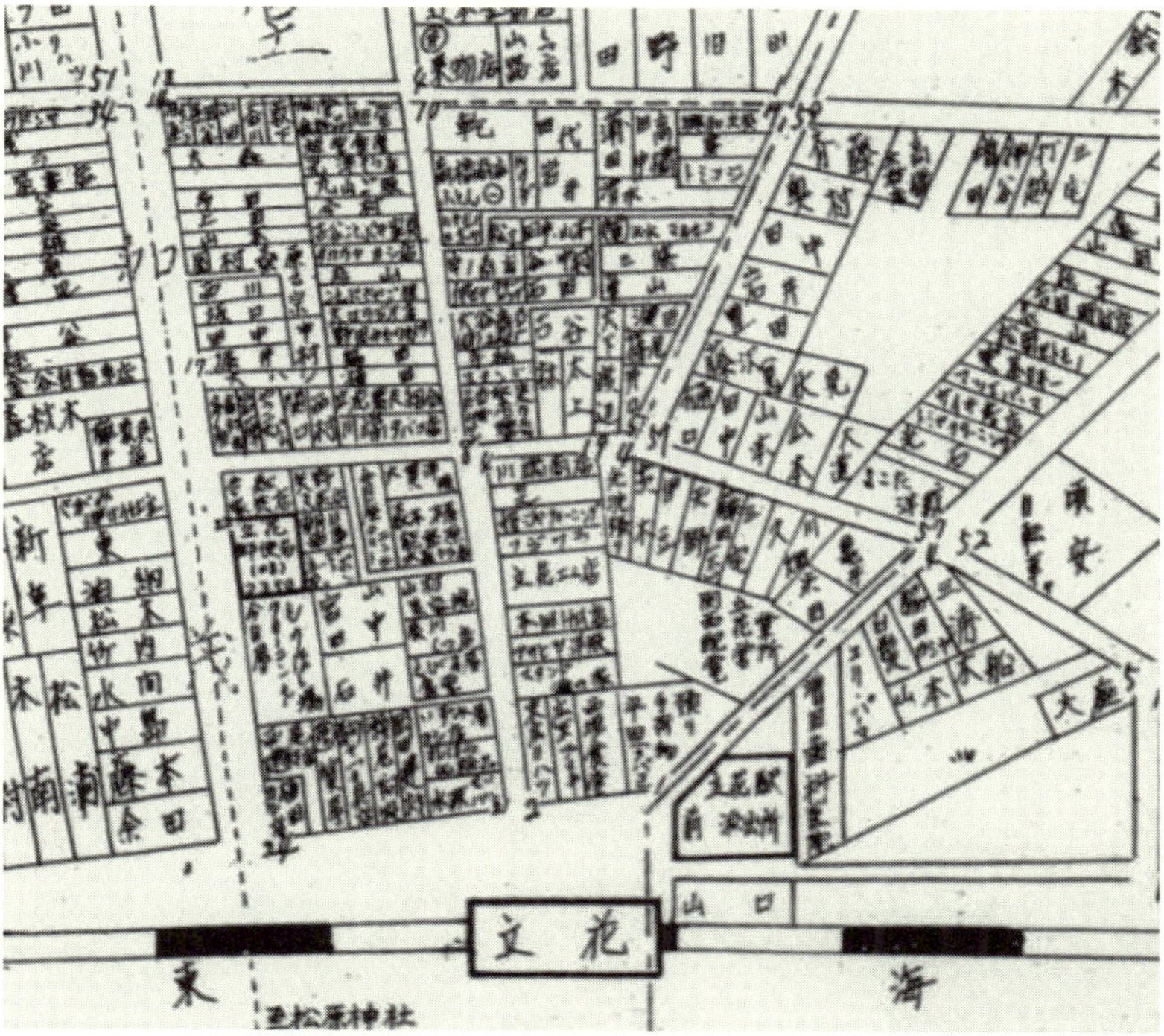


出典：神戸地学協会『尼崎市全産業住宅案内図帳』神戸地学協会、1956 年、19 頁。

れた。[39]

私道の建設は、尼崎市議会でも取り上げられていた。一九六一年三月の市議会で、市議会議員の石本与吉郎は、「本市におきましては全市にわたって二メートル以上四メートルぐらいの私道路が数字的にも申し上げられるが、相当数の私道路がある」としたうえで、市は私道について「幾ら道路が悪くなろうとも、側溝が破壊しようとも当局は一切見向きもしない。側溝の掃除もやらない。その付近に永住しておる人たちはまことに困っておるわけです。それがために私道路だから市に提供すれば必ず市はなおしてくれるんだ、こういう考えから市に無償で申し込んできても市は絶対に受け入れない」と市の対応を批判した[40]。これに対して市建設局長の松代栄は「私道路の問題でございますが、これはできる限り、従

図2−2　立花駅北側の整理図

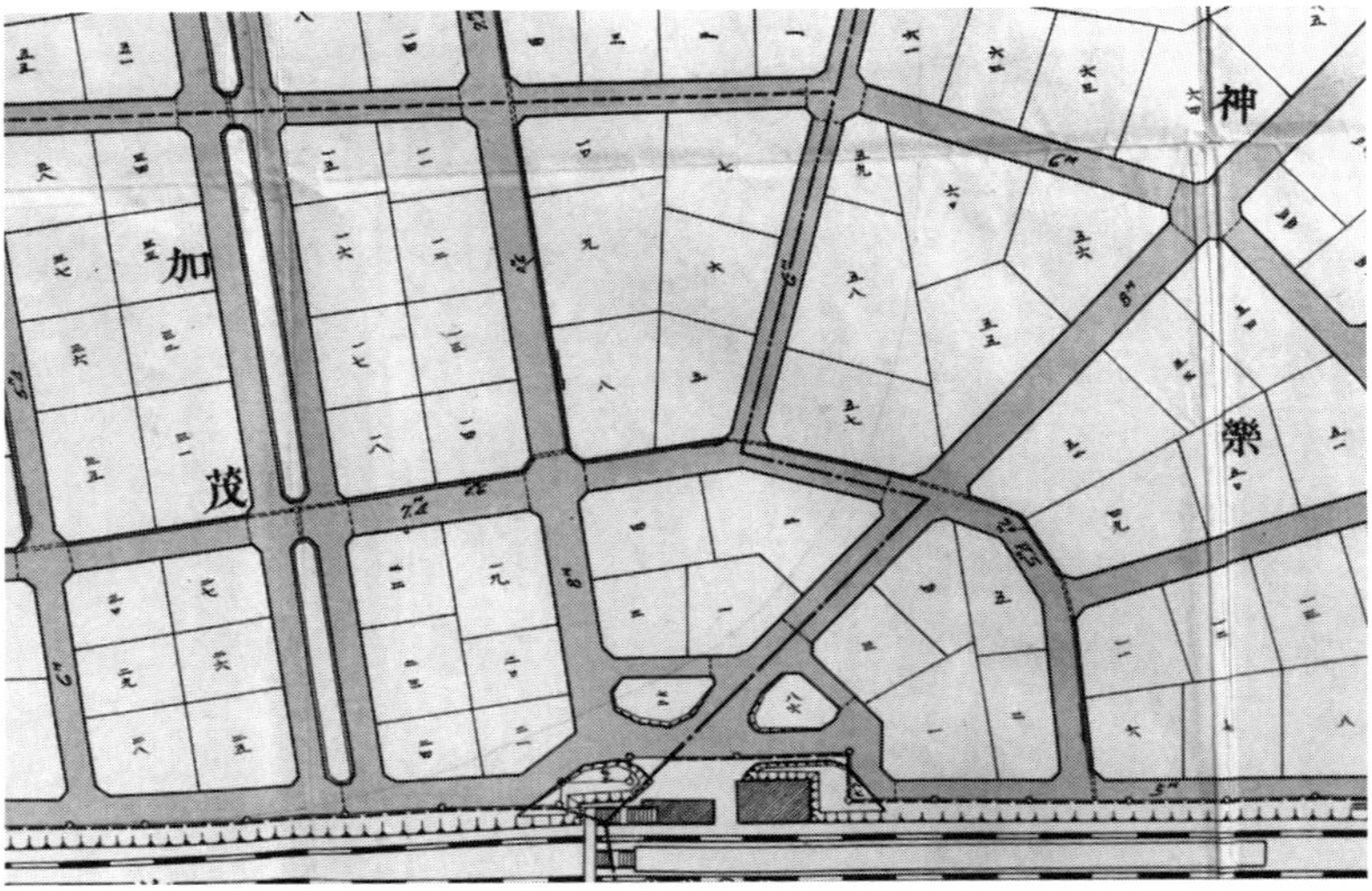


出典：『橘土地区画整理組合地区整理図』（川端正和氏文書(2)、No.629、尼崎市立地域研究史料館所蔵）。

来は一応維持管理上の問題もございまして、寄付は受けないという建前でいっております。従いまして修理もやっておりません」と応答した[41]。ここで注意すべきことは、私道の敷設が、側溝の維持管理との関連で論じられている点である。下水道が未整備であったこの時期における排水問題の大きさがうかがえる。同時に市議会議員の石本の意見であるが、側溝の整備を自治体である市の業務とみなして当局に要求している点、これに対して当局は私道の寄付も受けないし整備も業務外としている点が特徴と言えよう。私有地への建物建設は進みこれに伴って私道も敷設され市街地形成を促進していくなかで、土地区画整理事業終了後の地区内における公共施設整備は尼崎市の業務として認識されていた点——しかし、市はこれに応じていない点——が読み取れる。こうして、私道を確保しての建物建設は、当初計画された土地区画整理の街区を崩していった。同時に、土地区画整理組合が設計・建設し、上水道に関しては維持管理まで行おうとした地区内における組合と水利用との関係が無くなって以後、私道であっても自治体にその整備を望む声が、市議会議員を通して公表されるようになったのである。

## 三、市街地形成における在村地主の歴史的役割

最後に、戦後改革期から高度成長期にかけての、橘土地区画整理地区における市街地形成の特質をまとめておこう。戦後改革期に水堂の在村地主・川端又市らの県への働きかけによって、自作農創設特別措置法第五条第四号の適用を受け買収除外地域となった同地区では、戦後において本格的な市街地形成が進んだ。このことを、川端ら土地区画整理組合に関わった在村地主の視点から、私有地と公共施設に分けてまとめれば、以下のようになろう。

私有地については、川端らは地上げした所有地を貸地に出し、場合によっては自己の所有地に貸家を建設したという点で市街地地主へと転身し、市街地形成に重要な役割を果たした。そのうえで、本書の分析から、その中身には、以下の三点の特徴が見出すことができた。第一に、橋本新右衛門のような大地主を除けば、これらの在村地主が家屋建設を進めるには資金面で限界があった。そのため、地主が貸地した土地に尼崎市外の不動産業者が建物を建ててそれを購入した家主が貸家経営を行うケース（第一章で検討）――あるいは地主が売却した土地の購入者が分筆し小規模な土地を売買したケース――が増加した点である。第二に、地代家賃統制令の影響で、戦前来の貸地・貸家の地代・家賃が抑えられた結果、土地区画整理地区内での地代や家賃収入には限界があったという点である。第三に、不在地主の場合、地上げの時期が遅れ、その結果戦時期から戦後改革期に耕作を始めた農民の耕作権が、尼崎市農地委員会に認められるケースも存在した点である。事業開始後においては、組合設立の中心メンバーであった在村地主による地区内土地利用への影響力は減少したばかりでなく、分筆や私道路設置による街区の変更や、不在地主所有地での耕作の継続など、当初の計画とは異なる土地利用が生み出されたのである。

公共施設について問題となったのが、組合が敷設した道路が未舗装である点や側溝の不具合などの問題であった。

同時に、施設を継承した自治体の政策自体の遅れ（地区内公園敷地の未整備や下水道整備の遅れ）も指摘された。事業終了後、土地区画整理組合に代わって公共施設を維持管理する主体が不在のなかで、それらの整備を自治体に求める声が高まったものの、自治体も直ちにそれらの要求を政策に反映させることができなかった。

在村地主を中心とする村落の共同性は、橘土地区画整理組合の設立とその運営においては重要な役割を果たした。しかし、事業が終了し、組合が解散した後においては、土地区画整理の中心メンバーであった在村地主も公共施設を維持管理する担い手には成りえなかった。もともと橘土地区画整理地区には水堂や水堂少路などの戦前来の集落が含まれていなかった点、立花駅新設による駅前近辺が著しく変貌した点などの理由から、事業開始時に重要な意味を持った在村地主の役割は、戦後急速に衰退していったのである(42)。他方自治体においても、下水道整備にみられるような市街地における新たな人と土地・水との関係を作り出す政策は、高度成長期には部分的に展開するに止まり、橘土地区画整理地区においても、未整備のままであった。そのなかで新たに居住し始めた人々による町会や商店街などが、諸々の施設整備を自ら進めるとともに(43)、自治体にも要求していったと考えられよう。

水堂集落の事例にみられるように、土地区画整理事業によって土地を立ち退かされた小作農民は、耕作面積を減らしながらも集落内に居住し続ける者が多かった。市街地形成とともに、もともとの村落は土地区画整理地区との関係を弱めつつ生き残った。しかも戦時期から戦後改革期における社会変動のなかで、村落自体も変化していったと考えられよう。村落が、市街地形成との関連で維持されていくことの意味、そして土地区画整理地区内に残存した農地の意味については、第二編の分析で、さらに深めることとしよう。

**注**

（1）『旧土地台帳』は、神戸地方法務局尼崎支局所蔵。土地台帳法は、一九六〇年四月一日に廃止されるが、対象とする地区の土地台帳には、一九六四年まで記載がある。ただし同法廃止後は、分筆の記録が簡略化されており、実態が反映されていない恐れもあり、本稿では一九六一年データまで使用した。なお、本資料に依拠した土地所有・移動に関する記述に関しては、以下注記を省略する。

(2) 尼崎市立地域研究史料館編『図説　尼崎の歴史　下巻』尼崎市、二〇〇七年、一六六頁。

(3)『橘区画整理書類綴』(川端正和氏文書(2)、№六二八、尼崎市立地域研究史料館所蔵所収)。

(4) 沼尻晃伸『工場立地と都市計画』東京大学出版会、二〇〇二年、二三〇～二三三頁。

(5)「昭和23年4月2日調査自作農創設特別措置法第5条第4号による除外指定申請用」(松崎豊三郎編『兵庫県川辺郡立花村土地宝典』大日本帝国市町村地図刊行会、一九三九年、九頁)への川端又市氏による書き込み、川端正和氏文書(3)、№三、尼崎市立地域研究史料館所蔵。同史料は、土地区画整理を推進した地主側の調査記録であるため農地面積が過小評価されている可能性があるが、一筆ごとの詳細な調査であり、他にこれに代わる調査が存在しないので、右記点に留意しつつ本史料を用いる。以下、地区内の土地利用に関する記述は、同史料による。

(6) 橘土地区画整理組合編『整理施行後土地各筆字番号地目地籍賃貸価格並に所有者氏名調書』橘土地区画整理組合、一九三九年(川端正和氏文書(2)、№七二三―二、尼崎市立地域研究史料館所蔵)。

(7) 日中戦争後の建築資材や労賃の高騰のほか、投機目的の購入が原因と考えられるが、最も多くの組合売却地を購入した大塚泰(大塚工務店社長・表1-8参照)の土地は全て建築地になっていた。

(8)『橘土地区画整理組合書類綴』(川端正和氏文書(2)、№七二三―一)、「大正十二年度　県税戸数割賦課額表　立花村」『大正十二年村会議録　立花村役場』(ともに、尼崎市立地域研究史料館所蔵)。

(9) 以上の、兵庫県の動きについては、兵庫県農地改革史編纂委員会編『兵庫県農地改革史』兵庫県農地林務部農地開拓課、一九五二年、七〇四～七一〇頁。

(10) 以下、県諮問委員会により、農地買収の除外の議決を得るまでのプロセスについては、「費用負担金納入依頼通知書」(一九四八年五月九日)前掲『橘土地区画整理組合書類綴』〔注8〕所収。

(11) 前掲『橘土地区画整理組合書類綴』〔注8〕。

(12) 前掲『兵庫県農地改革史』〔注9〕七一〇～七一三頁。

(13)『尼崎市尼崎地区農地委員会議事録』一九四七年分より。

(14)『尼崎市尼崎地区農地委員会議事録』一九四八年四月二八日。
(15)以下、農地委員会にかけられた陳情や議事録に関しては、『尼崎市尼崎地区農地委員会議事録』一九四九年一二月二日より。
(16)同右史料には、橘土地区画整理地区は、買収除外地区に申請されていたため、一筆調査が行われなかったことが記されている。
(17)住宅新報社編集部編『宅地建物取引業者名鑑　関西中京版』住宅新報社、一九六三年、二二〇頁に、98が神戸市東灘区の朝日商事の代表者として掲載されている。
(18)神戸地学協会『尼崎市全産業住宅案内図帳　武庫・立花』神戸地学協会、一九五六年。
(19)川端又市が、戦時期から同市場に貸地をしていた。第一章参照。
(20)『神戸新聞』(阪神　尼崎・伊丹版)一九五二年一一月一六日。
(21)同右。
(22)前掲『尼崎市全産業住宅案内図帳　武庫・立花』(注18)一九頁。
(23)住宅協会地図部編集室編『東京都大阪府名古屋全住宅案内地図帳　尼崎市区版』住宅協会地図部、一九六五年。
(24)地代家賃に関しては、一九四六年に改正地代家賃統制令が制定された。同令は一九五〇年の改正で商業用などの建物や同年以後の新築の建物については除外されるなど、その対象は大幅に縮小し、一九五六年の改正で床面積が三〇坪を超える建物及びその敷地についても除外された(不動産取引研究会編『宅地建物取引の知識』住宅新報社、一九五八年、一三九〜一四二頁)。
(25)以下、小笠原家の貸地については、『昭和十三年八月　貸地・貸家元帳　小笠原茂』(個人蔵)。
(26)前掲『尼崎市全産業住宅案内図帳　武庫・立花』(注18)一九頁、神戸地学協会『尼崎市全産業住宅案内図帳　立花』神戸地学協会、一九六三年、九頁。
(27)以下、この点に関しては『尼崎市農業委員会議事録』一九五八年七月一〇日。
(28)市農業委員会会長安田栄太郎の発言。同右史料より。
(29)『耕作台帳　水堂農業会』(水堂農会文書、No.二、尼崎市立地域研究史料館所蔵)。
(30)旧立花村には、橘土地区画整理組合水道、塚口住宅地水道、尾浜名月土地水道の三つの私設水道があった(尼崎市水道局編『尼崎市水道70年史』尼崎市水道局、一九八八年、二〇〇頁。
(31)『神戸新聞』(尼崎版)一九五三年一二月一五日に、立花地区で上水道が普及されていないことに伴う諸問題が報じられている。
(32)『第22回尼崎市議会定例会会議録(第2号)』一九六二年八月一三日、二〇頁。山下は、土地区画整理事業に伴って地区内に準備された五カ所の公園敷地について、一九六一年の段階で「何れも公園敷地となっておりながら中途半端に放任され、野放しにされておる」状態であると市を批判した（『第15回尼崎市議会定例会会議録（第2号）』一九六一年七月三一日、二〇頁。

(33) 同右史料、二一頁。

(34) 栗田利正の発言。『第24回尼崎市議会定例会会議録（第3号）』一九六七年三月七日、一四頁。

(35) 尼崎市議会事務局編『尼崎市議会史（記述篇）』尼崎市議会事務局、一九七一年、四八二〜四八三頁。

(36) 『神戸新聞』（阪神　尼崎・伊丹版）一九五三年四月一日および一九五三年五月二七日。

(37) この点を検討した都市工学分野の先行研究として、市岡佳子『名古屋市における戦前密集市街地の形成過程及び形成要因に関する研究』（中部大学修士論文、一九八八年）がある。

(38) 二名連記されている箇所が別世帯とすれば九世帯にのぼる。

(39) 前掲『尼崎市全産業住宅案内図帳　武庫・立花』〔注18〕（一九五六年版）一七〜一九、二二〜二三頁。

(40) 『第13回尼崎市議会定例会会議録（第3号）』一九六一年三月一六日、二四頁。

(41) 同右史料、二七頁。

(42) 本事例において土地区画整理を進めた地主が共同で市街地形成に向けての行動を起こした最後の機会が、一九四八年における自作農創設特別措置法第五条第四号の適用にむけて行動であったように思われる。橘土地区画整理地区は、旧村の集落が地区内に含まれていないことや、地代家賃統制令によって、戦後地区内貸地の利回りは低下したことなどから、在村地主の同地区への関心は弱まっていったと考えられる。これに代わって、新たな地主や住民が、どのような土地・水との関係を築きつつ市街地形成に対処していこうとしたのかという点の分析が、今後の課題として残される。

(43) この点の本格的な検討は本稿の課題を超えるが、立花駅前の立花商店街では、一九五五年にアーケードを設置したことが、新聞で報じられた。以下その記事をあげておく。「楽しめる〝涼しい買物〟立花商店街にシルバー・アーケード　『夏の商戦のキメ手はコレ』とシャレたシルバー・アーケードが尼崎市立花商店街（中野忠雄会長）にお目見えした。同商店街の新町会の十四店舗がさる四月から負担金を積み立て尼崎信用金庫の協力もあって総工費百四十万円で去月中旬に着工したもので、全長約四十メートル、藤色のビニールの屋根の下でお客さんは〝涼しい買物〟を楽しんでいる。

同商店街は立花地区の買物客を集めているが、近くに省線立花駅があり、最近のはげしい百貨店攻勢のあおりで大阪へ客を取られる傾向なので、何とか客足を尼崎に食止めようと対策を研究していたもの。この新町会のアーケード建設に刺激され他の立花地区商店会でも建設を検討、同商店連合会百二十店舗が団結して〝横のデパート〟を実現してこんごの商戦に備えようとの計画が進められている。」(『神戸新聞』〔尼崎版〕一九五五年七月一四日)。

# 第二編　旧大庄村浜田地区

# 第三章　戦時期における土地区画整理の実施とその特徴

本章では、戦時期に設立された大庄中部第一土地区画整理事業により道路や水路などの公有地が整備される過程を検討し、その歴史的特質を究明する。

大庄中部第一土地区画整理組合は一九三九年に設立されたが、序章でも述べたように駅前開発などとは直接関係なく、戦時期の工業化・都市化のなかで設立された。同時に、同組合は橘土地区画整理と異なって、集落を地区内に組み込んで計画が立案された点に特徴がある。そこで本章では、同地区のなかで農業集落が位置した浜田地区北部に注目し、地図や農民日記を利用して戦時期以前の浜田地区の道路・水路とそれに支えられた生産・生活の特徴を踏まえつつ、土地区画整理がそのような浜田地区の何を変えようとしたのかを検討する。そのうえでアジア太平洋戦争期に入って困難に直面する事業の実態を分析する。

## 第一節　土地区画整理以前の浜田地区

### 一、浜田地区の景観と耕地整理事業

最初に、大庄中部第一土地区画整理事業開始前における浜田地区の景観を確認しておこう。図3-1は、一九三八

年一二月に刊行された、『兵庫県武庫郡大庄村土地宝典』の浜田地区北部を示した地図である。図3-2は、これより一〇年さかのぼる一九二八年に撮影された同地区に関する航空写真である。北東部に当たる字北居地、字南居地は浜田地区のなかでも農家を中心とした住居が集まっている地区であり、その周囲を取り囲む地域（東浦、東向ヒなど）や地図の西部・南部（字崇徳院）が田園地帯であること、地図南側には阪神国道が通っていて、そこに路面を走る阪神国道線の線路が描かれていることがわかる。図3-1は、図3-2から判明する景観を、反映している地図と考えられよう。この点を踏まえたうえで、地図から以下の特徴を見出すことができる。

第一に、崇徳院に関しては、長方形の均等な区画になっている点である。これは、大庄中部第一土地区画整理事業が行われる前に、浜田地区では耕地整理事業が行われていたからであった。浜田村耕地整理組合は一九〇九年七月に創業総会を開き、一九一四年六月二九日総会で換地交付を議決している(2)。現存する「設計書」は、目次では第一章から第一一章まであるものの、原本は第三章で終っており、細かい事業内容を知ることはできない(3)。しかし、「第二章　耕地整理発起の要旨」には、「一、区画の拡大正整と共に完全なる農道を配置し労力節約の道を講ぜしむ為め　二、完全なる水路の配置により灌漑の便を得んが為め　三、生産力の増大を計らんがため　四、其の他整理による利益を受けんがため　以上各項を更概言すれば本地区は耕地の整理による経済的農業を経営せんとするに外ならず」と記されていること、目次に書かれているのみだが「第四章　計画説明」には「一、水利　二、道路　三、区画　四、畦畔」となっていることから、村内の用排水路と道路の整備を目的とした事業と考えられよう(4)。

第二に、浜田集落の中心であり、農家が集中している北居地、南居地に関しては、道路はそのままとなっている。耕地整理事業の段階では、居住地区の整備は行われていなかったことがわかる。

第三に、地図中には、細く黒く記されている水路が明記されている点である。村の東側を蛇行して流れている浜田川だけでなく、耕地整理された崇徳院の田園地区内や北居地・南居地の集落内にも水路が記されている。図3-2か

図 3－1　浜田地区北部の地図（1938 年頃）

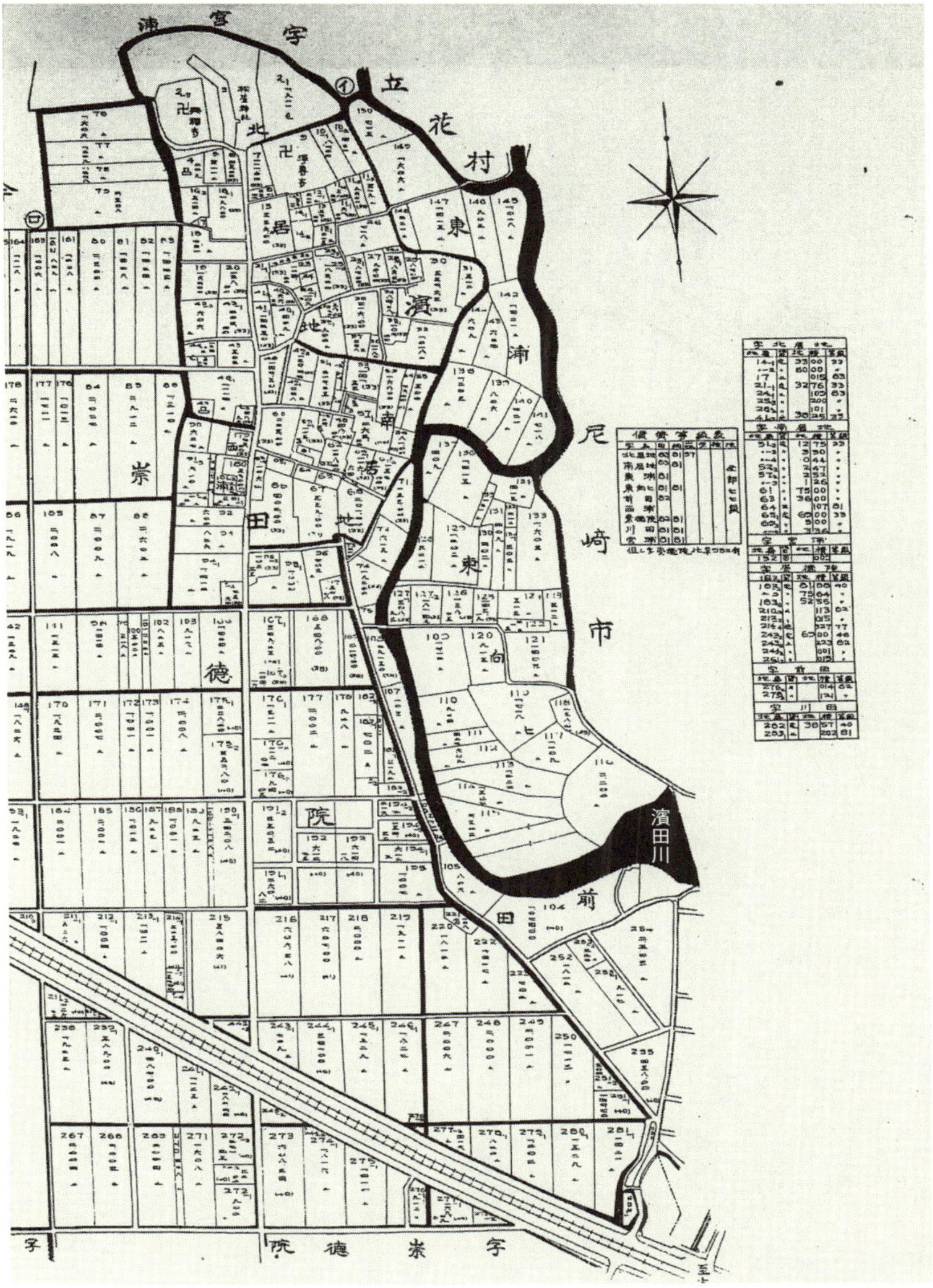


出典：松崎正太郎編『兵庫県武庫郡大庄村土地宝典』大日本帝国市町村地図刊行会、1938 年、7 頁。

図３－２　浜田地区北部の航空写真（1928 年）

出典：大阪市計画調整局所蔵、航空写真（1928 年撮影）。

らも、水路は確認されよう。水路は稲作における用排水に重要な意味を持つだけでなく、集落内の生活排水を流す役割を担っていた。

なお、旧大庄村では、一九三〇年代においては浜田地区に限らず、水道の布設はなされていなかった。一九三〇年代後半において工業開発と都市化が進展するにつれて、水道建設の要求が住民や工場を所有する企業からなされるようになり、一九四〇年から大庄村としての水道が計画され、尼崎市と合併後の一九四三年五月に阪神上水道市町村組合からの受水により給水を開始した(5)。それまでは、井戸水と川水の利用が続いていたのである。

## 二、集落内の農家の特徴

次に、浜田地区の農家の特徴を、一九三八年農家調査に即して検討する(6)。大庄村全体の農家戸数三九八戸のうち、浜田地区の農家戸数は四一戸であった。同年末の浜田地区の本籍戸数は一七六戸、寄留戸数は一二一九戸であり(7)、浜田地区では既に農家以外が多数を占めていた。自小作別の内訳は、大庄村全体でみると自作六八戸、自小作八五戸、小作二四五戸と小作の割合は高く、浜田地区においても、自作九戸、自小作二戸、小作三〇戸と、小作農家の割合がとりわけ高い。浜田地区農家について耕作面積別にみると、耕作面積一町以上の農家はわずかに二戸（いずれも自作）で、五反以上一〇反未満が一七戸（自作二戸、自小作一戸、小作一四戸）、五反未満二二戸（自作五戸、自小作一戸、小作一六戸）であった。地区農家の半数以上が、五反未満の零細な農家であった。

表3-1は、浜田地区の農家四一戸について、専業・兼業、耕作面積と小作地率、家屋所有棟数、協議費の階層、大庄中部第一土地区画整理組合員などの指標に即してまとめたものである。この表の協議費の階層はアルファベットで表示してあるが、この階層を示したのが表3-2である。浜田地区の協議費は、地租割と家屋割からなり、所得は反映されていないため、表3-2の階層も、あくまでも所有面からみられる階層として本書では位置づける。

## 表3－1　浜田地区農家の諸特徴

（単位：反、％、棟）

| 農家番号 | 専業兼業別（1938年） | 兼業農家の兼業の種別（38年） | 耕作面積（38年） | 耕作地に占める小作地の割合（％） | 家屋棟数（33年） | | | 協議費の階層（39年） | 大庄中部第一土地区画整理組合員及び地区内所有面積 |
|---|---|---|---|---|---|---|---|---|---|
| | | | | | 住宅 | 納屋 | その他・不明 | | |
| H1 | 兼業・農業主 | 雇用労働 | 7.5 | 100 | － | － | － | k | |
| H2 | 兼業・農業主 | 雇用労働 | 4.5 | 100 | 1 | 1 | 0 | l | |
| H3 | 兼業・農業主 | 雇用労働 | 4.6 | 100 | 1 | 0 | 0 | l | |
| H4 | 専業 | | 6.4 | 100 | － | － | － | － | |
| H5 | 専業 | | 5.1 | 100 | 1 | 1 | － | l | ○0.5 |
| H6 | 兼業・農業主 | 雇用労働 | 7.4 | 100 | 1 | 1 | 0 | g | ○0.5 |
| H7 | 兼業・農業主 | 雇用労働 | 6.9 | 100 | 1 | 1 | 0 | j | |
| H8 | 専業 | | 5.8 | 100 | 1 | － | － | l | |
| H9 | 専業 | | 4.0 | 100 | 1 | 1 | 0 | k | |
| H10 | 専業 | | 5.5 | 100 | 1 | 1 | 0 | k | ○0.3 |
| H11 | 兼業・農業主 | その他 | 2.8 | 100 | － | － | － | － | |
| H12 | 兼業・農業主 | 商業 | 5.7 | 100 | 1 | 1 | 0 | g | ○2.3 |
| H13 | 専業 | | 5.5 | 100 | 1 | 0 | 0 | l | |
| H14 | 兼業・農業従 | その他 | 2.4 | 100 | 2 | 1 | 1 | d | ○1.1 |
| H15 | 兼業・農業主 | 商業 | 4.5 | 100 | 3 | 1 | 0 | － | |
| H16 | 兼業・農業従 | 商業 | 0.5 | 100 | 1 | 0 | 0 | l | |
| H17 | 専業 | | 5.8 | 100 | 1 | 1 | 0 | i | |
| H18 | 専業 | | 9.2 | 100 | － | － | － | － | |
| H19 | 専業 | | 3.8 | 0 | 2 | 1 | 0 | － | ○4.5 |
| H20 | 専業 | | 10.4 | 0 | 1 | 1 | 0 | b | ○13.4 |
| H21 | 専業 | | 11.1 | 0 | 1 | 1 | 2 | a | ○20反以上 |
| H22 | 兼業・農業従 | その他 | 1.5 | 0 | 3 | 1 | 2 | － | ○20反以上 |
| H23 | 兼業・農業主 | 雇用労働 | 6.0 | 0 | 3 | 1 | 3 | a | ○11.0 |
| H24 | 兼業・農業主 | 商業 | 5.4 | 100 | 2 | 1 | 0 | l | |
| H25 | 兼業・農業従 | その他 | 0.5 | 0 | 7 | 2 | 4 | a | ○20反以上 |
| H26 | 兼業・農業主 | その他 | 2.0 | 100 | 1 | 1 | 0 | h | ○0.4 |
| H27 | 兼業・農業主 | その他 | 5.4 | 55 | 1 | 1 | 1 | b | ○6.1 |
| H28 | 兼業・農業従 | 商業 | 2.3 | 100 | － | － | － | － | |
| H29 | 兼業・農業主 | 雇用労働 | 6.3 | 100 | － | － | － | l | |
| H30 | 専業 | | 6.3 | 0 | 3 | 1 | 4 | a | ○20反以上 |
| H31 | 専業 | | 3.9 | 100 | － | － | － | － | |
| H32 | 専業 | | 3.0 | 100 | － | － | － | － | |
| H33 | 兼業・農業主 | 雇用労働 | 3.5 | 100 | － | － | － | － | |
| H34 | 兼業・農業主 | 雇用労働 | 2.6 | 0 | 1 | 1 | 2 | e | ○0.8 |
| H35 | 兼業・農業従 | その他 | 3.4 | 0 | 1 | 1 | 6 | a | ○20反以上 |
| H36 | 兼業・農業主 | 商業 | 1.9 | 100 | 3 | 0 | 0 | h | |
| H37 | 専業 | | 6.2 | 100 | － | － | － | － | |
| H38 | 兼業・農業従 | 工業 | 2.0 | 100 | － | － | － | k | |
| H39 | 兼業・農業主 | 商業 | 4.1 | 80 | 2 | 1 | 1 | e | ○1.2 |
| H40 | 兼業・農業従 | その他 | 0.8 | 100 | 0 | 1 | 0 | l | |
| H41 | 兼業・農業主 | 雇用労働 | 1.3 | 100 | － | － | － | － | |

出典：『昭和十三年度　農家調査書類　大庄村役場』、『昭和十四年起　協議費徴収台帳　大庄村浜田』（浜田部落有文書、No.100）、『兵庫県武庫郡大庄村家屋税賦課額表』（柳川啓一氏文書(2)825-4）、『組合員の氏名並に其の所有する土地の地積賃貸価格　大庄村中部第一土地区画整理組合』（個人蔵。尼崎市立地域研究史料館にて借用）。いずれも尼崎市立地域研究史料館所蔵。

注：耕作面積は、集落外の耕地を含む各農家の総耕作面積。家屋棟数は、浜田地区内での所有棟数で、「－」は出典史料に該当農家が確認できなかったもの。「協議費の階層」項目のアルファベットは、表3－2を参照。「大庄中部第一土地区画整理組合員及び地区内所有面積」は、○印が該当者農家で、その中でもっとも所有面積が多い名義の者の所有面積を記した。20反以上所有農家は「20反以上」とのみ記した。

表3-2　浜田地区協議費（1939年）金額別人数（集落居住者のみ）

| 協議費金額 | 表3-1での記号 | 人数 | 賦課額に地租割が含まれる者の数 |
|---|---|---|---|
| 20円以上 | a | 9 | 7 |
| 10円以上20円未満 | b | 10 | 3 |
| 9円以上10円未満 | c | 5 | 1 |
| 8円以上9円未満 | d | 5 | 3 |
| 7円以上8円未満 | e | 6 | 2 |
| 6円以上7円未満 | f | 8 | 2 |
| 5円以上6円未満 | g | 8 | 3 |
| 4円以上5円未満 | h | 7 | 2 |
| 3円以上4円未満 | i | 10 | 3 |
| 2円以上3円未満 | j | 15 | 2 |
| 1円以上2円未満 | k | 24 | 3 |
| 1円未満 | l | 43 | 7 |
| 合計 | | 150 | 38 |

出典：前掲『昭和拾四年起　協議費徴収台帳　大庄村浜田』〔表3-1〕。

ここから、以下の三点の特徴が指摘できる。

第一に、当地区の農家の耕作面積は全体としては零細であるものの、表3-2に見られるaからlの階層の拡がりは、表3-1の農家にもあてはまる点である。最も上層である協議費階層(a)の農家は、農家番号H21、H23、H25、H30、H35の五戸であった。これらの農家の耕作面積は、H21が一・一町、残りは一町未満層の自作農家であったが、四戸の農家は、大庄中部第一土地区画整理組合地区内の土地を二町以上所有している地主であった。農家番号H25のように、家屋を複数棟所有しているのも特徴である。これは、居住用の家屋以外に貸家を所有していたと考えられよう。農家番号H25やH35は、兼業内容が雇用労働でも商工業でもない「その他」になっているのも、貸家経営による収入を示したものと考えられよう。

第二に、小作農家の場合、耕作地に占める小作地の割合が一〇〇%で、家屋所有が自家用（一～二棟）に限られるか所有なしの者が多い。同時に、それらの農家は協議費賦課額による階層が下位（j、k、l）に位置している場合が多かった。大庄中部第一土地区画整理組合の組合員として確認できる農家をみると、地区内の土地を所有したH5、H6、H10、H12など組合員である小作農家が存在する一方で、H1、H2、H3、H4など組合員であることが確認できない小作農家が二四戸にのぼる。このなかには、H1、H4、H11、H18のように、土地・家屋ともに所有しない農家も存在していた。組合員になっている小作農家も農家番号H12を除けば地区内所有面積は五畝以下で、二町以上所有する地主層との懸隔は顕著であった。

第三に、農家番号H14、H36、H39のように、自小作ないしは小作農家でありながら、兼業農家で家屋を複数戸所有し、協議費の階層が中位（b～h）に位置する農家が存在する。これらの農家は、土地区画整理地区内の土地所有面積においても、最大でもH27の六・一反であり、二町以上所有する地主層とは異なる性格を有していたが、H14やH36が住宅用家屋を複数戸所有していることが確認できる点に鑑みれば、商業等の兼業を営むとともに都市化に対応した自家用以外の家屋を所有した農家とみることも可能であろう。住宅（貸家と推定）所有が意味をもつという意味で、都市近郊農村における農家の一つの特徴を示している。

表3-1は、あくまでも浜田地区の農家に限定した内容であり、この外に同地区には、農家以外の労働者等の居住者が存在するが、農家に限ってみても、土地や家屋の所有の有無によって、その階層は大きく分化していたといえよう。

## 三、農民日記にみる土地・水利用

実際に農民がどのように土地や水を利用していたのかという点について、農民日記から検討しておこう。対象とするのは、南居地に居住していた自作地主である堀新次の日記である(8)。堀新次は、一九一四年一月一〇日生まれ、旧制尼崎中学を卒業後、一九三五年に阪神電気鉄道株式会社に入社するまでの間は家業である農業に携わっていた。堀家の大庄中部第一土地区画整理地区内の所有面積は一町以上二町未満、表3-2において上位の階層に位置しており、浜田地区のなかでも上層の農家と位置付けることができる。堀家における田は、集落の西側にある「西田」、浜田川沿いに拡がる「上川端」、「下川端」などで、畑地は「西田」ほか集落の南側にある「竹戸」などに点在していた。こ

### 表3-3　日記にみられる農作業日数（1934年）

| | 新次 | 父 | 母 | 姉 | 妹 | 弟 | 農作業以外の勤務（新次） | 家族以外での農作業手伝い（日数） | 収穫物 |
|---|---|---|---|---|---|---|---|---|---|
| 1月 | 10 | 10 | 1 | 1 | - | - | 鳴尾競馬場（8日間） | 叔父（父方）1 | 杓子菜、真菜、葱、ホウレン草、白菜 |
| 2月 | 24 | 22 | 5 | 1 | - | - | | | 杓子菜、真菜、葱、ホウレン草、白菜 |
| 3月 | 27 | 20 | 8 | - | 1 | - | | 叔父（父方）1 | 杓子菜、真菜、葱、ホウレン草、白菜、ワケギ |
| 4月 | 26 | 22 | 7 | 2 | 2 | - | | 叔父（父方）2 | 高菜、ちしゃ、ワケギ、ホウレン草 |
| 5月 | 30 | 28 | 20 | 2 | 3 | - | | 叔父（母方）1、叔母（母方）7 | 苺、高菜、杓子菜、ホウレン草、ちしゃ、葱、小蕪、空豆、大根、豌豆 |
| 6月 | 29 | 29 | 20 | 13 | - | - | | 叔父（父方）2、叔父（母方）2、叔母（母方）6 | 苺、ちしゃ、ホウレン草、麦、韮、なす、じゃが芋、人参 |
| 7月 | 30 | 30 | 24 | 7 | 7 | 2 | | 植手2 | なす、枝豆、韮、トマト、青唐 |
| 8月 | 24 | 20 | 7 | 3 | 6 | - | | | 茄子、唐芋、青瓜、三度豆、インゲン豆 |
| 9月 | 22 | 21 | 5 | 3 | 5 | - | 21日に台風襲来 | | 茄子、三度豆、唐ちしゃ、胡瓜、韮、青唐、唐芋 |
| 10月 | 24 | 24 | 8 | 1 | - | - | | | 真芋、インゲン豆、唐ちしゃ、葱、杓子菜 |
| 11月 | 24 | 17 | 15 | 4 | 1 | - | | | 米、杓子菜、真菜、葱、水菜、唐ちしゃ |
| 12月 | 20 | 13 | 7 | 1 | - | - | 鳴尾競馬場（8日間） | | 杓子、真菜、葱、唐ちしゃ |

出典：『堀新次日記』1934年（個人蔵、尼崎市立地域研究史料館にて借用）。
注：農作業日数には、農作物の販売、藁仕事、家畜や農具の手入れなども含まれる。

の節で用いる一九三四年の日記は、新次が阪神に就職する直前の段階で、新次の農作業から農民の農地や水との関係が詳しく読み取れるという意味で取り上げることにした（以下、各年の『堀新次日記』からの引用については断りのない限り注記せず、引用文の後に日記の年月日を記す）。

表3-3は、一九三四年の日記に叙述された農作業をまとめたものである。農作業日数は、日記中当該日に一回でも農作業の記述があれば、時間の長短を問わず一日とカウントしており、厳密さを欠くデータではあるが、大まかな傾向をつかむことはできよう。

この表から、新次が、父とともに、農作業の中心的な担い手となっていることが読み取れる。とりわけ重要なことは、農作業日数が正月休みや鳴尾競馬場での勤務がある一月を除き、年間を通じて二〇日以上と非常に多い点である。五〜七月は二九〜三〇日と、ほぼ毎日何らかの農作業に関わっている。その主要な理由は、堀家は稲作とともに年間を通じて畑作を行っており、その農作業が日数に反映されたためであった。収穫物の欄には米や麦の穀類以外に、果物では苺、野菜では冬場に取れる杓子菜、真菜、葱、ホウレン草、白菜などの野菜類と、夏場に取れる茄子、枝豆、韮、トマト、青唐、胡瓜など、一年間を通じて多様な野菜が生産されていたことが確認される。

表3-4は、一九三四年二月における新次の農作業を、さらに細かく検討したものである。二月二三日（田耕）や二月二四・二五日（ボート＝稲藁運び）など田に関わる内容もあるが、多くは畑作、なかでも葉物野菜の収穫作業に時間が注がれていることがわかる。その作業内容は、大きく三つに分けることができる。第一に、畑での収穫作業である。第二に、家に持ち帰り、束ねて洗う作業である。第三に、それらの野菜を市場や小売りに出荷・売却する作業である。一連の作業の時間帯は、午後から夕方にかけて収穫した野菜を夕方から夜にかけて束ね洗浄し、翌朝出荷・売却（六〜八日、一八日など）する場合と、午前中に収穫した野菜を束ねて洗い午後出荷する場合（八日、一七〜二〇日）場合とがあり、八日・一八日のように二度市場に出荷する場合もあった。

このような野菜栽培からみた場合に重要なことは、浜田地区が尼崎市内の市場や市街地に近接していることが有利に働いている点である。市場まで片道数十分で行けるため、一日二回の出荷も可能であったし、父親の場合には市場に出さずに直接小売りする場合（五・六日、二〇〜二二日）もあった。市街地から屎尿を運ぶことも複数回（一九日は計四回）可能であった。前述した浜田村耕地整理事業においても農道の整備が行われたが、尼崎市市街地（西難波地区）と浜田地区を連絡する道路がある程度整備されていたことが、このような農業を可能にしたといえる。

同時に重要なことは、水との関係でいえば、収穫した後の野菜洗いに水が欠かせないという点である。二月中は家に持ち帰ってから洗うケースがほとんどだが、「四時半より高菜の葉をかく。宅に帰り、川で洗ひ直ぐ束ねる」（一九三四年四月二三日）、「父と自分と妹と芳連草杓子等二百六十程のモノを大川で洗ふ」（一九三四年五月二日）等、川で洗うことが記されている場合もある。出荷の際の野菜の洗浄に川（あるいは井戸水か自宅前の水路など）の利用があった点にも注目する必要がある。このような道路や川の利用があって、浜田地区では稲作以外の果物と野菜の生産を中心とする農地としての利用が可能となった。

　日記には、田畑の用排水を維持管理することを示す記事も多くみられる。田植え直前の時期に、「起床すると直ぐに西田の水加減を見に行き水がどん〱入ってゐるので堰いで置く」（一九三四年七月二日）といった叙述、あるいは畑に関しても「朝五時に起床する。仝三〇分より父と西田へ水車をすえる。直ちに我々は可憐なるジャガ芋氏のために勇躍排水作業を開始したです」（一九三四年六月二一日）という叙述を挙げることができよう。同時に水利については、以下の三点について指摘することができる。

　第一に、浜田地区の東側を流れる浜田川や周辺河川の維持管理における村民の役割である。浜田川の掃除に関する日記叙述――「九時より大川掃除に出かける。仕事にかゝると九時半だ。十時五〇分頃ドンドの木橋に着く。一服と昼食に帰る。時に十一時廿分。一時に出かける。仝三十分より仕事を始める。皆で拾名である。H24氏洗場で今日の仕事終る時に、四時―四時半に今日の賃金壱円参拾銭別に御菓子拾銭貰ふて帰る」（一九三四年六月二日）は、このことを示すものである。[9] また台風などの暴風雨の際の警戒にあたる記事もみられる。一九三四年九月二一日には室戸台風が阪神地域を直撃したが、このとき新次は他の浜田地区住民とともに、浜田川下流の蓬川西堤踏切の箇所で二一日夜から二二日朝にかけて徹夜で警戒に当たり、朝七時三〇分に交替した後、再び午前一〇時に召集がかかり武庫川の警戒にあたった。これらの警戒は、青年団員あるいは消防団員としての業務であったが、洪水の恐れのある際の警戒作業にも、直接関わっていたことがわかる。

表3-4　一九三四年二月の農作業

| 日付 | 新次の農作業 | 備考 |
|---|---|---|
| 1日 | | |
| 2日 | 8時～8時30分：藁かち、14時30分～：竹戸でほうれん草を収穫。 | |
| 3日 | | |
| 4日 | 12～13時：竹戸で菜取。13時～：杓子菜76、真菜90、白菜30、葱40を束ねる。 | |
| 5日 | 8時10分から午前中：上川端で麦に施肥、13～14時30分：父と畑で収穫。15時～18時30分：収穫物束ねて洗う。杓子150、真菜80、白菜30、ホウレン草55、葱35。 | 父、朝、小売へ。 |
| 6日 | 8時50分～11時：麻雀店などにし尿取りに行く。13時～14時30分：畑の収穫作業。17時～：菜を洗う。 | 父、朝、小売へ。 |
| 7日 | 4時30分～6時30分：尼崎青果市場に杓子菜を出荷。7時40分～8時30分：自転車で精算に。一把9厘、手取り金4円19銭。13～18時竹戸へ杓子菜、真菜の収穫。帰宅後母と束ね洗う（杓子菜270、真菜100）。 | 父、朝、難波へ肥取。 |
| 8日 | 4時30分～朝食前：市場に昨日収穫の野菜を出す。8時20分～10時：勘定を取に市場へ（手取り金。3円15銭）。10～11時：竹戸へ葱と真菜収穫。昼食後～14時前：葱のみ束ね洗い。14時15分～18時：杭瀬市場に出荷。1把6厘で、手取り1円93銭。18時30分～20時：菜を束ね洗う。杓子菜250、葱433。 | |
| 9日 | 5時25分～8時：市場に葱430、真菜250出荷。朝食後～10時：竹戸の作物に施肥。その後勘定。皆で2円90銭。11～13時：便所の掃除。 | |
| 10日 | 10時～12時30分、13～16時：上川端で牛糞まき。16時30分～17時15分：西田で牛糞まき。 | |
| 11日 | 9～12時：上川畑で空豆に施肥（父と作業）。12時30分～16時：田畑の中上げ。 | |
| 12日 | 7時40分～8時20分：七松で炭を買い唐鋤の先を研ぐ。午後：田畑の中上げ | |
| 13日 | 7時40分～11時40分：西田へ行き、空豆と苺に施肥（父と）。12時30分～18時：空豆の中上げ、苺のもとよせ。 | |
| 14日 | | |
| 15日 | | |
| 16日 | 8時30分～10時30分：牛部屋掃除（父と）。10時30分～12時10分、13～16時：苺のもとよせ。 | |

| | | |
|---|---|---|
| 17日 | 8~11時：下川端の中上げ、竹戸で真菜取（父と）。昼食後：束ね洗う（300）。14時~17時40分：市場へ。勘定1把9厘、手取り2円48銭。夕食後菜を洗う（350）。 | |
| 18日 | 5時~6時15分：市場へ出荷、8時35分~10時30分：市場へ勘定を取りに行き（300束で1円60銭）、その後竹戸へ行き野菜を収穫。10時30分~14時：野菜を束ね洗う（600）。14時~夕方：市場へ行く（手取り4円14銭。七厘五毛の割）。 | |
| 19日 | 6時~7時10分：市場へ出荷。7時30分~10時30分：手取り金受取（1円69銭、1把7厘）、帰宅後杓子菜収穫。10時30分~13時40分：野菜を束ねる（母と300束）。14時40分~17時25分：市場に出荷。300把で手取り1円66銭（最初7.5厘、後に6厘に下げる）。その後竹戸の杓子菜の収穫。 | 父は、1日肥取り（4回） |
| 20日 | 10時30分~昼：竹戸へ杓子菜の収穫。13時~14時：杓子菜を束ね洗う（父母、姉も）14時30分~18時35分：市場に出荷（300束で1円93銭）。買物をして帰る。 | 父は杓子菜を持って小売りに。「ほんの四時間ほどの間に2円60銭儲けてきた。商いは小売りに限るね。」 |
| 21日 | 14時30分~夕食まで：白菜の収穫、束ね（白菜250、葱130）。 | 父は小売。その後葱の収穫。 |
| 22日 | 8~12時：葱、束ねる（母と）。12~13時：洗う。13時45分~18時20分：市場へ出荷（2円71銭、1把7厘5毛）。 | 父は小売り。 |
| 23日 | 午前田耕。13時30分~18時30分中上げ。 | |
| 24日 | 8~12時：西田のボート（稲藁）運び、12時30分~14時30分ボートを仕舞う。14時30分~18時30分：西田の中上げ（父は耕く）。 | |
| 25日 | 8時30分~9時：下川端に行ったが凍結していて帰る。9時~：ボート取り。11時15分~12時30分：西田の畝直し。12時30分~日暮れまで：下川端の畔べりの畝の手入れ、「ハラをつける」。 | |
| 26日 | 8時~正午：牛肥運び。 | |
| 27日 | 7時~：牛肥運び。 | |
| 28日 | 午前~午後：肥取り、借家の便所掃除。17時~19時30分：ジョウレンひき、ジャガイモに施肥。 | 父も肥取り |

出典：前掲『堀新次日記』〔表3-3〕一九三四年。

第二に、浜田川下流にかかる樋に関しての維持管理である。浜田川は下流で川が膨らんだ箇所から名称は蓬川となるが、その膨らんだ箇所に「石門樋」と呼ばれる樋が存在する。(10) 江戸時代の絵図においても、この樋とほぼ同じ位置に門樋があったことが確認できるものの、(11) 詳細は分からないことが多い。一九三四年の堀日記によれば、以下の二つの記事が注目される。

「明後日（十七日）難波は石門樋を打つので布れて来る」（一九三四年六月一五日）

「今日は難波が石門樋を上げてくれる相だから、是非とも川端の上草をしたいのである。七時に朝食、母と姉とは十五分に上川端の高い処より五番草を取り初める。小生鍬を持って下川端の畦を切り排水に努力する。」（一九三四年八月四日）

いずれも石門樋の管理主体は、「難波」になっている点が注目される。これは、主に蓬川東岸に位置する尼崎市西難波地区を意味すると考えられるが、西難波地区が地理的にこの樋に近接していたため、その管理をしていたと考えられよう。そのため、この時期は、浜田地区が直接樋の維持管理をしていたわけではないが、日記の叙述から、「石門樋」の重要性とともに、その開閉の情報を地区内農民に知らせようとする新次の行動が読み取れる。

第三に、浜田地区における地下水の利用についてである。堀日記には、「我浜田部落には鑿泉の御蔭で一月や二月照り続くとも何等影響せぬ。作物が枯死するぞ!!　そら水掻だ、人夫だ水車だ!!　と騒ぎ立てたのは一昔前の事」（一九三四年八月二八日）との叙述もある。日記中の鑿泉についても詳細は不明であるが、武庫川東岸から浜田川・蓬川西岸の間の地区は、飲用水としては必ずしも適切でなかったが、地下水は豊富であった。(12) もともと浜田地区は近世から武庫川からの用水利用のため大嶋井組に属していたものの、渇水に悩ませられることもたびたびあった。その対策として作られたものと考えられよう。

## 第二節　土地区画整理の開始と地主・農民

### 一、立花駅周辺の土地区画整理

一九二五年に尼崎都市計画区域に指定された尼崎市及び周辺地域では、一九三〇年代に入って組合施行土地区画整理事業が本格化した。図3-3は、東海道線立花駅周辺の土地区画整理地区を示したものである。第一編で対象とした橘土地区画整理組合（図3-3ⓐ）での事業の進捗と家屋建築・人口増加に伴って、同地区の外縁部においても土地区画整理組合の設立が相次いだ。橘第二土地区画整理組合（図3-3ⓑ、一九三八年五月事業計画認可、地区内面積三九・九ヘクタール）、大庄中部第一土地区画整理組合（図3-3ⓒ、一九三九年五月事業計画認可、同一一八・七ヘクタール）、立花生島土地区画整理組合（図3-3ⓓ、一九三九年一二月事業計画認可、同六三・八ヘクタール）など、橘土地区画整理地区を取り囲むように組合施行土地区画整理事業が実施された[13]。

これらはいずれも、地主が中心となって設立した組合であったが、事業が実現可能と判断された主たる要因は、地区内における地価上昇であった。第一編で述べたように、橘土地区画整理組合の替費地売値は坪一〇〜六〇円で替費地のほとんどが一九三六年までに売却された。そのため、周辺の土地区画整理組合も、宅地並み地価での売却益を見込んで予算を組んでいた。橘第二土地区画整理組合の予算総収入は八六万一四二六円、この内、替費地売却代金は総額五一万五六〇〇円（予算総収入の五九・九％）、大庄中部第一土地区画整理組合の予算総収入は一九〇万一九三五円、この内、替費地売却代金は総額一四〇万四三八〇円（予算総収入の七三・八％）で、事業収入の過半を替費地売却代金

図3-3　立花駅周辺の土地区画整理地区（1940年）

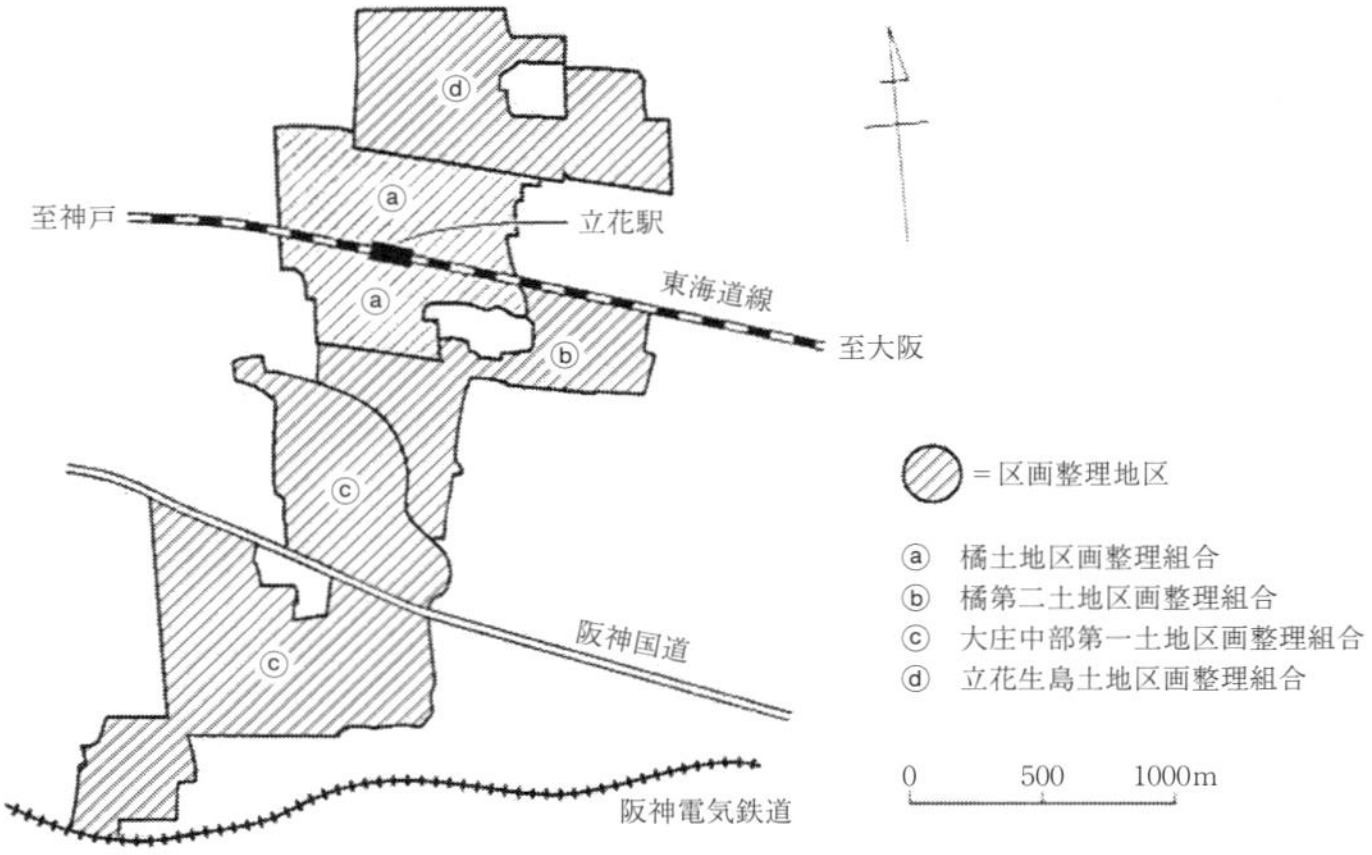


によって調達する計画となっていた。替費地の坪当たり平均価格は、橘第二が二五円（一九三八年度予算）、大庄中部第一が四〇円（一九四〇年度予算）に設定されており、[14] 立花駅周辺の市街化を前提に、地価の上昇を見込んだ開発計画が外縁部に波及していく様子がうかがえる。

## 二、大庄中部第一土地区画整理地区における地主と農民

大庄中部第一土地区画整理組合は、大庄村浜田と、東大島、東、西の一部などを区域として設立された。図3-3に示したように、橘土地区画整理組合の事業区域の南部に位置し、区域内を阪神国道が横断していた。同区域における土地区画整理前の土地所有者は二四一人[15]で、主な土地所有者を表3-5に示した。松岡汽船、阪神電気鉄道等の企業や、樫本武平（尼崎市在住）などの不在地主とともに、在村地主も確認できる。なかでも、堀本源治郎、堀茂など浜田地区に居住する在村地主が多いことがわかる。二町歩以上所有者の土地所有面積は、地区内全体の五七・八%に達した。大庄中部第一土地区画整理地区における一九四二年度の地目をみると、民有有租地一二七・八町のうち、田が九三町を占め、次いで、宅地二一・九町、雑種地六・九町、畑二町などであり、地目

**表3－5　大庄中部第一土地区画整理組合における土地所有者（整理前、20反以上所有）**

（単位：反、％）

| 氏名 | 面積 | 地区面積に占める比率 | 備考 |
|---|---|---|---|
| 阪神電気鉄道株式会社 | 113.7 | 8.5 | |
| 武庫郡大庄村 | 89.7 | 7.9 | |
| 松岡汽船株式会社 | 68.7 | 6.0 | |
| 堀本源治郎 | 59.9 | 5.3 | 浜田地区居住 |
| 樫本武平 | 56.8 | 5.0 | 多額納税者、尼崎市西山町居住 |
| 堀茂 | 47.9 | 4.2 | 浜田地区居住 |
| 馬聘三 | 32.0 | 2.8 | 神戸市葺合区居住 |
| 柳川庄逸 | 30.4 | 2.7 | 東新田地区居住 |
| 堀内亀太郎 | 29.5 | 2.6 | 浜田地区居住 |
| 宮崎市郎兵衛 | 29.5 | 2.6 | 東新田地区居住 |
| 草葉忠兵衛 | 25.6 | 2.2 | 浜田地区居住 |
| 小西助右衛門 | 24.6 | 2.2 | |
| 寺田善太郎 | 23.7 | 2.1 | 東新田地区居住 |
| 田中吉太郎 | 21.7 | 1.9 | 浜田地区居住 |
| 寺岡廣一 | 20.0 | 1.8 | |

出典：前掲『組合員の氏名並に其の所有する土地の地籍賃貸価格』〔表3－1〕。

上は田畑が地区内の面積の中心であった[16]。

土地区画整理事業の実施にあたって問題となるのは、整理前の土地所有者と耕地の利用者である小作農民との関係である。第一編で対象とした橘土地区画整理組合の事例においては、組合設立直前の一九三三年一一月に、地主・小作農民間で土地区画整理に伴う離作補償に関する条件が取り交わされ、小作農民の耕地からの立退きが進んだ（第一章第二節三参照）。しかし、大庄中部第一土地区画整理組合の場合は、橘土地区画整理組合の事例と異なった。事業が開始される直前の一九三九年六月に、地主・小作農民合意の上で、反当たり一五〇円の離作料が地主から小作農民に支払われたといわれているが（この点、第四章参照）、重要なことは、離作料支払い後も、小作農民による耕地利用が継続したという点である。この内実については、組合の通知などから二点指摘できる。

第一に、一九四〇年三月二六日に大庄中部第一土地区画整理組合長が組合員に出した通牒「作付停止の件」では、事業の着手により農作物への被害や灌漑施設への影響を想定したうえで、「就而右様事由に依る一切の損害に対し本組合宛求償の事無之様致候」との要請を行っている点である。地区内の耕作自体は、なお継続していることがうかがえる。また「苗代蒔付期も切迫の折柄至急作人対機宜の御処置相成度」というように、小作農民への対応を各地主に委ねていたこともわかる。[17] 戦時期において農地調整法の制定によって農民の耕作権が強化されたにもかかわらず、都市計画関連法規はそれに連動して修正されることはなかった。そのような法的制約や一九四〇年代における食糧増産の動きのなかで、地主は小作農民への耕地からの立退き請求を徹底して行っていなかったことがわかる。

第二に、土地区画整理地区内における替費地埋立を先送りにした点である。一九四〇年における同組合の文書には、宅地造成と地上げ工事のため「埋立土砂五万六千坪この工費最低額五十七万円を要し現下その材料を得るの方途至難」であり、「工事施行後全地区直ちに宅地に消化」することはないので、「一先つ本工事施行後道路計画案に基準し必要に応じ徐々其経営に当るを以て経済上得策」と記されている。[18] 地上げ工事による耕地の宅地化が、当分見送られることになったことがわかる。

戦時期における大庄中部第一土地区画整理に関しては、堀新次の日記からも確認される。一九四〇年における「父は区画整理集会に行き四時に帰る」(一九四〇年四月一四日)という叙述や、「正午に林工務店より宅地測量に来てゐる。(中略)今度の区画整理測量と家の記録とでは五、六坪相違してゐるのである」(一九四〇年四月二六日)という叙述など、区画整理組合の会議に参加する様子や土地区画整理に伴っての測量をめぐる問題などが描かれている。新次自身も「四時より小生フラ〳〵と裏口出て上川端経由難波並七ツ松の区画整理見にゆく」(一九三九年一二月一七日)、「小生浴衣一枚で立花村方面耕地整理後を見にゆく」(一九四〇年七月六日)などの叙述から、土地区画整理に関心をもち、先行して土地区画整理が実施されている橘土地区画整理や西難波地区の耕地整理の実施後の現状を見学していることが読み取れよう。

しかし、堀新次の日記(戦時中は一九四一年まで残存)を読む限り、土地区画整理に応じて、新次自らが農地の宅地

表3－6　1941年2月の堀家における農作業

| 日 | 内容 |
|---|---|
| 1日 | 7時～：父母、水菜・真菜の荷の作業。 |
| 2日 | 父母、芋の荷の作業。 |
| 3日 | 朝：父母、菜の荷の作業。 |
| 4日 | 朝：父母、菜の荷の作業。 |
| 5日 | |
| 6日 | 午後：菜の荷の作業。 |
| 7日 | |
| 8日 | |
| 9日 | |
| 10日 | （浜田青年団員で讃岐金毘羅宮に参詣）。 |
| 11日 | （浜田青年団員で讃岐金毘羅宮に参詣）。 |
| 12日 | （浜田青年団員で讃岐金毘羅宮に参詣）。 |
| 13日 | |
| 14日 | |
| 15日 | |
| 16日 | 午前：母、水菜の荷の作業（新次も手伝う）。 |
| 17日 | |
| 18日 | 午後：父母、水菜の収穫。 |
| 19日 | 夕方：父・新次、水菜の収穫。 |
| 20日 | |
| 21日 | |
| 22日 | |
| 23日 | 夕方：家中で水菜の荷の作業（新次は加わらず）。 |
| 24日 | 15時～：新次、水菜の荷の作業。 |
| 25日 | 朝：父が水菜の注文分を持っていく。9時30分：新次・父母、白菜の荷（118把）。帰って洗い、続けて水菜の荷。昼食後、新次は水菜の荷づくり。15時30分から新次、水菜とり。 |
| 26日 | 朝：父母、菜の荷の作業。 |
| 27日 | 8時30分～：母・新次、白菜の荷の作業。10時～（午前）：新次、水菜の荷の作業。 |
| 28日 | |

出典：前掲『堀新次日記』〔表3－3〕1941年。

化を図るといった様子は見られない。戦時期においては、堀新次は阪神電気鉄道に入社しており、日記でも会社での業務が中心となるため農業に関する記事は多くは見られないが、稲作や苺の生産は、一九四一年においても行われていた。表3－6は、一九四一年二月の堀日記にみられる農作業をまとめたものである。農作業の記事は大きく減少しているが、それでも、野菜作りとその販売の準備に時間を費やしている様子がうかがえる。(19)そこには、橘土地区画整理の際に川端又市ら在村地主が見せた地上げを積極的に行う行動は見られない。土地区画整理開始後においても、堀家においては、都市近郊の利を生かして稲作とともに苺や野菜作りを進めていた。

## 第三節　事業のプロセスと戦時期の中断

### 一、事業の内容

大庄中部第一土地区画整理事業に関しては、その設計書が管見の限り見つかっていない[20]。そこで、同事業の予定図（図3-4）を用いて図3-1と比較しつつその内容を検討する。

第一に、図3-1では、浜田村耕地整理組合の際に作られた区画に即して道路が敷かれていたが、図3-4では、当時の区画に必ずしも沿うことなく、東西南北に道路が計画されていることがわかる。特に目立つのは、集落西側に南北に走る道路と阪神国道の北側浜田地区北部に東西に走る道路が設計されている点である。南北に走る太い道路は、尼崎都市計画街路として計画されていた路線でもあった。南北の道路の西側（阪神国道の北側）には、学校敷地や公園敷地も予定されていた。浜田地区北部を東西に走る道路は、浜田川を越えて東側に接続している。図3-1をみると、区画整理前においては阪神国道北側には浜田川に架かる橋が乏しいことがわかる。北居地と東浦の境の道路に橋がかかっているものの、この道路は立花村（すなわち浜田地区の北側）に抜けていた。すなわちこれまでは、阪神国道を除けば、浜田地区から東部に直通する道路は存在しなかったのである。これらのことから、大庄中部第一土地区画整理は、地区内の交通の便を図ることと公共用地の創出を目的としていることが理解できよう。

第二に、浜田川と水路についてである。図3-1では蛇行しながら幾筋かに離合集散していた浜田川が、図3-4で

図３－４　大庄中部第一土地区画整理組合予定図（浜田地区の抜粋）

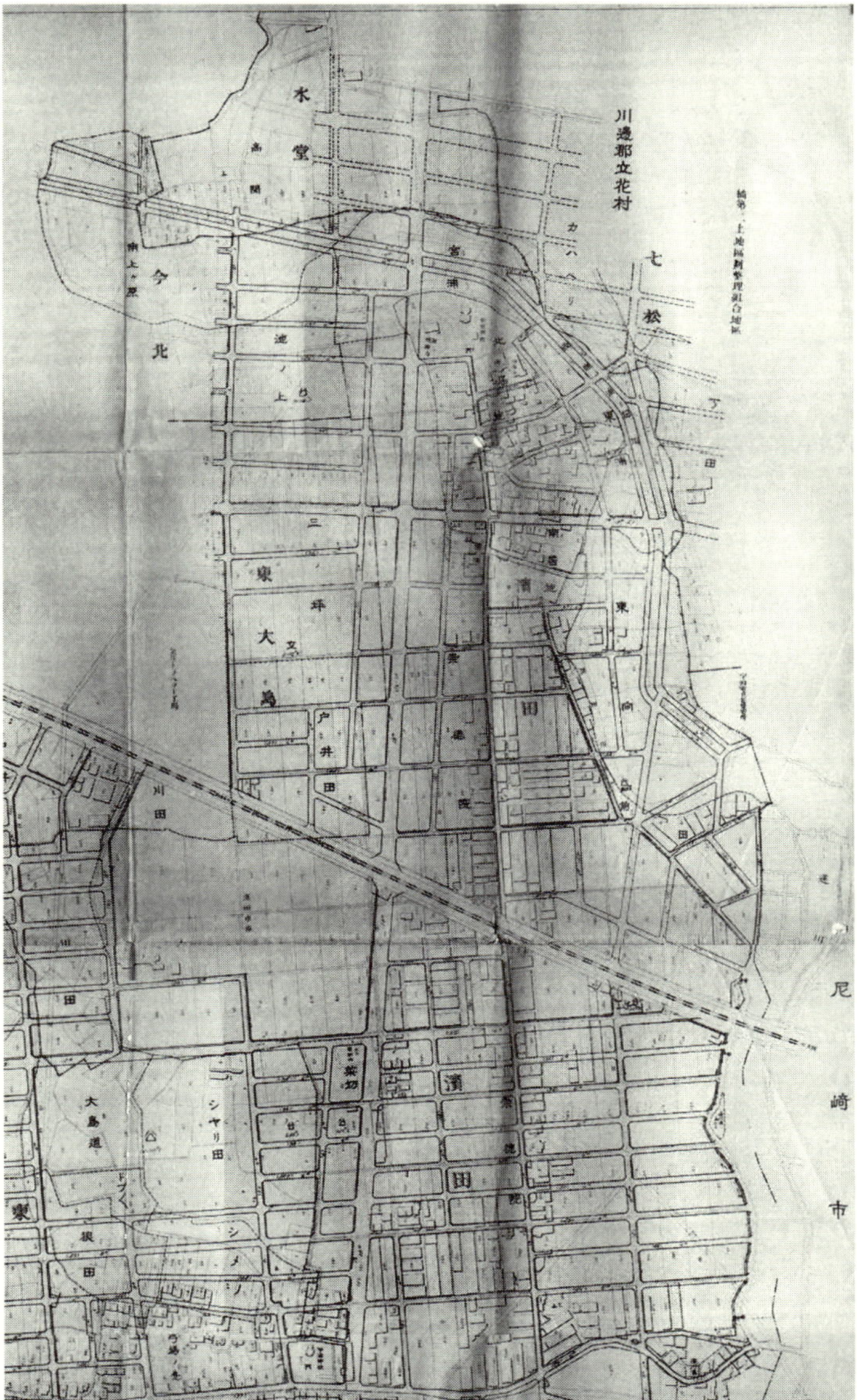


出典：『大庄村中部第一土地区画整理組合地区原形並びに予定図』（個人蔵、尼崎市立地域研究史料館にて借用）。

は、浜田地区北部から南東部に弧を描くように計画され、川の両岸には道路も設計されていることがわかる。また、図3-1では確認される北居地・南居地の集落内を流れる水路は、図3-4の計画図にはそのままの形では残っていない。その代わりに、図3-4は原図を縮小しているため見えにくいが、松原神社（地図最北部）から南に向かう道路の東側や新設される南北に走る都市計画道路の西側などに溝渠が計画されていた。

第三に、北居地・南居地の住居地区に関しては、おおむねこれまでの街路を利用しているが、一部計画道路の上に家屋がかかっていることから、家屋の立退きを想定しての設計がなされていることがわかる。この点は、もともとの集落を土地区画整理区域に含めなかった橘土地区画整理とは性格が異なる。

それでは、以後どのように事業は進んでいったのか。工事は一九四〇年度から開始された。同年度の事業報告書にみられる主な工事を挙げれば、一九四〇年五月一三日に浜田川改修工事実施設計承認願が出され、これが一一月二七日に承認されたのを皮切りに、第一工区から第三工区の設計も同年一二月に承認され、工事は一九四一年一月から始まった。事業の進捗状況は一九四〇年度に全工事の七%、一九四一年度には、全工事の四〇%、一九四二年度には全工事の五〇%まで工事は進捗した(21)。しかし以後、戦時下における物資の高騰・不足から事業は進捗しなくなった。表3-7は、大庄中部第一土地区画整理組合における収支決算を示したものである。歳入項目をみると、一九四一年度・一九四二年度の替費地の売却によって、合計五九万円余りの収入をあげている。しかし、歳出の工事費の項目をみると、一九四一年度をピークに敗戦時まで減少傾向をたどった。これは、組合設立の直後から戦時経済のもとで工事が十分に実施できないためであった。この結果、同組合地区では、一部の宅地造成された土地を除き、小作農民による耕作は戦後まで継続されることになった。

表3-7　大庄中部第一土地区画整理組合決算

（単位：1,000円）

| 年度 | 歳入 | | | | | 歳出 | | | | |
|---|---|---|---|---|---|---|---|---|---|---|
| | 総額 | 主な費目 | | | | 総額 | 主な費目 | | | |
| | | 徴収金（替費地売却代金） | 借入金 | 雑収入 | 繰越金 | | 工事費 | 事務所費 | 補償費 | 借入金償還費 |
| 1939 | 16 | - | 10 | 0 | - | 16 | - | 8 | - | 0 |
| 1940 | 90 | 35 | 55 | 0 | 0 | 88 | 75 | 12 | - | 1 |
| 1941 | 637 | 259 | 350 | 1 | 2 | 515 | 402 | 13 | 27 | 74 |
| 1942 | 475 | 332 | - | 6 | 122 | 192 | 160 | 13 | 1 | 19 |
| 1944 | 587 | 10 | - | 16 | 560 | 53 | 36 | 13 | 4 | - |
| 1945 | 561 | 10 | - | 17 | 534 | 32 | 26 | 6 | - | - |
| 1946 | 678 | 140 | - | 9 | 530 | 137 | 9 | 68 | 61 | - |
| 1948 | 1,004 | - | - | 525 | 480 | 527 | 92 | 424 | 10 | - |
| 1949 | 1,035 | 122 | - | 435 | 478 | 851 | 140 | 610 | 8 | - |
| 1950 | 1,208 | 750 | - | 275 | 184 | 856 | 166 | 675 | 3 | - |
| 1951 | 1,619 | 1,077 | - | 189 | 353 | 1,305 | 330 | 964 | - | - |
| 1952 | 2,526 | 2,068 | - | 145 | 314 | 1,842 | 404 | 1,438 | - | - |

出典：『大庄村中部第一土地区画整理組合書類綴』（川端正和氏文書(2)、No.631、尼崎市立地域研究史料館所蔵）。

注：1943年、1947年の決算額は不明。歳出総額は実際に支出のあった費目の総額。各項目の千円未満を四捨五入したため、「主な費目」の合計が、「総額」を上回る場合がある。残金が翌年度の歳入繰越金となるが、一部数値が一致しない箇所がある。「徴収金」は、1952年のみ賛費地売却代金1150千円と徴収金918千円の合計値で他の年度は賛費地売却代金の数値。

## 二、戦時期における事業の到達点

戦時期に浜田地区ではどこまで事業が進んだのか。図3-5は、一九四二年に撮影された浜田地区の航空写真である。この写真の撮影後に若干事業が進捗した可能性があるが、戦争末期の大まかな街区を知ることはできよう。先にあげた三つの特徴に即してみていこう。

第一に、道路に関しては、南北に貫く都市計画街路の敷設工事が進捗している様子がうかがえるが開通はしていない。浜田地区北部の集落を東西に貫く道路は集落の手前でストップしており、浜田川に架かる橋もこの段階では存在していない。

第二に、浜田川に関しては、浜田川の両脇に道路予定地らしき白い筋が確認され浜田川改修工事の進展が確認できる一方、旧浜田川も改修浜田川の西側と東側双方に残っている

図 3 - 5　浜田地区の航空写真（1942 年）

出典：大阪市計画調整局所蔵航空写真（1942 年撮影）。

ことがわかる。

第三に、浜田地区中心部を通る東西の道路が完成していないこともあって、もともとの浜田の居住地区は大きな変化を遂げていない。戦時下には村落内の居住地区の建物移転を含む工事は行われなかったと考えられよう。

このように、大庄中部第一土地区画整理組合は、道路の新設や浜田川の改修工事を進めつつ、学校敷地などの公共用地を創出することを計画し、戦時期に道路工事と浜田川の改修工事が一定程度進んだ。他方で、主要道路の工事は完了しておらず、旧浜田川もなお残存していた。旧北居地・南居地の集落では、戦前来の街区を残し続けていた。とりわけ重要なことは、戦時期に急遽実施されたこともあり、橘土地区画整理組合の結成の際と同様に、地主小作農民間の交渉が、将来の地上げを見越して丁寧に行われた形跡がみられないという点である。むしろ、戦時期の物資不足のなかで、地上げは見送られていった。食糧増産の掛け声のなかで、耕地はそのまま残され利用されたのである。浜田川の改修工事は実施され、これ自体は地域の生活を変えたと考えられるものの、農地利用という面では、戦時期においてむしろ積極的に行われるようになったといえよう。このような耕作実績と農地改革法を背景に、戦後改革期において小作農民による耕作権要求がなされていったのである。

**注**

（1）浜田村耕地整理組合の正式名称は、「武庫郡大庄村ノ内浜田村耕地整理組合」であるが（『浜田村耕地整理総会決議録綴（事業報告・予算書）』《浜田部落有文書、№六九、尼崎市立地域研究史料館所蔵》による）、以下省略して浜田村耕地整理組合と記す。

（2）同右。

（3）「設計書」は、『明治四二年二月　耕地整理発起認可申請書　兵庫県武庫郡大庄村之内、浜田村及東大島村之一部耕地整理地』（堀新次氏文書(1)、№一三四、尼崎市立地域研究史料館所蔵）所収。以下、設計書に関しては、同史料による。同史料などを用いて浜田村耕地整理組合の設計内容や事業支出を分析した先行研究として、枝川初重「明治末の耕地整理事業」『尼崎まちづくり研究ノート』No.三、二〇〇一年があり、本書も参考にしている。

(4) 用排水路の建設が主要な目的の一つに含まれていることから、市街地造成を主目的とした事業とはいえないであろう。しかし、「第三章　耕地整理により得べき利益」の「三　生産力増進による利益」の箇所には「土地価格の騰貴せしむる事」を挙げており、「土地価格騰貴」の要因を単に「地味地力の増進」だけでなく、「耕作運搬上に便利を得る」ことも挙げていること、「第壱章　土地の概況」の「六　農業の状態」では、「近年に至り付近都市商工業発達の結果農業労力に不足を訴へ」ていること、「付近都市奢侈の悪風は農村に及ぼし一般生計の度を高め元来薄利益なる農業は是等の為め維時《ママ》稍や困難を見るに至れり」と記されていることから、農業以外の利用に関しても射程に入れた耕地整理と考えることもできよう。

(5) 尼崎市水道局編『尼崎市水道70年史』尼崎市水道局、一九八八年、一九四〜一九五頁。

(6) 『昭和十三年度　農家調査書類　大庄村役場』(尼崎市立地域研究史料館所蔵)。

(7) 榎本角郎編『大庄村誌』大庄村教育調査会、一九四二年、一四二頁。

(8) 『堀新次日記』(個人蔵、尼崎市立地域研究史料館にて借用)は本書の対象時期に即していうと、一九三二〜四一年、四七年、四八年、五一〜七三年の日記が現存している。本書では、これらの日記を史料として用いる。

(9) 引用文中に現れるドンドとは、集落北東の浜田川沿いの地点を指すので(小寺清兵衛氏、堀邦臣氏、堀内康和氏聞き取り調査、二〇一三年八月一九日に浜田郷土会館にて実施)、「大川」は、浜田川と考えられる。なお引用文中に「H24氏洗場」とあることも、浜田川が種々の水洗いに利用されていたことを示すものであろう。

(10) 図3-2の写真でも、川幅が拡がった箇所に東西に白い筋がかかっているのが確認できる。

(11) 「大島井浜田村水利絵図」寛文一一年(浜田部落有文書二三-二、尼崎市立地域研究史料館所蔵、デジタル画像にて閲覧)において、浜田川と蓬川の境に門樋があることが確認できる。

(12) 前掲『尼崎市水道70年史』〔注5〕一九四頁。

(13) 尼崎市都市局計画部都市計画課編『尼崎の都市計画』尼崎市都市局計画部都市計画課、一九九二年、九九頁。

(14) 以上、橘第二・大庄中部第一各組合の予算については、『橘第二土地区画整理組合書類綴』(川端正和氏文書(2)、No.六三〇)、『大庄村中部第一土地区画整理組合書類綴』(川端正和氏文書(2)、No.六三一)。両史料ともに尼崎市立地域研究史料館所蔵。

(15) 「昭和十四年度大庄村中部第一土地区画整理組合事業報告書」前掲『大庄村中部第一土地区画整理組合書類綴』〔注14〕所収。

(16) 「昭和十七年度大庄中部第一土地区画整理組合事業報告書」同右史料所収。

(17)「作付停止の件」(一九四〇年三月二六日) 同右史料所収。

(18)「昭和十五年度　大庄村中部第一土地区画整理組合歳入歳出予算書」付属資料 (一九四〇年四月一四日)『大庄村中部第一土地区画整理組合関係綴』所収 (柳川啓一氏文書(2)、№八二六-四、尼崎市立地域研究史料館所蔵)。

(19) ただし、表3-4と対比してみた場合、表3-4では頻出した竹戸の畑が、表3-6では登場しなくなっている。これは、一九三五年に同地を貸地として他人に貸与したためであった。日記では以下のように記されている。「三時二十分それより竹戸へ行き杓子菜を持ち帰る。父は午前中に竹戸の地 (畑残り全部) をKに貸すに付公正証書作成に行つてゐて午前中を送る。午後父は竹戸の壺を毀ち穴を埋める。自分は四時より行って壺木及び葱ワケギを車で持戻る。」(前掲『堀新次日記』〔注8〕一九三五年三月一四日)。これ自体も、都市化の影響があったことは間違いないが、ちょうどこの記述があった一九三五年三月に、堀新次は阪神電気鉄道の入社試験を受けており、農作業人員の減少が畑を潰し貸地に転用した第一の理由と考えられよう。

(20) 技師は橘土地区画整理組合を担当した渋田一郎が担当した (前掲『堀新次日記』〔注8〕一九六四年九月一日より)。

(21) 以上の事業報告書は、いずれも前掲『大庄村中部第一土地区画整理組合書類綴』〔注14〕所収。

# 第四章　戦後改革期~復興期における地主・小作農民間の対立とその帰結

土地区画整理事業がアジア太平洋戦争期に中断した敗戦後の浜田地区では、土地所有・利用に関する問題を、新たに抱え込むこととなった。なぜならば、敗戦後の食糧不足のなか、農業生産が各所で継続して行われる一方で、第一編で述べた土地区画整理地区を農地改革の対象とするか否かが問題となり、同時に仮換地の際の耕作権の扱いをめぐって地主・小作農民間で問題となったからである。そこで本章では、戦後に換地処分が残された同地区における地主・小作農民間の利害対立の内容とそれらの帰結に関して、同時代における農民と土地との関わりの特徴をふまえつつ検討する。そのうえで、これまで明らかにされてきた都市部における農地改革とは異なる、小作農民の側からの種々の運動によって、土地区画整理地区内の土地利用が定まっていく過程を提示することにしたい(1)。

## 第一節　農地改革期の耕地と土地区画整理

### 一、区画整理の事業停止と耕地利用――日記から見る土地・水利用

大庄中部第一土地区画整理組合は、一九四四年三月に兵庫県土木部長の依命通牒に従って、一部を除き事業を休止した(2)。敗戦後も、事業はストップしたままであった。前掲の表3-7の組合支出をみると、工事費の支出が増えてい

ないことがわかる。その要因として、インフレのもとで繰越金の価値が実質的に低下したこと、戦災の影響で替費地の売却が見込めなかったことが挙げられる。戦後における同組合の事業報告書によれば、一九五一年度まで事業進捗率は六割で止まっていた(3)。その一方で、同組合では、組合が所有する道路予定地を耕地として利用する農民に対し一九四八年から利用料を徴収し始めた。表3-7の収入のなかで雑収入が増加しているのは、この道路予定地使用料によるものであった。『堀新次日記』においても「土地区画整理組合に道路耕作地届出にゆく」(一九四八年九月二〇日)とあり、新次が道路予定地で耕作を行っていることがうかがえる(4)。また、「十時から村の集合に出席する。共同苗代を作る件につき協議する。結局は区画整理組合の処分地を借りて後不足の分はＨ22氏の分を借りる事に決定した」(一九四八年一一月一九日)との記述からわかるように、売却の見込みがない土地区画整理組合の「処分地」(替費地と推定)も共同苗代として利用しようとしていた。

土地区画整理事業の停滞とは裏腹に、戦後復興期に盛んに行われたのが地区内敷地の耕地としての利用であった。再び『堀新次日記』から、堀自身の土地・水利用とともに、一九四〇年代後半における浜田地区の農家と耕地の様子を考察していこう(5)。

まず、農地利用の変化をみよう。堀家では、新次が、一九三五年から阪神電気鉄道に勤務を始めアジア太平洋戦争期に結婚したものの、一九四三年に新次の父が死去するという変化があった(6)。表4-1は、一九四八年における堀の会社勤務日数と農作業日数を示したものである。この表から、新次の会社勤務と関わらせて、農作業の時間配分を読み取ることができる。会社勤務に関して、この年最も多かった勤務形態は、午前八時前後に出勤し、そのまま深夜まで働き続け(社内で宿泊)、翌日の朝から午前中に退勤するというものであった。この二日でワンセットのサイクルを三回(計六日)続け、一日公休日を得るというパターンの繰り返しが、同年における新次の一般的な勤務形態であった。

表4-1　堀新次の会社での勤務日数と農作業日数（1948年）

| 月 | 会社勤務日数 | 農作業日数 | | | |
|---|---|---|---|---|---|
| | | 合計 | 公休日・休暇 | 非番日 | その他 |
| 1月 | 26 | 12 | 3 | 6 | 3 |
| 2月 | 25 | 11 | 3 | 8 | - |
| 3月 | 28 | 12 | 4 | 8 | - |
| 4月 | 24 | 9 | 4 | 5 | - |
| 5月 | 23 | 10 | 4 | 5 | 1 |
| 6月 | 24 | 14 | 7 | 6 | 1 |
| 7月 | 22 | 16 | 7 | 7 | 2 |
| 8月 | 29 | 12 | - | 9 | 3 |
| 9月 | 24 | 7 | 1 | 6 | - |
| 10月 | 24 | 11 | 4 | 6 | 1 |
| 11月 | 26 | 20 | 4 | 12 | 4 |
| 12月 | 25 | 13 | 6 | 6 | 1 |

出典：前掲『堀新次日記』〔表3-3〕1948年。
注：「非番日」とは、宿直業務を終えて朝から午前中に退勤し、その日は夜まで仕事がない日のこと。

他方、農作業に関しては、最も多い月が稲刈りのシーズンである一一月、最も少ない月が九月であった(7)。会社勤務との関係でみると、二日に一回、夜勤明けの非番日に日中の時間が空くため、各月五〜九日程度（稲刈りのシーズンである一一月は一二日）、非番日に農作業を行っているのが特徴といえる。ただし、非番日に必ず農作業をしているわけではなく、日数的には多いとはいえない。新次の農作業日数が少なくても、堀家の農業が成り立っていた理由は、新次の妻などの家族が農作業の主要な担い手になっていたからであった。阪神勤務後の『堀新次日記』は、会社勤務中の農作業の様子はわからないという限界があるものの、一九四八年の日記に記載の範囲で主要な農作業の担い手を挙げれば、最も多いのが新次の妻で、次いで新次の妹が多く、新次の弟がそれに次いだ。戦前では、主要な農作業の担い手の一人であった新次の母は、秋の稲刈りの際に確認できる程度であった。

以上の全般的な特徴を踏まえて、表4-1からは、以下の二つの点も読み取ることができる。

第一に、農作業日数は、六・七月と一一月に多いことから、田植えと稲刈りなど稲作を中心とした農作業になっている点で

表4-2 『堀新次日記』に見られる田植え労働の変化

| 年次 | 田植の月日 | 田植え作業者 | 新次の活動 |
|---|---|---|---|
| 1939 | 7月2〜4日 | 父、母、新次、弟、妹、植手（2人） | 3日とも出勤、早朝などに手伝い |
| 1940 | 7月3〜5日 | 父、母、植手 | 3日とも出勤 |
| 1941 | 7月6〜8日 | 父、母、新次、妹 | 6日出勤し帰宅（15時55分）後手伝い、7日公休日につき手伝い |
| 1947 | 7月3〜5日 | 母、新次、妻、妹、弟（叔母に子守りを依頼） | 会社は休暇を取り、田植えに専念 |
| 1948 | 7月3〜4日 | 新次、妻、妹、弟、叔母の家族（2人）、植手4人 | 会社は休暇を取り、田植えに専念 |
| 1951 | 7月3〜4日 | 新次、妻、妹、弟、隣家2人、植手 | 会社は休暇を取り、田植えに専念 |
| 1952 | 7月2〜4日 | 妻、妹、植手 | 3日間とも出勤、3日は宿直 |

出典：前掲『堀新次日記』〔表3-3〕1939〜41年、1947〜48年、1951〜52年。
注：田植え作業者は、出典史料に記載された者を挙げた。

ある。六月・七月に公休日・休暇が七日に増えているのは、休暇を取って会社を休み田植えの準備および田植えに備えたからであった。表4-2は、堀家における田植え労働の内容を示したものである。一九三九〜四一年までは、堀家の田植えの担い手は、新次の父や親戚、雇用した植手などで、堀新次は阪神への勤務のため、田植えにほとんど参加していない。しかし、一九四七〜四八年、五一年においては、この間に、父が死去したこともあって、会社を休み自ら田植えに参加していることがわかる。「今回の突然休暇は確かに有意義であった。親戚の手を借りずとも田植え完了した事実は自慢して良い。」（一九四七年七月七日）、「休暇四日と公休一日とで合計五日も会社休むと実際退職した様な気持ちになり、勤務を忘れる。五日間の休暇は確かに有効的だった。一年の農家の年中行事の中で田植程緊張する事はない。」（一九四七年七月八日）などと日記に記していることから、新次自らも稲作に前向きになっている様子がうかがえる。

第二に、会社勤務があるため単純には比べられないが、一九三四年と四八年とを比べた際のもっとも大きな違いとは、四八年の場合、田植えと稲作の時期以外の農作業日数が大きく減少している点である。四八年の日記では、戦前期のように野菜や苺の生産販売を行っている様子が見られない。新次もこの点を意識していた。日記には、サラリーマンの生活難と対置させて野菜販売をする浜田地区内の農家収入を強調した記述がみられる。「今日は出勤日である。昨今は農家の戦時中とも言う可き時期であるのにおめおめと会社通いはチト皮肉なものである。農家は儲かっている」としたうえで、近隣の農家収入は「一日平均二〇〇〇円は下るまい」と述べ、阪神電気鉄道に勤務している新次の場合「拙宅は小生が野菜物を小売りに行かん関係上新円に困窮している」と記している（一九四七年六月九日）。敗戦後は、新次が会社勤務し、父も死去していた。また、新次の妻も、一九四七年に第二子を出産しており、育児も担っていたと考えられる。そのため、一九三四年の時のように野菜を売りに行く者が家族の中におらず、堀家の農作業日数が減少したのである。一九四八年八月二五日には、「昨日は廿四日盆で現在各地で大流行の盆踊りの納め日である。昨夜は浜田の松原神社に於て、夜通し電気蓄音機をかけて賑々しく踊ったのである。（中略）村の敗戦成金は人気取りに相当の寄付をしたとゆう事である」として、五〇〇円を寄付した農家の例を記している。都市部の食糧不足とは対照的に、浜田地区内の農家の収入増は顕著であったと考えられよう。

## 二、土地・水に関する共同作業の特徴

一九三四年の日記には登場しなかったことで、一九四七〜四八年の日記に度々登場する事柄が、地区の共同作業――なかでも肥取りであった。堀家では戦前から難波地区に肥料として用いる屎尿の汲み取りにでかけていたが、戦後においては、肥取りは農業会（農会）の浜田地区支部で行われていた。堀日記から読み取れる範囲でまとめたのが、表4-3である。農業会（農会）としての肥取りの実施は、主に一〇日に一回程度行われていたようで、「昨日は当組の肥取の日であった」（一九四八年三月一八日）や「今日は宅の農業会組の肥取り日である」（一九四八年八月九日）などの記述から、組ごとに交替で肥取りを行っていたことが読み取れる。対象地は、「本日は第二町内会より始む」（一九四八年一月一八日）、「本日は国道以南だった」（一九四八年三月三〇日）、「八町会及び六町会全域を巡回せり」（一

表4－3　『堀新次日記』にみる地区農業会による肥取り（1947・48年）

| 実施日 | 担当 | 備考 |
|---|---|---|
| 47年 7月13日 | 新次 | H4、H18、H103と共同作業 |
| 8月22日 | 代理・H122 | H19の分を譲ってもらう。 |
| 9月12日 | 新次 | H9、H12、H117、H122と共同。「今日はトテモ肥が少ないので相当広範囲に及び集荷する。」 |
| 10月2日 | 代理・H19 | |
| 11月12日 | 新次 | 新次は会社の休暇を取る。H1、H12、H18、H22、H103、H122ほか2名と共同。「農家に取りては肥の一滴は血の一滴にも相当する」。 |
| 12月12日 | | 「6：30に朝食採りて後H18氏宅に本日の肥取りに行けるかと尋ねにゆく。現在の様な方法ではいけない事は事実だが結局遠慮してほしいと言う。夜は盗難に遭うた上、都合の良い公休日には肥取りにも行けずに気分を毀して了うた。」 |
| 12月20日 | 代理・H121 | 「母は朝から肥取りの人手を頼みにH19に相談に行っている。」 |
| 48年 1月9日 | 欠席 | |
| 1月18日 | 新次 | 「本日は第二町内会より始む。」 |
| 1月31日 | ？ | 新次は出勤 |
| 2月18日 | 新次 | 「本日休暇貰う様に連絡する。」 |
| 2月20日 | 新次 | 「H19は明日肥取に出るかと言って来た。小生買出しを断って肥取りにゆく」（2月19日日記より） |
| 3月1日 | 新次 | 会社は午前休暇取る |
| 3月18日 | 欠席 | 「昨日は当組の肥取の日であったのに亦々宅は言って来ず」（3月19日日記より） |
| 3月30日 | 新次 | 「昨夜H18宅に肥取の件頼みに行ったのである。明日（卅日）に出てくれと言う。OKと気分よくして帰った。」（3月29日日記）「本日は国道以南だった」 |
| 4月8日 | 代理？ | |
| 4月17日 | — | 「昨日は農会の肥取りの日であったのに亦パスされた」（4月18日日記） |
| 4月30日 | 新次 | 「本日は公休日なり。然し乍ら肥取り日であるから勇躍参加せり。6時20より開始。八町会及び六町会全域を巡回セリ」 |
| （5月7日） | | 「配給の化学肥料まく」 |
| 5月31日 | — | |
| 7月31日 | 代理・H19 | |
| 8月9日 | | |
| 8月18日 | 代理・H26 | |
| 8月31日 | 代理・H26 | |
| 9月10日 | 代理・H26 | |
| 9月19日 | 代理・H26 | |
| 10月18日 | 代理・H26 | |
| 12月9日 | 代理・H26 | |

出典：前掲『堀新次日記』〔表3－3〕1947・48年。

注：農家番号は、表3－1および5－3を参照のこと。備考欄の引用箇所は、当日の日記からの引用だが、そうでない場合には該当月日を記した。

九四八年四月三〇日）等の記述から、市街化が進んでいた浜田地区南部の地区から汲み取りを行っていることがわかる。ただし、一九四七年九月一二日のように、十分な肥を得るために苦労するケースもあったようである。そのため新次は、農業会の肥取りとは別個に、尼崎市衛生課に肥を頼みに行くが、これは「道が悪い」という理由で断られた（一九四八年二月五日）。

新次は、会社勤務があったため、自組の肥取りの日程に都合をつけることに苦労した。急遽会社の休暇をとったり（一九四八年二月一八日）、代理人を立てるなどして対処していた。「H18氏宅に本日の肥取りに行けるかと尋ねにゆく。現在の様な方法ではいけない事は事実だが結局遠慮してほしいと言う。夜は盗難に遭うた上、都合の良い公休日には肥取りにも行けずに気分を毀して了うた」（一九四七年一二月一二日）という記述からは、自らの会社の公休日に合わせて肥取り（おそらく他の組が担当の回）に参加しようとして断られた様子がうかがえる。[8]兼業農家で肥取りに代理を立てる場合や欠席する場合が多いせいか、「昨日は当組の肥取の日であったのに亦々宅は言って来ず」（一九四八年三月一八日の欄）、「昨日は農会の肥取りの日であったのに亦パスされた」（一九四八年四月一七日の欄）などの記述も見られる。一九四八年五月には化学肥料の配給の記事が見られるようになるが、新次は、一九四七年一一月一二日の肥取りの際に、「農家に取りては肥の一滴は血の一滴にも相当する」と記述していること、一九四八年四月三〇日の会社公休日の際の肥取りにも「勇躍参加せり」と記述していることから、一九四七〜四八年の時期においては、肥料の調達における肥取りの共同作業の重要性がうかがえる。[9]

肥取り以外の集落における共同作業として注目されるのが、堰の維持管理である。一九四七〜四八年の間だけでも、「一四時二〇分よりH12、H18、H122氏の三名と上川端の堰修理に行く」（一九四七年八月一四日）、「小生上川端の大河堰潰れたるに依り修理に出掛ける」（一九四八年五月二七日）、「一四時四〇分より上川端の堰補修に村民と共にゆく」（一九四八年七月一五日）、「一四時から上川端の大堰を補修にゆく。大勢掛りで一六時に終了する」（一九四八年八月三一日）など、堰の修繕を地区内の他の農民と行う様子が度々記述されている。堀家においては、戦前期のような野菜洗いのための水利用は多くは見られなくなったものの、稲作の上での水路の維持管理は、村の共同作業として、新次も参加していた。このような地区内の共同労働は、当該期における人と土地・水との関係を考えるうえで重要な意味を持つと考えられよう。

戦後改革期における村単位の共同作業のなかで表面化したのは、小作農民と兼業の自作地主の間での対立であった。一九四八年五月三一日には、堀新次の妻が「先日苗代の雀番に行った折H18から村民一致せぬとの言有り、亦道路予定地耕作の件に就いても、兎角拙宅を対象として皮肉った相である」との記述がある。H18は、表3-1からわかるように、浜田地区では比較的規模の大きい専業の小作農家であった。肥取りや堰修繕の作業においても、H18など、耕作面積が比較的大きい小作農家が主導的な役割を担っていた。このような小作農家が、兼業農家のため村内の共同作業への参加に積極的でない堀家に意見したものといえよう(10)。肥取りの際に、同じ組の農家が日程を知らせなかったのも、このような小作農家と兼業の自作地主との対立の気運があってのことと考えられよう。

他方、堀自らも、「今回の大庄地区区画整理のために西田の畑(11)」が、仮換地によって他の地主に割り当てられることとなり、「小生宅の畑は完全に姿を消す様な状況に立至った。捨て、置けば奴さん等の食い物にされる怖あり」（一九四八年一二月一七日）と記している。堀自らが労働を投下した耕地が、土地区画整理に伴う換地処分によって他の地主の土地になることを警戒する様子が読み取れる。

敗戦後における浜田地区では、農家収入の増加とともに、小作農民の集落の中での発言権は強まった。このようななかで、一九四八年から、土地区画整理と農地改革の実施をめぐって、地主・小作農民間の対立が本格化する。

## 第二節　仮換地をめぐる地主・小作農民間の対立

### 一、土地買収・売渡の特徴

大庄中部第一土地区画整理地区を農地改革の対象とするか否かに関する県の決定は、第一編で対象とした橘土地区画整理地区（全地域が買収除外地域に指定）とは異なるものであった。最初に、自作農創設特別措置法施行規則第七条の二の三第一項に基づく五カ年売渡保留地域の県による指定が一九四九年四月一五日になされ、次いで自作農創設特別措置法第五条第四号の規定による買収除外地域指定が同年五月二四日になされた(12)。五カ年売渡保留地域の指定内容は史料から確認できないが、大庄中部第一土地区画整理地区における第五条第四号による買収除外指定地は「国道以南高圧送電線下及国道以北第一号線以西を除く地区」と告示された。すなわち「国道以南高圧送電線下及国道以北第一号線以西」の地区が買収除外地域指定に先行して五カ年売渡保留地域に指定され、その後にそれらを除く地区が買収除外地域に指定されたと考えられよう(13)。「国道以北第一号線以西」の「第一号線は」図3-4の中央を南北に走る街路のことで(14)、主に、浜田地区の西部の田畑が保留地域の対象となった。五カ年売渡保留地域では、地主からの農地買収は行われたものの、その後の土地利用の傾向を判断するために国が農地を所有し耕作者への売り渡しを保留し得る地域となった。そのため同地域では、農地の売渡が直ちに行われなかった。

このことは、小作農民からみた場合には、同じ尼崎市内においても、自らの耕作地が農地改革の対象となるか否かで、売渡面積に大きな差異が生じることになった。尼崎市に現在残存する『農地委員会議事録』から判明する限りで、一九四八年七月から一九五〇年二月の間に旧大庄村で農地売渡が決定した農家を抽出すると、そこでの農家は土地区画整理地区に含まれていなかった旧村北部に所在する農家に限られていた[15]。浜田地区の農家は、大庄中部第一土地区画整理地区が買収除外地域や五カ年売渡保留地域に指定されたこともあって、当初売渡農家には含まれず、その結果浜田地区では、戦後も地主小作関係が継続し、これに対する小作農民の不満が鬱積することとなった。

## 二、仮換地をめぐる問題の発生

農地改革の対象地をめぐる問題と共に、浜田地区で地主・小作農民間の対立に火をつけたのが、敗戦後に事業がストップしていた大庄中部第一土地区画整理組合における換地予定地一部指定の通告であった（一九四八年八月一二日。施行期日同年一一月一五日）。この通告にしたがって、地区内土地を所有する地主は耕作者である小作農民に対して、換地前耕地からの立退きと仮換地後における該当耕地への移動を求めた。これに対して小作農民側は強く反発し、翌一九四九年三月、浜田地区居住の小作農民H1（農家番号は表3-1と同じ）ほか一二名が尼崎市尼崎地区農地委員会に嘆願書を提出した[16]。

嘆願書には、四名の小作農民の個別事例が記されていた。その内容をまとめれば、以下の通りである。(1)仮換地のため、現行の耕地（一反一畝）から立退くとともに仮換地先の耕地（六畝）へ移動することを求められた事例（小作農民H110[17]）。(2)仮換地のため、現行の耕地（一反一三歩）の一部が他の地主の所有地となり、その地主から所有地分の耕地の引渡しを求められた事例（小作農民H9）。(3)仮換地により所有地が減少したため、地主から小作地一筆（二反）を分割しその片方のみで耕作することを求められた事例（小作農民H12）。(4)(2)・(3)二つの理由で、地主から小作地五畝の引上げを求められた事例（小作農民H128）。小作農民側は、これらの事例を挙げ、仮換地前の耕地での耕作継続を求めたのである。

上記四名の小作農民のうち、H9、H12は、表3-1で確認できる。H9は耕作面積四反（すべて小作地）の専業農家で協議費階層はk、H12は耕作面積五・七反（すべて小作地）の農業を主とする兼業農家で協議費階層はgであった。上記四名以外で、小作農民の代表の一人であったH1は、農業を主とする兼業農家で協議費階層はkであった。H1、H9は大庄中部第一土地区画整理組合員ではなかったが、H12は同組合の組合員であった。浜田地区内で土地を所有していなかった小作農民が、組合員である小作農民とともに、仮換地前の耕地での耕作の継続を求め嘆願書を提出したのである。同地区居住の小作農民には農地改革によって農地の売渡を受けたものはおらず、現在の耕地面積を維持することはこれらの農民にとって極めて重要な課題であった。それゆえ中下層の小作農民が、「大庄中部第一土地区画整理組合の予定換地の為、移動されると減田が有りても大なる為死活問題になります」と訴え、現状の耕作権の確認を農地委員会に求めたのである。このような農民の主張は、仮換地に際し耕作権の移動の必要なしとする県農地課や農林省京都農地事務局職員の当初の回答に端を発するものであったという[18]。すなわち、農地調整法第八条（農地の賃貸借の第三者に対する効力）を理由に、小作農民側は仮換地前の耕地での耕作の継続を主張した。土地区画整理による換地によって自らの耕作権も換地後の減歩された土地に移動するとは考えず、逆に換地によってその耕地の所有者が変更した場合、農地調整法第八条の「爾後其の農地に付物件を取得したる者に対し其の効力を生ず」という文言に則って、自らの整理前からの地点での耕作権が保障されると訴えたのである。

尼崎地区農地委員会では、一九四九年三月一五日の委員会で、一旦は小作農民側の主張を認めた。しかし、これに対して、大庄中部第一土地区画整理組合と一部の地主とが、陳情書を同委員会に別途提出して自らの正当性を主張した。組合側の主張は、以下の通りである[19]。

第一に、仮換地後は、耕作権も仮換地後の地籍に移動するという点である。組合側は、一九四八年六月五日付愛知県知事から建設省都市局長宛への照会（「土地区画整理施行中の従前の土地の耕作権は換地によりその位置並びに地積に移動を生じた場合、整理後の土地〔換地〕に当然移動するものと解釈してよろしいか」）と、それへの都市局長の回答（「御見解の通りである。尚右については農林省と打合済である」）を提示している。組合・地主側は、権利関係の解釈について建設省の方針を提示し、自らの正当性を主張した。

第二に、小作農民の耕作権自体に対する組合側の主張である。組合側は、当該土地区画整理地区内では、一九三九年において小作農民に離作料が支払われており、「一応耕作人なき土地に還された」としている。ただし、この点については「一応」という言葉が見られるように、組合としても、この離作料のみで権利関係が戦後に至るまで清算されたと考えていなかった。(20) 同地区では、一九三九年以後も多くの小作地で耕作が継続しており、小作農民は作徳を得ていたため、地主に対し「『冥加代《みょうがしろ》』と称してなにがしかの謝礼を耕作者の自発により贈与」していたという。道路未成部分の小作地利用に関しても、組合と小作代表者との協議により、小作料は「明年度以後工事着手迄免除として本年度分を半額」にしたという。すなわち組合側は、一九三九年での離作料支払いの事実のみにとらわれず、その後小作農民が作徳を十分に得ていた点を強調し、そうであるにもかかわらず換地前耕作地での耕作にこだわる小作農民に対し「我田引水も甚だしきもの」と批判したのである。

組合側の陳情書が取上げられた一九四九年四月二日の尼崎地区農地委員会では、協議の結果、同年三月一五日の小作農民による嘆願書についての決定を取り消すとともに「区画整理の為に減反の節は按分算出してそして元の耕作者に耕作権を与へる事」「円満なる解決を図る為組合耕作者地主が会合して協議して解決に努力すること」の二点を決議した。こうして問題は、再び、組合（地主）と小作農民間での協議に戻されることになった。

## 三、地主・小作農民間の協議過程

尼崎地区農地委員会の決議を踏まえて、一九四九年四月七日に、地元農地委員四氏の招集によって、組合関係者と小作農民代表を交えての懇談会が実施された。この会合で、農地委員は、私案として換地予定地が学校・警察予定地等の場合、公共施設の建設が始まるまでこれらを無償で小作農民の耕作に提供することが提案されたが、小作農民側は納得せず、和解は不調に終わった。この懇談会の直後である一九四九年四月一五日に、小作農民側Ｈ４・Ｈ９・Ｈ12・Ｈ17・Ｈ18・Ｈ24・Ｈ102・Ｈ110・Ｈ117ら一三名は、自らの耕作地に関して五カ年売渡保留地域の取り消しを求める行政訴訟を起した。[21] 同年五月には、尼崎地区農地委員会に対し、農民代表Ｈ18ほか一一名の連署をもって、「農地の現状から観て五年制はなつ（ママ）得することが出来ない」として、地区内の農地買収促進に関する嘆願書を提出した。[22] 耕作地のほとんどが買収除外地域（あるいは五カ年売渡保留地域）になり、仮換地後の減歩によって耕作面積の減少を強いられた浜田地区の小作農民の場合、行政訴訟や嘆願書の提出が、農地所有への強い欲求によって促されたものであろうことは想像に難くない。

　田植え直前の六月一八日に、農地委員側は改めて仮換地を前提とした和解案を提示した。その内容は、公共用地を使用開始まで無償で耕作することを認める点に加え、区画整理施行による土地の減歩を平均四割とし、耕作地は仮換地に移動するものの、仮換地前地積の六割は耕地として確保するというものであった。この案では、三月一五日農地委員会に提出された小作農民側の嘆願(3)に関して地主側が認めざるを得なくなる可能性があるため、組合側はこの提案に当初消極的であったが、最終的に認める姿勢を示した。

　他方、小作農民側は和解案を一旦持ち帰り、六月二八日に、仮換地への移動の条件として、(1)減歩面積に対して一坪金一〇〇〇円の割で補償すること、(2)そうでなければ換地面積の半分に関して小作農民に所有権を無償で譲渡すると共に、残り半分に関しても耕作権を確認し引き続き耕作させることの二点を要求する案を、農地委員と組合に提示した。

　二八日の小作農民の条件提示は、耕地の仮換地への移動を前提としたものであり、整理前での耕地継続を求めるこれまでの主張からは譲歩したものであった。しかし、その内容を検討すると、(1)の離作補償については、当該期における尼崎市内における小作農民の離作料に関しては三例（いずれも一九五一年）が判明するが、その額は坪当たり一八〇～二二〇円であり[23]、坪一〇〇〇円という額は、当時の離作料相場をはるかに超えた金額で、宅地価格並みの金額であった[24]。また(2)の条件も、減歩で換地前地籍の平均四割の耕地面積が失われるとしても、残りの六割にあたる換地面積のうちの半分（すなわち換地前地積の三割）の所有権を無償譲渡せよという、減歩による耕地減を所有権の無償譲渡によって代替する案であった。当該期尼崎市における農地所有権自体の売買価格が坪二二〇～三〇〇円程度であったことに鑑みれば[25]、資産面で考えれば小作農民の側にとって必ずしも損をする内容ではなく、何よりも小作農民が希求していた所有権を手に入れることのできる案であった。

小作農民側のこの要求について県小作官は「解決の円満を望む誠意なきを物語るもの」と判断したという。組合側は小作農民側に対し交渉打切りを通告し、同年七月一日、田植えを前に小作農民の立ち入り禁止を求める仮処分を神戸地方裁判所に申請、同日決定が下された。その後一九四九年九月からは神戸地方裁判所伊丹支部にて小作調停が開始されたものの、一九五〇年六月に調停が打ち切られるなど、両者の対立は長期化した。

## 四、中央省庁と農地委員会の対応

このような土地区画整理と耕作権をめぐる問題に対し、農林省の判断も徹底したものではなかった。一九四八年に京都農地事務局長は農林省農地部長宛に「農地調整法第八条と耕地整理法第十七条との関連について」の照会をしており、これに対し農林省農地部長は同年一二月二〇日に「換地後の土地に賃借権が移転設定なされることとなる」と回答した[26]。一九四八年末の段階でこのような照会・回答がなされること自体、耕作権（農地調整法に基づく）と土地区画整理に伴う換地（耕地整理法に基づく）との関係について、予め紛争を想定しての方針が定められていなかったことを示すものであろう。

そのうえ、上記の農林省の回答は、京都農地事務局内においても浸透していなかった。組合と小作農民との交渉において、小作農民の態度が強硬であったため、一九四九年六月二五日に組合側が京都農地事務局に赴き「小野創設課長に面談しその見解を質したところ、初めて小作側の主張する言質が小野課長より度々与えられていたこと（農地調整法第八条の解釈は、耕作権はその土地所有者たる人に付随するに非ず。その土地に付いていると解釈すべきで換地により移動の要なし……との意見）を知り、その解釈の余りにも極端不備なるに一驚」したという。同席した同局の村谷技官も「私も当問題について該小作人たちと会見した際小野課長同様の会見をした」という。

尼崎市尼崎地区農地委員会においては、土地区画整理地区内の耕作権の判断に関しては、慎重であった。同地区農地委員会では、小作委員を中心に、浜田地区の耕作農民を擁護する主張が出されていた。一九四九年四月二一日農地委員会でも、「区画の方が正しいのか、耕作者の方が正しいか農地法を以て判断すればわかる」（石田委員）というように、農林省京都農地事務局担当官の説明と同様の主張がみられるとともに、「本浜田地区は三次官通牒の標準％に達していない処がある（中略）浜田地区では大部分が解放される土地である」というように、自作農創設特別措置法第五条第四号に基づく農地買収の除外地域指定の際の基準（「三次官通牒」）の適用に問題があるとの意見（須佐美委員代理）、「最初に区画により離作した人々は多少の離作料を貰ってもあきらめにくい。今作っている人は好景気時代作っていただけぼろいわけだが一方地主が換地処分によりて自作地を増すと云ふ事がふに落ちない」というように、特定の地主（あるいは小作農民）が利益を得ている不公平さを指摘する意見（長尾委員）などが出された[27]。尼崎地区農地委員会では、土地区画整理地区での仮換地に伴っての耕作権にかかわる諸問題をある程度把握していたといえよう。

他方で、尼崎地区農地委員会ではこれらの問題を踏まえて、小作農民が主張する耕作権をそのまま認めるというような基準や規範を提示することはなかった。既にみたように、一九四九年三〜四月にかけて小作農民・組合（地主）双方から嘆願書・陳情書が出た際も、地区農地委員会として自ら決定せず、当事者同士での問題解決を促すにとどまった。「換地にともなって移動する必要なしと云ふことを決めるのは越権になると思ふ」（川端委員）という地主委員の主張が、農地委員会自らが判断を回避する一因となっていた。(28) 仮換地の実施に伴う耕作権の所在に関して、尼崎地区農地委員会は自らの判断を回避したのである。

## 第三節　五カ年売渡保留地域をめぐる新たな動き

### 一、農地委員会での売渡をめぐる議論と決定

一九五〇年に入り、尼崎市尼崎地区農地委員会においては五カ年売渡保留地域の耕作者への売渡しをめぐっての議論がなされた。これは、一九五〇年五月一日の委員会において提案された「第五四一号　農地売渡計画決定ノ件」のなかに、大庄中部第一土地区画整理地区内で五カ年売渡保留地域に指定された農地（浜田地区農民が耕作）七筆が含まれていたからであった。(29) 農地委員会側は、この七筆について「五年制の区域であるが、耕作者より買受の申請が出てゐるのと従前のやり直しという意味で計画した」との説明がなされた。前述したように、大庄中部第一土地区画整理地区内の五カ年売渡保留地域の県による指定は一九四九年四月一五日であり、第一編で取り上げた橋土地区画整理地区が一九四八年に買収除外地域に指定されたのに比べ遅い時期の指定であった。保留地域指定によって一旦立てたものの取りやめた売渡計画を農民側の買受請求によって、改めて一九五〇年五月の委員会において議案として提出されたのである。

一九五〇年に入って、委員会が五カ年売渡保留地域における売渡計画を再度提案した理由について、尼崎地区農地委員会の森山書記は以下のように述べた。「最近ある人から聞いたところでは、五年制の地区というのは買収売渡し

について県の方から除外せよという命令通牒などは出してゐないと県がいうてゐる由であってさういう地区について除外の責任は地区の農地委員会が持つのだといふたさうである」。あいまいな表現であるが、兵庫県の担当者が「除外の責任は地区の農地委員会が持つ」と表明したことがうかがえる。これに対して、地主側の委員は反発した。「五年制のところは売渡すというところへ至ってゐないのに売渡計画を樹てることは他にも影響するところがある。売渡計画を樹てるというのは可笑しい」(堀委員)、「他の五年制地区で計画を立て売渡しをすることになってゐても対価徴収をしてゐないところがある」(細川委員)などの意見が出された。他方、小作農民側からは、五カ年売渡保留地域について売渡計画をたてた農地委員会事務局の方針を支持した。しかし、竹本稀作委員長は「県の係官も人によって五年制に対する考へ方が違うというか話の合はぬ点もある」と発言し、結局委員長自ら「次の委員会まで県へ行くからその結果の判明するまで保留」すると発言し、大庄中部第一土地区画整理地区の七筆に関してのみ売渡計画は五月一日の委員会において保留となった。

この七筆に関するその後の委員会での決定については議事録で確認できず不明であるが、他方で同年七月一一日の農地委員会では、新たに大庄中部第一土地区画整理地区内の五カ年売渡保留地域に位置する土地一六筆の買受申請が出され、これを売渡計画として委員会として認めるかどうかが議論となった。買受申込者には、H1、H4、H5、H12、H18、H24などの浜田地区の小作農民が中心であった。これに対しても農地委員会では「五年制地区も売渡計画を立てるのか」(堀委員)などの意見が改めて出され、結局保留することとなった。この段階でも、市町村農地委員会が五カ年売渡保留地域における売渡計画を立てることに関して、尼崎地区農地委員会では合意が得られていなかった。

同年一〇月一二日に、改めて買収済みの農地に関する売渡計画案が委員会に上程された。この案には何らかの事情で売渡計画から漏れていた買収済国有地が対象となっていた。書記からの「前回より保留中の大庄地区の五年制地域内のものも含んでおります」との説明にみられるように、七月一一日に提案された一六筆もこの中に含まれて改めて申請された。[30]今回の議案に関しては、反対意見は出されず、そのまま承認された。七月一一日の五カ年売渡保留地域に関する売渡決定は、あくまでも尼崎地区農地委員会の決定であって、最終的に県がどのような判断を示したかを知ることは史料の関係でできないが、その後県によって否決されたとの報告は尼崎地区農地委員会議事録にでておらず、同様の買受・借受請求がその後みられるので、そのまま承認されたと考えられよう。

このように、一九五〇年に入って、急遽五カ年売渡保留地域に関する農地売渡計画が提案されるようになった理由の一つは、一九五〇年五月の委員会での質疑応答からわかるように、統一された方針ではないものの保留地域に対して市町村農地委員会が売渡計画をたてることが可能である点を、県が表明した点に求められる。このような県の表明は、後述する行政訴訟と関係していたと考えられるが、その結果当初は五カ年売渡保留地域内の国有農地の売渡に反対していた農地委員会委員も、次第に表立った反対をしなくなり、これに勢いを得た小作代表委員が中心となって売渡計画を認めていったと考えられよう。

## 二、行政訴訟の結果――原告「敗訴」の意味

浜田地区小作農民がおこした五カ年売渡保留地域の取り消しに関する訴訟の判決は、一九五〇年一一月八日に出された。[31]判決は、原告である小作農民の請求を棄却した。すなわち、小作農民はこの訴訟によって五カ年売渡保留地域の取消を実現することはできなかった。しかし、そこでの裁判所の判決理由は、この裁判の後の農民の行動や県・市町村農地委員会に大きな影響を与えたものと考えられる。そこで以下、判決文を検討していこう。[32]

判決文は、最初に、原告（小作農民）側による五カ年売渡保留地域が二つの意味で違法であるとした主張をまとめている。すなわち、第一に、自作農創設特別措置法は戦前の地主制のもとでの禍根を取り除くため自作農創設主義を

採っており、広汎かつ急速な自作農創設を求めているにもかかわらず、同法施行規則第七条二の三の規定は自作農創設特別措置法の目的趣旨に反した事項を定めた無効な規定であり規程の根拠となる上級法令も存在しないので、これによって被告の行った指定行為も無効であるとの主張である。第二に、仮に同施行規則第七条二の三の規定が有効であったとしても、売渡を保留する農地のなかには買収されていない農地も含まれていて不明確であり、また指定は知事の自由裁量によって行われるべきものでないとの意味からの違法性の主張である。

次いで、判決文は、被告（県）側の主張をまとめている。その主張をまとめれば、以下の三点となる。第一に、施行規則第七条二の三の規定が無効であるならば、原告はこの規定の無効確認を国に対して求めるべきである点、第二に、地域内のどの農地が買収済であるかは明白なのだから包括的に地域を表示する方法で問題ない点、第三に、五カ年売渡保留地域の指定行為は、市町村農地委員会が自作農創設特別措置法第一六条の規定による売渡を保留し得る範囲を示しただけであり、対外的に売渡を保留する法的効果が発生する行政処分ではない点である。

その上で、判決文には判決理由が記された。ここでは原告側の第一の点については違法ではないとする一方で、県の第三の主張――すなわち、五カ年売渡保留地域の指定は行政処分ではないとの主張に関して、これを認めた。この点は重要なので、やや長くなるが判決理由原文を引用しておこう。

自作農創設特別措置法によって買収された農地については通常ならば同法第一六条の規定による売渡が引続き必ず行われるべきものなのであるが、右指定のなされた農地については、その売渡の保留がなされ得るのであって、市町村農地委員会は右の指定を受けた農地については一般の場合と異り、その判断によって或はその売渡計画をたてることを保留することもできるし、また場合によってはその売渡計画をたてることもできるのであり、知事についていえば、すでに売渡計画が確定されている場合でも、それに基く売渡令書交付処分をするか、これを一定の期間保留するかの選択ができることとなる。すなわち右の指定は売渡保留処分とは別なものであって、それ自体が売渡保留の効果を生じるものではなく、将来別箇の機関である市町村農地委員会によって行われる売渡計画の保留、或は知事が別箇の立場においてする売渡令書交付の保留等に対する前提であるに過ぎず、指定自体は右のような保留がなされる可能性を設定するに過ぎない。そうして一般に行政処分に対して訴を提起してその効力の有無を争うものは、その処分により自己の権利または利益が侵害された者でなければならず、その処分は直接人民の権利利益を侵害するものでなければならないのであり、これを本件について見ると、原告等がその主張のように、本件農地を耕作する者であり、その買受申込をしたものであり右農地の売渡を受ける権利ないし資格を有する者であるとしても、本件指定処分自体によって直接その権利を侵害されるのではなく、右指定によって市町村農地委員会ないし知事が売渡を保留して、はじめて原告等は本件農地をただちに買受ける事が出来ないという不利益をうけることとなるのであるから、原告等は本指定処分につきその権利利益を害されたものとして訴を提起し争うことはできないものといわねばならない。

以上の判決文を簡潔にまとめれば、五カ年売渡保留地域の指定の意味するところは「売渡保留処分」と異なる点、市町村農地委員会における売渡計画や知事による売渡令書交付が保留されて、初めて原告側は権利利益を害されたものとして訴えることができる点を裁判所は指摘し、原告の請求を棄却したのである。

この裁判の判決には、重要な内容が含まれている。一九五〇年に入ってから、尼崎市尼崎地区農地委員会で事務局サイドが主張した点――すなわち、五カ年売渡保留地域に指定されたことで市町村農地委員会が直ちに売渡計画が出来なくなるわけでなく、保留することもできるし売渡し計画を立てることもできるという理解が、この裁判で被告となった兵庫県知事から提示されていた点である。一九五〇年になって県が、五カ年売渡保留地域における市町村農地委員会による売渡計画を可能とする認識を示し始めた一つの理由は、本裁判での主張と市町村農地委員会からの質問への回答との整合性をとらざるを得なくなったためと考えられよう。小作農民の側から県の主張を捉えなおせば、仮に自己の耕作地が五カ年売渡保留地域に指定されたとしても、買受請求などにもとづき市町村農地委員会が売渡計画をたてることを可能とする道が切り開かれたといえる。その意味で、この判決は、原告である小作農民敗訴の判決ではあったものの、法理上、五カ年売渡保留地域であっても市町村農地委員会が農地売渡計画をたて得ることを確認した判決であった。小作農民側は、裁判を通じて、五カ年売渡保留地域に指定された場合でも自ら農地の買受請求を行えば売渡が行われる可能性が存在することを確認することとなり、判決が出される以前から、同地域の農地の買受請求を地区農地委員会に求めるようになったといえよう(33)。

## 第四節　仮換地問題の帰結と小作農民

### 一、小作農民側の仮換地承認

地主・小作農民間の対立に変化が生じ始めたのは、一九五〇年末以降である。五一年二月に、小作農民代表から「社会情勢の推移により時流に即して宅地化への必要を理解認識し和解切望の申入れ」があり、六月二五日に浜田地区内浄専寺本堂において関係者全員和解契約書に調印を完了した(34)。和解案の中身は不明であるが、小作農民側から和解を申し出たこと、組合側の記録ではこの和解に伴う組合側の損失や補償などの記事が見られないこと、和解後の六月二六日に「浜田五年制区域の換地予定地指定再通告」を発していることなどに鑑みて、和解案は基本的には仮換地による耕作者の耕地の移動と減少を前提とした内容と考えられよう。

それでは、なぜ小作農民側がこの段階で態度を変えたのか。ここでは、考えられる理由を三点挙げておこう。第一に、一九五〇年における五カ年売渡保留地域内耕地に関する認識の変化は、重要な意味を持ったと考えられる。小作農民側は裁判としては敗れたものの、国有農地の借受・買受請求を市町村農地委員会に認めさせることを通じて、仮換地による耕地減少を補う可能性が残されていることが共通認識となった。しかも一九五〇年一〇月の農地委員会で保留地域の売渡計画が承認されたという点も、小作農民サイドに今後への期待を抱かせることとなったといえよう。第二に、和解は、前述した一九四八年六月一八日の農地委員による和解案によれば、工事開始までの間の公共用地の無償利用と仮換地前地積の六割を耕地として確保という点に絞られていたが、実際にはそれだけでなく、地主から小作農民への離作補償が行われた記録が断片的に残っている点である。時期は一九五〇年代後半にまで下るが、五八年一二月二〇日尼崎市農業委員会では、農地法第三条によりH21からH18に田一畝二六歩の譲渡が申請された。権利移転の理由は「区画整理に伴う離作補償」であったが、これについて委員会では「譲受人H18よりのものは大庄第一土地区画整理地で区画整理に伴う係争の和解条件として本件土地を譲受けることとなっているものである」との説明があった(35)。和解から七年以上たって、離作補償として農地が譲渡された背景は不明であるが、もし離作補償が一定程度認められたとすれば、離作補償を認めさせようとした六月二八日に提示された小作農民側の和解案の一部が認められたということになろう(36)。第三に、一九五一年には小学校建設などの新たな公共施設の設置が予定されており、仮換地自体は認めざるを得なくなったであろうと推測される点である。

仮換地が実施されることによって、浜田地区では、浜田小学校、尼崎西警察署、浜田公園などの公共用地が確保された。特に、浜田小学校は、戦時期から人口が増加していた同地区で設立が急がれていた施設で、地主・小作農民の和解が成立した一九五一年六月に開設された(37)。こうして、大庄中部第一土地区画整理事業は、減歩により公共用地を確保するという当初計画の一部を実現し、浜田地区の市街地形成を促した。

しかしその一方で、表3-7に示したように、インフレと替費地売却の低迷から、街路整備などの工事は、敗戦後ほぼストップしたままとなった。一九五六年に区画整理登記を完了した時点での同組合の事業進捗率は計画の六七％にとどまっており、同年に残事業を尼崎市に委ね組合自らは解散した。[38] 農地の宅地化に伴う地価上昇とその売却益を財源に用いた組合施行土地区画整理に基づく事業は、戦時期から戦後復興期における激しい経済変動のなかで、当初計画を実現することができなかったのである。[39]

## 二、残存耕地に対する小作農民からの諸要求

仮換地後の事業地区内における農地は、その後どうなったのか。変化の激しい一九五〇年代半ば以後の状況に関しては第五章に分析を委ねるが、ここで農地法制定直後の一九五〇年代前半についての考察を加えれば、小作農民のなかには、仮換地後において、自己の耕作地の維持拡大に積極的な者がいたという点を指摘できる。一九五三年八月に、農家番号H1、H4、H20ら四名の農家が、大庄中部第一土地区画整理地区内の国有農地の借受（H1が三畝二三歩、H4が一反二畝一歩、H20が一反九歩、もう一名は一反四畝七歩）を市農業委員会に対して申請した。表3-1からわかるように、H20は浜田集落内で経営規模の大きい自作農であったが、H1、H4は小作農家であった。H1は、一九三八年の時点で全耕作地七・五反（すべて小作地）（表3-1）であったのが、国有農地借受の際の申請資料によれば全耕作地三・六反（すべて小作地）にまで耕地が減少していた。[40] ここでの国有農地とは、五カ年売渡保留地域となった農地のことで、[41] 一九五二年に制定された農地法には売渡保留の規定がなくなったものの、農地法公布後二年間は売渡さないで国が保留するとの通達を農林省農地局長・建設省計画局長両名で県知事に発していたため、[42] 小作農民が借受を申請したと考えられよう。

申請を受けた尼崎市農業委員会では、同地が「第三者との間に紛争が起きている事実がある」ので、審議はいった

ん保留扱いとなった[43]。翌月の農業委員会では、借受を申請した四人は申請農地の現在の耕作者であること、四人は仮換地により本来移転すべき者（仮換地前段階での同地点における耕作者）で、同地点が割り当てられた仮換地前地番にはたまたま耕作者が存在せず仮換地後の当該地番で耕作者が不在となったため、四人は引き続き耕作し、改めて借受申請をしたことが説明された。これに対して、「地元に於て現在の耕作者に対し何等異議の申立がなされておらず旧自作法第十二条第二項にいう従前の権利に基く耕作者がなく現耕作者が適格者と認められる以上、借受契約は許可さるべきだと思う」との意見が出され、借受が認められた[44]。五カ年売渡保留地域では、仮換地前の小作農民が仮換地後も移動せずそのまま耕作を続けている場合があったこと、このような耕地に農民から借受申請が出された場合、農業委員会もこれを承認したことがわかる。

大庄中部第一土地区画整理地区内の国有農地の借受申請は、翌一九五四年にも、農家番号Ｈ12とＨ18から出されており、これらも承認された[45]。同じ時期に、国有農地の借受を進めた小作農民Ｈ１やＨ12は、農地法第三条に基づく地主からの所有権移転（Ｈ１は田一反二畝一七歩、Ｈ12は田九畝一八歩）によって、小作地を部分的に自作地とした[46]。こうして、同地区では、仮換地実施後、国有農地で耕作者が存在しない場合、小作農民によって耕地が維持されていったといえよう。

ただし、一九五三年八月の市農業委員会では、尼崎市長から、浜田小学校の敷地拡張のため、周辺農地三反六畝五歩を農地法第五条に基づき転用する申請も出されており、その際の農地の譲渡価格は坪二〇〇〇円と見積られた[47]。一九五〇年代前半の農地（農業）委員会議事録をみる限り、小作農民が農地転用を通じて宅地化を促す事例はみられず、表3-1の説明で取り上げた住宅を複数棟所有した農家番号Ｈ14、Ｈ39などの階層が拡がる傾向にあったとはいえないが、都市化に伴う農地転用と地価上昇が一九五〇年代前半の同地区で再び見られるようになった点に留意する必要があろう。

## 三、小作農民による賃耕

地主と小作農民とが和解した一九五一年前後の農業労働の変化と小作農民の動向について、改めて『堀新次日記』を通して考察しておこう。堀新次に関しては、五一年の日記では農作業からの後退がみられた。表4-2のように田植えには参加しているが、休暇の日数は三日に減少し、五二年にはついに休暇を取らず勤務を続けていた。新次は、四〇年代後半に一旦は繁忙期における農業の担い手となったものの、五〇年代に入り再び農業に消極的となっていったのである。

重要なことは、この頃から新次は、自らの耕地の田植え前の田耕などをH1に委ね始めた点である。堀家では、一九五一年の場合、稲刈り後の田耕についても、H1の家族に委ねていた。田植や稲刈りなどの農作業は家族労働でまかないながら、重労働となる田耕については、賃耕で済ますようになったのである。堀新次は賃耕をH1に依頼した際、その額について「この入費には恐らく一万円は要するだろう」（一九五一年六月一八日）と記し、H1の家族が集金にきたところ「割合に安かったので助かった」（一九五一年七月六日）と記している。賃耕額が上昇しており、新次としてもその出費が気がかりであった様子がうかがえる。新次は、一九五一年六月一三日には「田植え時になると家庭と会社の板はさみになり身の細る思である」と記し、一九五二年には「この頃は全く会社の養子と云った様な恰好である。（中略）少しも田の畔さえのぞいていない」（一九五二年九月一三日）と記した。会社勤務との関係で農業労働への関心が弱まっていることがわかる。浜田地区の農家の多数が兼業農家であったことに鑑みれば、勤務先との関係で、小作農家の賃耕に委ねるケースが他にも生じていたことが、賃耕額上昇の一因になったと考えられよう。小作農家H1は、前述したように、戦後に耕作面積を大幅に減らしていた。仮換地をめぐる問題の際には小作農民代表の一人になっており、国有農地の借受請求を行った農民でもあった。仮換地に伴う耕地の減少が顕著となった小作農民にとって、賃耕は重要な現金収入の機会になったのである。

仮換地問題の和解後の『堀新次日記』をみると、「七時にH18氏から石門樋は崩れかけているので直ぐに出掛けて欲しいと言って来た」（一九五一年一〇月一五日）、「八時頃にH18氏は水利委員の選挙につき是非来て貰う様に云って来る」（一九五二年六月二三日）など、一九四〇年代後半に引き続き、小作農民が集落の世話役を担っている様子もうかがえる。農地改革の対象とはならなかったとはいえ、一部の小作農民は、農業を続け、集落内での社会的地位を維持していったのである。

## 四、小作農民による土地区画整理地区への新たな意味づけ

最後に、本章が対象とした戦後改革期における大庄中部第一土地区画整理事業に伴う地主・小作農民間の利害対立と問題解消のプロセスをまとめ、同事業によって生み出された市街地形成の特質を、実際の土地利用者であった農民の果たした役割に注目してまとめておこう。

第一編でみたように、戦前期に土地区画整理事業を終了させた橘土地区画整理組合の事業の場合、小作農民は地主から予め離作補償を受け、両者間の協定に基づき小作農民の立退きが進行した。それゆえ、戦前期の場合、小作農民が地主の土地区画整理に反対することはできても、組合設立以後においては、組合員でない小作農民が自ら主体的に市街地形成に関わる余地は乏しかった。

これに対して、浜田地区の場合、土地区画整理組合員ではない小作農民による運動が、市街地形成に大きな影響を与えた。そのことを可能ならしめた小作農民側の要因として、法的には戦時期から戦後改革期における耕作権の強化があり、経済的には敗戦後における農家収入の増加があり、そして、橘土地区画整理地区と異なり、土地区画整理組合設立後においても農業生産に携わってきたという耕作実績があった。一九四八～四九年にかけての時期には、買収

除外地域指定（あるいは五カ年売渡保留地域指定）と仮換地実施による耕作地変更（＝減歩による耕作面積減少）という、都市計画や土地区画整理に関係した小作農民にとって不利な事態をもたらす政策・事業決定がなされたが、小作農民はこれらをそのまま承認しなかった。裁判所への訴えや農地委員会への嘆願書提出によって、耕作者である自らの正当性を主張したのである。結果は、裁判には敗れ、仮換地に関しても換地後の土地での耕作を余儀なくされることとなったが、他方で小作農民は国有農地の買受・借受請求を行い、これを尼崎地区農地委員会（農業委員会）に認めさせた。また、仮換地に伴っての離作補償が認められるケースも存在した。すなわち、五カ年売渡保留地域と仮換地をめぐる問題解決のためのプロセスに注目すれば、小作農民は、裁判所や農地委員会を媒介として自らの主張の正当性を訴えた点が重要といえよう。このような、組合員ではない小作農民の運動が、土地区画整理地区内の市街地形成の有り様（＝地区内における農地利用を公的に認めさせた点）に大きな影響を及ぼしたのである。この点が、戦前期には見られない、戦後改革期における新たな特徴であった。

それゆえ、戦後改革期における土地区画整理には、第一編の分析からもみられた事業の成果——道路や学校敷地などの公共用地の創出という点以外に、もう一つの特徴が埋め込まれることになった。それが、土地区画整理地区内における農地の維持・管理である。組合施行土地区画整理の母法である都市計画法と、小作農民が依拠した農地改革法との間には深い溝があり、小作農民が拠り所にした農地法制は、当該期の都市計画行政サイドからはむしろ問題視されていた(48)。しかし実際には、仮換地後も土地区画整理地区内における耕作が小作農民らによって担われ、これを市町村農地委員会（農業委員会）も承認したため、農地利用という、土地区画整理の設計においては積極的な位置づけを与えられていなかった土地利用が、正当性を持って当該地区の市街地形成に埋め込まれたのである(49)。この点に、敗戦後における農業生産と農地を維持するための種々の労働を背景として、都市化もにらみつつ耕地所有を実現させようとした小作農民の行動の歴史的意義を求めることができよう(50)。

こうして、土地区画整理地区には、地主が主張した土地区画整理の論理と、小作農民が主張した農地改革法（のちに農地法）の論理が、混在することとなった。このような異質な二つの論理が混在しながらも、地主・小作農民は決定的に対立することはなかった。その理由として指摘できるのが、戦後改革期における地区内での肥取りや河川の修繕などにみられる共同労働の必要性と、耕作面積の減少した小作農民が兼業農家の農地を耕作する賃耕の拡がりであった。共同労働においては、村落の種々の業務を専業の小作農民が主導するような階層的変化が生じていた。兼業農家の自作地主である堀新次の場合、小作農民から批判を受けながらも肥取りに参加せざるを得なかった。反対に、仮換地によって大幅に耕作面積を減らした小作農民にとって、兼業農家に依頼された賃耕は重要な稼ぎの場ともなった。再編された戦後改革期に固有の村落の共同性と私的利害が、対立していた地主と小作農民を緩やかに束ねる役割を果たしたといえよう。

一九五〇年代初頭から都市化傾向が再びみられるようになった浜田地区では、高度成長期に、より顕著な宅地化が進展する。そのなかで、一九五〇年代半ば以降、浜田地区の農民から農地法第三六条の規定に則って五カ年売渡保留地域になっていた国有農地の買受申請が再び出された(51)。その一方で、農民と市街地住民の間での利害対立も、戦後改革期における浜田地区では生じていた。土地区画整理地区内における基盤整備の不十分さ（水道の未整備など）が、浜田地区南部（崇徳院）の住宅地区から指摘された(52)。同時に、農地利用が埋め込まれた地主・農民による市街地形成は、次第に地主・農民と新たに来住した住民との間での利害対立をはらむようになった(53)。これらの点については、高度成長期の変化を扱う第五章において検討することにしよう。

## 注

（1） 都市部における農地改革の実施過程については、江波戸昭『東京の地域研究』大明堂、一九八七年が東京都区部全体の動向と、太田区と目黒区の事例を検討しており、野本京子「都市部における農地改革」『史艸』第三八号、一九九七年が東京都北区の事例を検討している。特に江波戸氏の研究は、東京都区部全体の動向を追った労作であり、農地買収が除外された地主が主導して農地転用が進んだ点を強調している。本書においては、地主や農民が農地転用を進めたか農業を続けたかという二者択一的な理解にとどまらず、両者の利害対立の具体的なプロセスとそれぞれの論理を追究することを通じて、市街地形成に伴う人と土地との関係の一側面を明らかにしていきたい。

（2）「組合事業戦時措置の件」（一九四四年三月一九日）『大庄村中部第一土地区画整理組合書類綴』（川端正和氏文書(2)、№六三一、尼崎市立地域研究史料館所蔵）所収。

（3）一九四六～五一年度の事業報告書いずれも、事業の出来高が全体の六割と記されている。同右史料所収。

（4）ただし、仮換地後道路予定地からの利用料徴収は、仮換地後も仮換地前の土地での耕作を希望する小作農民の利害の主張と対立することとなる（この点後述）。

（5）『堀新次日記』については、第三章第一節三、および第三章注8を参照されたい。

（6）父の死去した年については同右（一九六八年六月二九日）。妻との結婚年は、同右（一九六二年七月七日）に「家に嫁いで二十年」と妻のことを記している箇所があり、一九四二年と推定される。

（7）九月の農作業日数が少ない理由は、この年の九月に母屋の屋根の葺替えを行ったためである。

（8）ただし、一九四八年三月三〇日のように、参加が承諾される場合もあった。

（9）一九四八年以降現存している『堀新次日記』で、最も古いのは一九五一年の日記だが、この段階では、地域団体で共同で肥取りを行う記事は見受けられない。その意味で、肥取りを介した共同性は敗戦直後特有のものといえよう。

（10）「道路予定地の耕作」を村民が「皮肉った」理由は日記に記されていないが、新次は、この件で「道路耕作地届」を組合に出すなど組合寄りの行動をとったからと推定されよう。

（11）「西田の畑」とは、堀家の耕作地の一つ。（堀邦臣氏聞き取り調査、二〇一〇年二月四日）。

（12）兵庫県農地改革史編纂委員会編『兵庫県農地改革史』兵庫県農地林務部農地開拓課、一九五三年、七一〇～七一八頁。

（13）同右書には、五カ年売渡保留地域に関する地域指定が明示されていないが、このように推定した。

（14）立花駅の西側すぐの箇所を通過するこの道路は、街路番号が二等大路第一類第一号線であった（『尼崎都市計画街路網図』尼崎市役所、一九六一年、尼崎市立地域研究史料館所蔵）。引用文では省略して「第一号線」と記されたと考えられよう。

(15)『尼崎市尼崎地区農地委員会議事録』一九四八年七月九日〜一九五〇年二月一三日。
(16)小作農民からの嘆願書は、『尼崎市尼崎地区農地委員会議事録』一九四九年三月一五日より。
(17)表3-1の農家との継承関係が不明の場合には、便宜的に一〇〇番台の農家番号を付した。
(18)大庄中部第一土地区画整理組合「換地予定地実施を繞る浜田小作問題について仮処分申請に至るまでの経過の概要」(一九四九年七月一一日)前掲『大庄村中部第一土地区画整理組合書類綴』〔注2〕所収。以下、断りのない限り浜田小作問題に関する記述は、同右史料による。
(19)『尼崎市尼崎地区農地委員会議事録』一九四九年四月二日。以下組合の陳情書や同日の委員会決定についても同様。
(20)一九四六年七月に組合は公共用地のために潰地となった土地所有者に対し「小作補償の件」という書類を発した。そこには潰地となった「部分の土地小作料補償として昭和十九年同二十年同二十一年の三ケ年分を御支払致します」との内容が記されていた(大庄中部第一土地区画整理組合「小作補償の件」(一九四六年七月二五日)前掲『大庄村中部第一区画整理組合書類綴』〔注2〕所収。)このことも、組合が小作補償の問題は解決済みでなかったことを認識していることを示すものであろう。
(21)『昭和24年(行)第七四号指定取消請求事件　判決』(個人蔵、尼崎市立地域研究史料館にて借用)。
(22)『尼崎市尼崎地区農地委員会議事録』一九四九年七月九日。
(23)『尼崎市尼崎地区農地委員会議事録』一九五一年五月八日、および『尼崎市農業委員会議事録』一九五一年八月一〇日。
(24)一九五四年九月に建設省が六大都市で実施した土地及び住宅価格調査によれば、兵庫県神戸市における坪当宅地取引価格の最低額は一〇〇〇円であった。建設省住宅局編『土地及び住宅価格調査結果報告書』建設省住宅局、一九五四年、五〇〜五一頁。
(25)『尼崎市尼崎地区農地委員会議事録』一九五〇〜五一年における、農地調整法第四条申請の際の申請資料による。
(26)農地改革史料編纂委員会編『農地改革資料集成』第一五巻、御茶の水書房、一九八一年、六八四〜六八五頁。
(27)『尼崎市尼崎地区農地委員会議事録』一九四九年四月二一日。
(28)同右。農地委員川端又市は、第二章で述べたように橘住宅地確保連盟の中心人物であった。
(29)以下、一九五〇年五月一日委員会の議論に関しては『尼崎市尼崎地区農地委員会議事録』一九五〇年五月一日。
(30)一九五〇年五月一日に提案された七筆の土地は、一〇月一二日の案には含まれていない。
(31)前掲『昭和24年(行)第七四号指定取消請求事件　判決』〔注21〕。
(32)以下、判決文に関しては、同右による。

(33) このような、訴訟を通じて認識された五カ年売渡保留地域の法的性格については、前掲『兵庫県農地改革史』〔注11〕には記載されてない。土地区画整理区域内における農地改革をめぐる地主と小作農民との対立に多くの紙幅を割いている大阪府農地部農地課編『大阪府農地改革史』大阪府、一九五二年においても、五カ年売渡保留地域の法的性格については触れておらず、その他の大都市所在府県で刊行されている農地改革史においても、管見の限り同様の記述はみられない。
(34) 「昭和二十六年度　大庄中部第一土地区画整理組合事業報告書」前掲『大庄村中部第一区画整理組合書類綴』〔注2〕所収。
(35) 以上の農業委員会関係の史実に関しては、『尼崎市農業委員会議事録』一九五八年一二月二〇日。
(36) この点は、同右史料における記載の発見により、沼尻晃伸「戦時期〜戦後改革期における市街地形成と地主・小作農民──兵庫県尼崎市を事例として」『社会経済史学』第七七巻一号、二〇一一年における和解条件に関する評価を変更した点、ご了解願いたい。
(37) 尼崎市立浜田小学校創立五〇周年記念誌部会編『尼崎市立浜田小学校創立五〇周年記念誌』尼崎市立浜田小学校創立五〇周年記念事業実行委員会、二〇〇〇年、六頁。
(38) 「昭和三十一年度　大庄中部第一土地区画整理組合事業報告書」前掲『大庄村中部第一区画整理組合書類綴』〔注2〕所収。
(39) 土地区画整理の実施によって、地主の収益が一九五〇年代にどのように変化したのかという点は、今後の課題である。ただし、隣接する橘土地区画整理地区における宅地の貸地利回りは相対的に低下傾向にあった点に鑑みれば（本書第二章）、大庄中部第一土地区画整理地区内において土地を有する地主側の地代・家賃収入も、地代家賃統制令や耕作権・借家権の強まり等によって、低下傾向を辿ったと考えられよう。
(40) 『尼崎市農業委員会議事録』一九五三年八月一〇日。
(41) 国有農地生成の歴史的経緯については、橘武夫「国有農地の売戻し問題について（上）」『レファレンス』第二四三号、一九七一年、七〜一三頁。ただし、これまでの国有農地に関する諸研究は、旧地主への売戻し問題に関心が集まっており、小作農民の動向からの検討は、同時代においても、ほとんどみられない。
(42) 前掲江波戸『東京の地域研究』〔注1〕二二八頁。
(43) 『尼崎市農業委員会議事録』一九五三年八月一〇日。
(44) 『尼崎市農業委員会議事録』一九五三年九月二日。
(45) 『尼崎市農業委員会議事録』一九五四年七月一九日。

(46)『尼崎市農業委員会議事録』一九五四年四月二六日。
(47)『尼崎市農業委員会議事録』一九五三年八月一〇日。
(48)建設省技官で千葉県計画課長を務めた石原耕作は、「農地改革にノックアウトされた都市計画」という小見出しを付けて、都市計画法上の土地区画整理地区や公園緑地地区が農地改革の対象として審議され、自作農に売り渡されたり、五カ年売渡保留地域に指定されたりする事態は、都市計画行政サイドから見れば「大問題」であった点を述べた（石原耕作「戦後十年の回顧と今後への希望」『新都市』第一一巻第一号、一九五七年、三〇頁）。
(49)都市計画法と農地改革との関係に着目した研究として、川口由彦「農地改革法の構造」（一）（二）『法学史林』第九〇巻第四号、第九一巻第一号（一九九三年三月、一九九三年八月）。ここで、川口は、都市計画区域内の農地改革問題を取り上げ、「農地改革固有の農地・非農地の区分の論理が、都市計画の論理を制約しつつ展開していった」点を強調しているが（川口「農地改革法」（二）二九頁）、政策自体が有する論理にとどまらず、農地委員会（農業委員会）への働きかけを重んじた小作農民による耕地利用が、都市計画（土地区画整理）を規定し、都市計画区域内に農地を残していった側面に注目する必要がある。このこと自体は、当該期の都市計画が農地を積極的に位置づけていくことを意味するものでないものの、現実の土地利用の観点から、市街地形成の論理を捉えなおす視点の重要性を本事例は示しているといえよう。
(50)江波戸昭は、東京都区部の農地改革の分析を通して、農地を買収の対象とするか否か（自作農創設特別措置法第五条第四号を適用するか否か）をめぐって、各地域で紛糾が生じ、小作農民が強かった中野区の場合、都心近隣に位置しながら買収除外をほとんど受けずに通した点、しかし、改革終了後は小作農民も農地転用を進めた点を強調した（前掲江波戸『東京の地域研究』〔注1〕二二〇～二二四頁）。また東京の場合には、一九五三年六月四日に農林省農地局長建設省計画局長両名によって知事宛に発せられた「売渡保留農地の取扱等について（通達）」の「一、売渡保留農地の取扱」における、「旧自作農創設特別措置法施行規則第七条の二の三の規定に基づく売渡保留農地の取扱については、その後の情勢を考えて、農地法の公布の日から二年間（昭和二十九年七月十四日まで）これをそのまま売り渡さないで国が保留することとする。但し、訴訟の判決のあったもの及び何らかの事情で同期間内に宅地化しないことが確実と認められるものについては、この限りでない」の規定によって、保留地のほとんどが旧所有者に払い下げられ宅地化された点を明らかにした（同右書、二二七～二二九、二三三～二三五頁）。小作農民側からの運動の差異によって、買収・売渡実績に差が生じる点は、本事例においても見出された論点である。しかし江波戸の研究は、どちらかといえば農林省や建設省、あるいは都道府県の政策に依って規定される地主や農民の動向に注目している。農民側からみた農地所有・耕作、さらには農地転用の意味までは明らかにされていない。本書では、江波戸の研究の意義を認めつつも、戦時期から戦後改革期における社会変動（＝小作農民の地位上昇）の影響を強く受けた地域におけるケースに注目しつつ、土地区画整理地区で農地利用が正当性を得ていくプロセスとその担い手を明らかにしようとした。

(51)『尼崎市農業委員会議事録』一九五五年一月二八日。

(52)『神戸新聞』（阪神版）一九四七年四月三〇日では、以下のように報じている。「尼崎市蓬川以西浜田崇徳院一帯の住宅はまだ水道の設備がないのでモーターで揚水して飲用水を得ているが、近ころ連日モータードロが入って一夜に三ヶ所もモーターを盗まれこれらの家ではたちまち用水がとまる、最近百軒あまりも被害があり遠方まで水もらいに出かけるという現状である。」これに対して、一九五〇年に市当局が「南浜田地区の密集地に上水道がないうえ地下水の質が非常に悪いので、同地区へ延長三八四メートルの給水管を敷設することになり、近く着手する」ことになった（『神戸新聞』［阪神版］一九五〇年一一月一〇日）。

(53)特に重要なことは、浜田川以西から蓬川以西に至る浜田地区のなかで、北部の農民と南部の住民との間で灌漑用水のせき止めをめぐって対立が生じている点である。『神戸新聞』（阪神　尼崎・伊丹版）一九五二年九月四日は以下のように報じている。「市内浜田第一二、四、六旧町会の約二百戸の住宅地は蓬川沿いにあり、同川西側付近に住む農家約三十戸がかんがい用水としてせきとめるため降雨の際に百五十戸の住宅地は浸水の危険にさらされつねにハラハラしている、地元の有志が中心になって農家と交渉してみても、われわれは食糧を生産してあなたたちの生活を守っており農業というものの社会性という点を理解して我慢してほしいと約三年間にわたる交渉にもいっこうにラチがあかず、今年こそはと同住宅地から市河川、農政両課に対して善処方を強硬に要望している」。

# 第五章　高度成長期における生活変化と農地転用

本章の課題は、土地区画整理の担い手となった在村地主とこれに対立した小作農民が、高度成長期の市街地形成にどのように関わったのか、その具体的内容と論理を明らかにすることである。

本章では、以下の三つの点を追究する。第一に、私有地、特に農地について、尼崎市農業委員会資料を用いて、集落における地主・農民による農地移動と農地転用を分析する。その際に、農地移動を行う農家の階層性と、農地転用に関する農家側の論理に注目する。第二に、第一で析出した論点を、個別農家の事例に即して検討する。本章においても『堀新次日記』を用いて労働と生活を分析しつつ、土地利用の変化とその要因に関して追究する。第三に、道路、河川、側溝などの公共施設の分析である。事業が中断していた浜田川改修工事のその後と、一九六〇年代半ばから尼崎市によって再開された大庄中部第一土地区画整理の残事業について、地主・農民の土地所有・利用との関係を踏まえて分析する。これらの分析を通じて、農家が自らの農地利用や宅地利用をどのように正当づけているのか（そのことと都市計画法・農地法などの法理との関係）、そして河川や道路などの施設が有した公共性の意味は計画当初に比べどのように変化したのかという諸点について、一九五〇年代半ばから後半、六〇年代前半、六〇年代半ばから七〇年代初頭の三つに時期区分して検討する。

## 第一節　組合解散前後の土地所有・利用と農民

### 一、浜田川の改修と新たな公共的性格

戦時期に進捗した大庄中部第一土地区画整理組合の事業の中でも、とりわけ浜田地区にとって大きな意味を持ったのは地区東側を流れる浜田川の改修であった。

図5-1は、一九四八年における浜田地区北部の航空写真である。図3-5（一九四二年）と比べると、集落西側の田園地帯における道路整備が進んでいることが確認できる。他方、浜田川に関しては、両側に道路が配され新たに修築された浜田川とともに、その東側と西側を「己」の字のように蛇行して流れる旧浜田川も確認できる。そのため、集落の東側と新たに修築された浜田川の間の箇所は、建物の建設がほとんど進んでいなかった。土地区画整理予定図である図3-4を見ると、図5-1では宅地化されていない改修後の浜田川西側と浜田集落東側にはさまれた地区は、旧浜田川が埋立てられ宅地としての区画が計画されていた。このような浜田川改修とセットになって計画されていた街路整備と宅地造成は、未だ進んでいなかったことがわかる。他方図3-4から確認できる、浜田地区を南北に走る道路の西側に予定されていた学校や公園などの公共用地の一部は、図5-1でも白くなっており実際に準備されていた。浜田地区西方の田畑を転用して学校敷地や公園などの公共施設を創出する一方で、もともと複数の流れであった浜田川を一筋の流れに改修し、元の流れの箇所を宅地に利用することで宅地面積を増やそうとしている（ただし、この事業はこの段階では中断されている）ことが読み取れる。

他方で、大庄中部第一土地区画整理事業としての浜田川の改修工事が滞った一九五〇年代において、同河川には土

図5－1　浜田地区北部の航空写真（1948年）

出典：アメリカ極東空軍による航空写真（1948年2月20日撮影、尼崎市立地域研究史料館所蔵）。

地区画整理の当初の意図には含まれない、新たな二つの公共的性格が付与された。

一つは、樋門の建設である。第三章で述べたように、浜田川には、蓬川との境付近の箇所に「石門樋」と呼ばれる樋門が存在していたが、これに加えて一九五〇年代半ばに、これよりやや上流に新たな樋門が設置された。このことを示すのが、一九五五年の尼崎市議会での質問である。議員の明田謙二は、以下の通りに質問した。「次に国道の蓬川の入江橋から北に至りますあの樋門の間におきまする河川が、これが県の管轄河川であろうかと思います。それから北の池になっておりますところから、さらに一丁ばかり上りましたところに、今回灌漑用水の面におきまして、そこに樋門をおつくりになっておる、ゆえに現在あの樋門から今回新しく造った樋門までの間、相当大きな池のいわゆる跡ができまして、現在のひでりの続きまするこのときにおいて、まことに悪臭を放ち、付近のものは非常な迷惑を感じておるのでございます」（傍点は引用者）[1]。この質問から、「蓬川の入江橋から北に至りますあの樋門」（＝第三章で述べた「石門樋」と推定）の上流に灌漑用水目的で樋門が設置されたことが読みとれる。

両樋門の位置を、地形図で確認しておこう。図5-2(a)(b)は一九五七年に作成された三千分の一地形図「出屋敷」「立花」から、浜田川と蓬川の双方が接続する箇所を示したものである。図5-2(a)の地図（「立花」）で浜田川の川幅が膨らむ直前に記されている地図記号⊓⊓（地図中矢印の先の箇所）が、一九五五年ころに市が新たに設置した樋門である。その下流（地図は切れてしまうので、(b)「出屋敷」を参照）には、議員・明田のいうように、川が膨らんで池のようになっていて、その下流部の土手両岸がくびれて近接し、その上に川を横切る道が通っており、川の箇所の南北に凹凸があることがわかる。この凹凸の部分が、「石門樋」と想定される。

尼崎市では、土地改良事業の一環として大庄地区において一九五四年度に三カ所、五五年度に二カ所の樋門が新たに設置された[2]。その一つが浜田川に新たに作られた樋門と考えられよう。新たに樋門が設置された理由について詳しくは不明だが、浜田地区では敗戦後において農業が継続されていた点、河川改修によってこれまで幾筋に分かれて流れていた浜田川が一筋の河川となる予定であり、これに伴い周辺田畑への灌漑用水や排水が改修前と変化するために設置されたものと考えられよう。『堀新次日記』にも、一九五五年の浜田地区における田植えの直前に「H20は変電所横の新設樋門が不完全であるので水を充分に保有することが出来ないと云っていた」（一九五五年七月一日）と記されていた。図5-2(a)からわかるように、新しい樋門は変電所の脇にあり（地図中の矢印の先の箇所）、引用文の樋門がこの樋門を指すことは間違いない。日記から、新設樋門が必ずしも十分に機能していなかったこともうかがわれるが、後述するように両樋門（とりわけ「石門樋」）は、浜田地区農家の用排水のために用いられた(3)。

もう一つは、排水路としての新たな性格である。一九五九年に、尼崎市は浸水対策の一環として、東海道本線の北側の排水を浜田川・蓬川に流す排水路の建設（浜田排水路）を行った。「これまで、水堂方面にたまった水は流れる川が無いのでその辺を浸し、田の中の小溝を櫛の目のように一面に南へ流れて、道意、元浜方面の浸水をひき起こしていた」ため、「立花金属とダイアマ製菓の間にある川を改修して南へ抜き、工事延長七一〇メートルで浜田川につないで、水堂、道意の浸水を同時に防ぐという大切な工事」と市では位置づけていた(4)。浜田排水路の計画はその他の箇所も含め総延長三三〇二メートルにのぼり、一九六二年度まで八〇九〇万一〇〇〇円の費用をかけて実施する計画であった(5)。

浜田川を排水路として使用しようとしたのは、下水道の整備状況との関係があった。尼崎市における下水道の設置については、旧尼崎市域を中心とする市南東の第一排水区・第二排水区の幹線工事が一九五九年に終わった段階で、旧村部の大庄地区や立花地区は一九五〇年代においては工事すら行われていなかった(6)。そのため尼崎市では、市南部の低地とともに、東海道本線より北部の地域においても浸水被害に悩まされていたことは、第二章で述べた通りである。一九六〇年代に入って大庄地区で工事が始まったものの(7)、高度成長期の段階ではなお未整備の地区が多く、立花地区も同様で、尼崎市内の公共下水道の普及率は一九七三年三月末段階で二七・二％にとどまっていた(8)。直ちに公共

浜田川・蓬川の境付近の様子

(b)

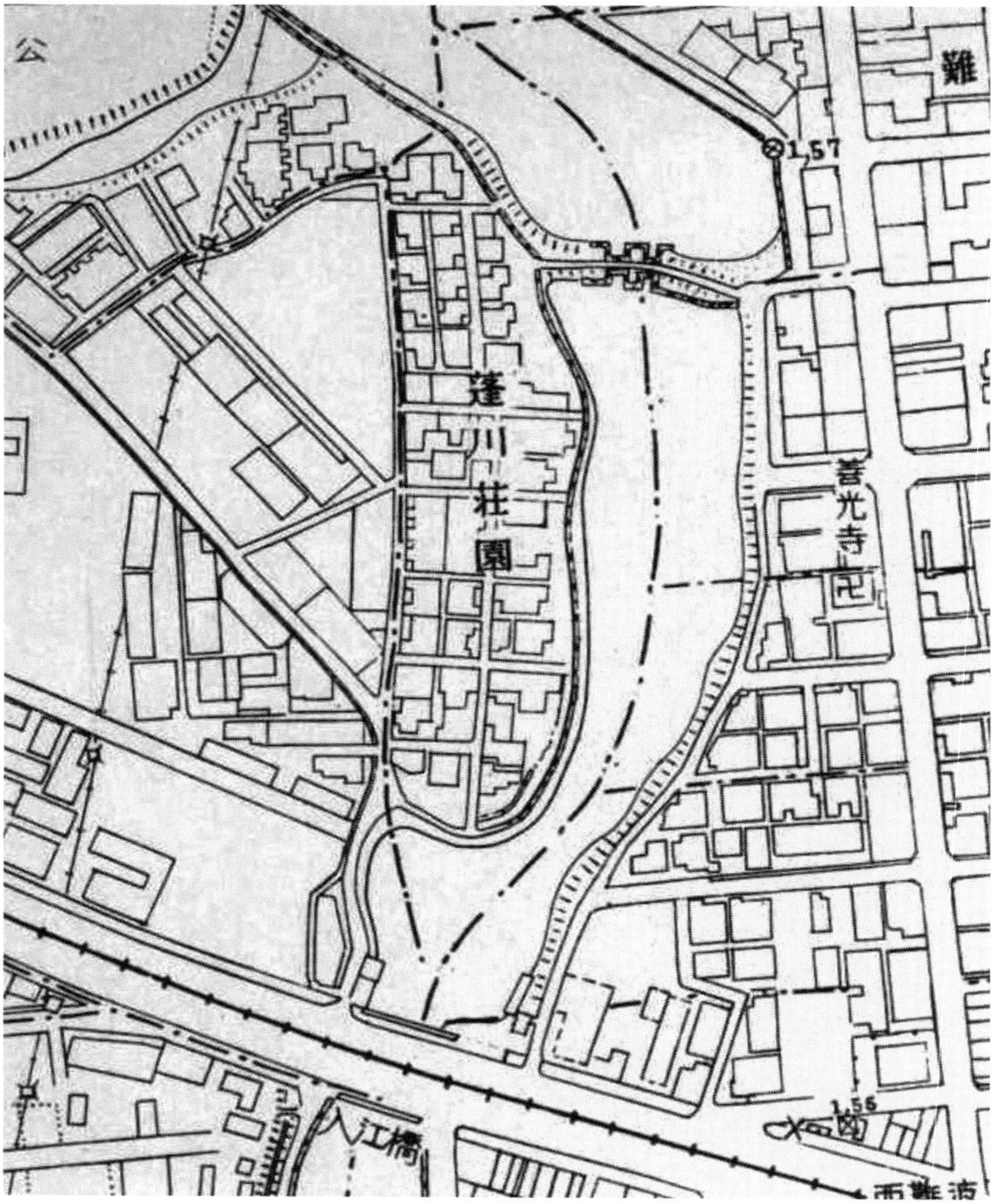


出典：3000分の1地形図『出屋敷』（1957年3月測図、尼崎市立地域研究史料館所蔵）。
　注：原図を拡大している。図北部の河川土手が一旦内側にくびれたところにある樋門が「石門樋」。

図５－２　1957 年当時における

(a)

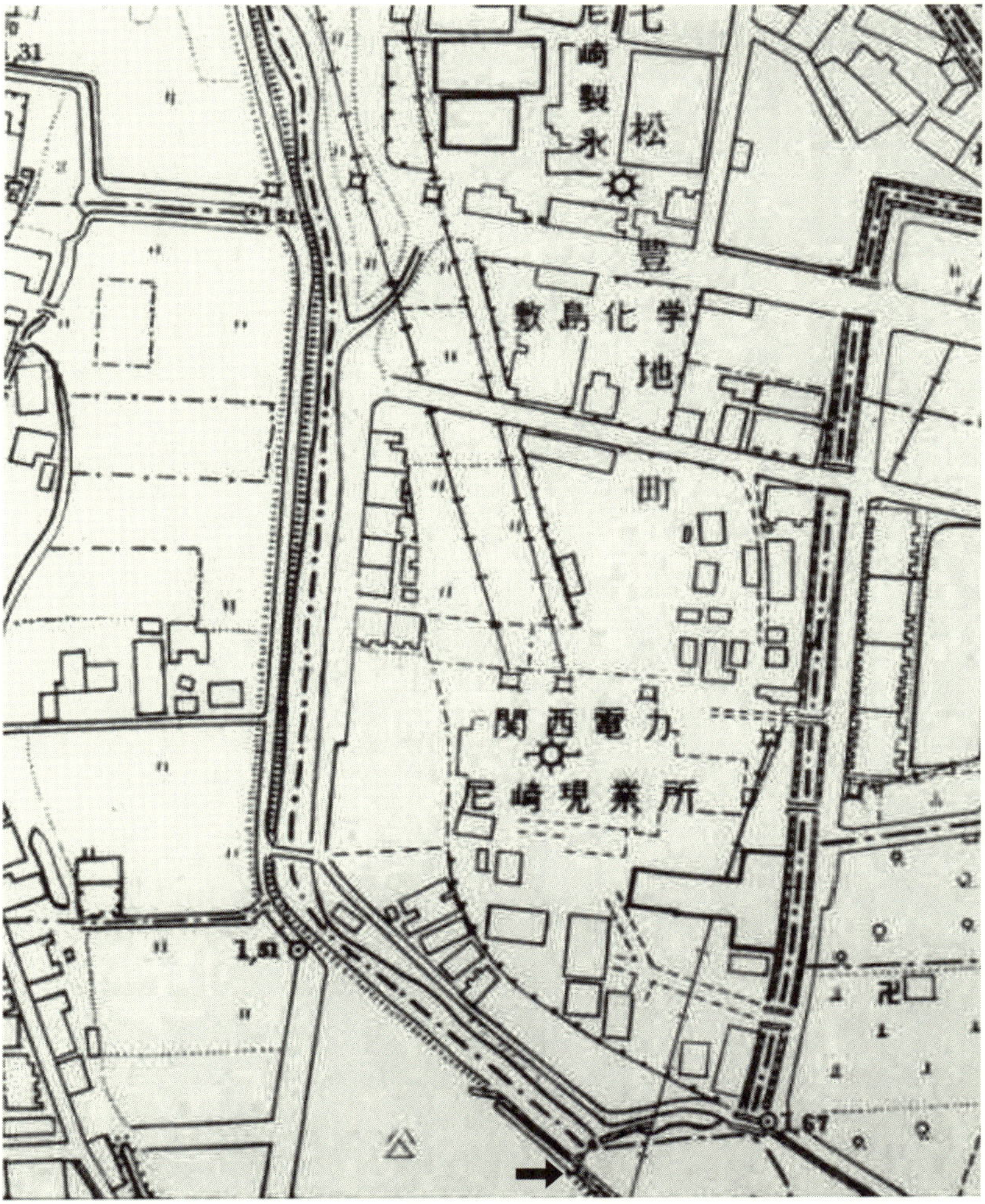


出典：3000 分の１地形図『立花』（1957 年３月測図、尼崎市立地域研究史料館所蔵）。
注：原図を拡大している。関西電力の南側を流れる浜田川の川幅が膨らむ手前に、水門の地図記号 ロ–ロ が確認できる（矢印の箇所）。

下水道の設置が望めない中で、灌漑用水路としての性格を有する浜田川に東海道本線北側の地区からの下水を流しこむことで、同地区と大庄地区で問題となっていた浸水を防止しようとしたのである。

以上のように、もともと街路整備と宅地造成を意図して戦時中に改修された浜田川は、一九五〇年代に、灌漑用水としての施設が整備されるとともに、さらには市北部からの排水路としての性格も兼ね備えるようになった。市の公共事業によって、当初の土地区画整理事業の意図を超えた役割を担うようになったのである。

## 二、一九五〇年代における地主と農民の土地所有・利用

次に、浜田地区内における地主と農民の土地所有・利用について検討しよう。

表5-1は、大庄中部第一土地区画整理組合の換地決定後における主要土地所有者を示したものである。組合設立時には上位に位置していた松岡汽船や馬聘三などの不在地主が換地決定後の表でいなくなっていることが特徴だが、堀茂、堀本源治郎、堀内亀太郎、草葉忠兵衛など浜田地区に居住する地主は、換地決定後においても上位に位置していた。在村地主に関しては、戦前来の土地所有が一定程度継続していることがわかる。他方で農林省所有の土地が増加しているのも一つの特徴である。これは、五カ年売渡保留地域が本地区内には存在し、国が買収したままの状態が続いていたためであった(9)。

表5-2は、土地区画整理地区内の一集落である浜田集落に住む農家を示したものである。戦前の集落内の農家と戦後の農家との間に代替わりがあった場合など、農家の継承関係を正確に把握できていない場合があるが、戦前の階層との関連を意識して、大きく二つに分類した。

第一に、表左はじにⅰと記した階層で、浜田地区内耕作面積五反前後(あるいはそれ未満)の自小作・小作層である。農家番号H1、H4、H5、H9、H12ほか多数がこの階層に含まれる。

第二に、同じく表左はじにiiと記した階層で、浜田地区内の地主・自作層が含まれる。戦前地主＝H11、戦前専業の自作H19、H20、戦前兼業の自作H21、H22、H23、H25などがここに含まれる。

土地所有面についてみると、i層とii層とでは、表5-2の右はじの大庄中部土地区画整理組合地区内所有面積から、所有規模においてその差が大きいことがわかる。他方で、i層では、組合結成時には土地区画整理地区内の土地を所有している農家は三戸だけであったのが、換地処分後では、各戸の所有面積は多くが一反未満であるものの、一戸に急増しているのが特徴である。土地区画整理地区内の土地を所有することがなかった小作農民のなかで、土地所有者に変化したものが一定数いることがうかがえる。

土地利用面（耕作）面についてみると、i層よりii層のほうが耕作面積は大きいが、ii層においても一町歩を超えて耕作をしている農家は存在しなかった。一九三八年のデータではあるが、専業・兼業別でみても、とりわけii層の農家は、兼業農家が多いことがわかる。農家番号H22やH11をはじめとして、地区内所有面積一町歩を超える農家は多く存在することから、これらの多くが、宅地の貸地や小作地を所有する地主でもあると推定されよう。

一九五〇年代後半における各農家の土地移動の内容を示したのが、表5-3である。最初に、所有農地増加に関する事項を見ると、i層での増加が顕著である。なかでも、国有農地買受請求による所有面積増加が多く見られる。国有農地と

表5-1　大庄中部第一土地区画整理組合における換地決定後の主要土地所有者（換地決定後15反以上所有）

| 土地所有者 | 面積（反） | 地区面積に占める割合（%） | 居住地 |
|---|---|---|---|
| 尼崎市 | 124.9 | 13.5 | |
| 関西電力株式会社 | 74.1 | 8.0 | |
| 阪神電気鉄道株式会社 | 65.2 | 7.0 | |
| 堀茂 | 29.7 | 3.2 | 尼崎市浜田地区 |
| 樫本俊彌 | 29.3 | 3.2 | 尼崎市生津地区 |
| 堀本源治郎 | 26.2 | 2.8 | 尼崎市浜田地区 |
| 農林省 | 23.2 | 2.5 | |
| 堀内亀太郎 | 20.0 | 2.2 | 尼崎市浜田地区 |
| 草葉忠兵衛 | 19.0 | 2.1 | 尼崎市浜田地区 |
| 寺岡得夫 | 15.3 | 1.6 | 尼崎市浜田地区 |
| 柳川庄逸 | 15.2 | 1.6 | 尼崎市東地区 |

出典：『昭和31年　整理後土地台帳　大庄中部第一土地区画整理組合』（個人蔵、尼崎市立地域研究史料館にて借用）。

## 表5－2　浜田地区を耕作する農家とその面積

（単位：反）

| 階層 | 農家番号 | 戦前・戦時 |  | 戦後 |  |  |  |  | 大庄中部第一土地区画整理組合員と地区内所有面積 |  |
|---|---|---|---|---|---|---|---|---|---|---|
|  |  | 戦前階層（1938年） | 戦前専業・兼業別（1938年） | 耕作・所有面積① |  |  | 耕作面積② |  |  |  |
|  |  |  |  | 耕作面積 | 耕地所有面積 | 年次 | 1956年末 | 1961年末 | 組合結成時 | 換地処分後 |
| i | H1 | 小作 | 兼業 | 5.5 | 0 | 1955年 | 2.7 | 3.2 |  | ○0.4 |
|  | H4 | 小作 | 専業 |  |  |  | 0.5 | － |  | ○0.2 |
|  | H5 | 小作 | 専業 |  |  |  | 5.1 | － | ○0.5 | ○0.5 |
|  | H9 | 小作 | 専業 |  |  |  | 2.7 | 2.0 |  |  |
|  | H12 | 小作 | 兼業 | 3.7 | 1.8 | 1958年 | 5.5 | 5.9 | ○2.3 | ○1.8 |
|  | H14 | 小作 | 兼業 | 2.5 | 3.9 | 1954年 | 0.3 | － | ○0.4 | ○2.0 |
|  | H17 | 小作 | 専業 |  |  |  | 3.9 | 2.5 |  | ○0.3 |
|  | H18 | 小作 | 専業 | 5 | 4 | 1954年 | 2.5 | 2.3 |  | ○0.4 |
|  | H32 | 小作 | 専業 |  |  |  | 2.4 | 2.4 |  |  |
|  | H101 | 小作 | 兼業 |  |  |  | 0.4 | － |  |  |
|  | H102 | 小作 |  | 5 | 0 | 1955年 |  |  |  | ○0.3 |
|  | H103 | 小作 |  | 5.1 | 3.8 | 1955年 |  |  |  | ○0.4 |
|  | H104 | 小作 | 兼業 | 3.8 | 0.4 | 1955年 |  |  |  | ○0.3 |
|  | H105 | 小作 | 兼業 | 3.8 | 0 | 1955年 | 2.4 | 1.1 |  | ○0.3 |
|  | H106 |  |  | 5.1 | 0 | 1955年 |  |  |  |  |
|  | H107 |  |  | 4.1 | 1.5 | 1958年 |  |  |  |  |
|  | H108 |  |  | 3.9 | 0 | 1957年 | 3.2 | 1.8 |  |  |
|  | H109 |  |  | 3.6 | 0.2 | 1955年 | 1.8 | － |  |  |
|  | H110 |  |  |  |  |  | 1.6 | － |  |  |
| ii | H19 | 自作 | 専業 |  |  |  | 1.5 | － | ○4.5 | ○2.8 |
|  | H20 | 自作 | 専業 |  |  |  | 11.4 | 9.9 | ○13.4 | ○8.9 |
|  | H21 | 自作 | 兼業 | 8.4 | 8.6 | 1958年 | 8.3 | 6.9 | ○20反以上 | ○19.6 |
|  | H22 | 自作 | 兼業 | 3.5 | 3.3 | 1955年 | 6.1 | 5.2 | ○20反以上 | ○20反以上 |
|  | H23 | 自作 | 兼業 |  |  |  | 5.4 | 3.8 | ○11.2 | ○8.0 |
|  | H25 | 自作 | 兼業 | 1.5 | 6.9 | 1955年 | 1.6 | 1.1 | ○20反以上 | ○12.9 |
|  | H27 | 自小作 | 兼業 |  |  |  | 1.5 | 1.4 | ○6.1 | ○4.3 |
|  | H28 | 自小作 | 兼業 |  |  |  | 1.1 | 1.3 |  | ○ |
|  | H35 | 自作 | 兼業 | 3.8 | 2.8 | 1955年 | 1.7 | 0.4 | ○20反以上 | ○18.3 |
|  | H111 | 地主 |  | 3.7 | 3.7 | 1960年 | 5.0 | 5.0 | ○20反以上 | ○20反以上 |
|  | H112 |  |  |  |  |  | 3.4 | 3.4 | ○20反以上 | ○15.3 |
|  | H113 |  |  |  |  |  | － | 2.7 |  | ○8.9 |
| その他 | H114 |  |  | 3.7 | 3.5 | 1955年 | 1.3 | 0.8 |  |  |
|  | H115 |  |  |  |  |  | 2.7 | 0.9 |  |  |
|  | H116 |  |  |  |  |  |  | 3.7 |  | ○1.7 |
|  | H117 |  |  |  |  |  | 2.7 |  |  | ○0.2 |
|  | H118 |  |  |  |  |  | 0.3 | 0.6 |  |  |
|  | H119 |  |  |  |  |  |  | 2 |  |  |
|  | H120 |  |  |  |  |  | 0.6 | － | ○2.0 | ○1.2 |
|  | H121 |  |  |  |  |  | 3.2 | － |  |  |
|  | H122 |  |  |  |  |  | 1.0 | 0.5 |  |  |
|  | H123 |  |  |  |  |  | 2.3 | － |  |  |
|  | H124 |  |  |  |  |  | － | 1.4 |  |  |
|  | H125 |  |  |  |  |  | 0.8 | 0.4 |  |  |
|  | H126 |  |  |  |  |  | － | 3.8 |  |  |

出典：耕作面積は『昭和三十一年度　農会費勘定取集帳　浜田部落農会』、『昭和三十六年度　農会費取集帳　浜田農会』（ともに個人蔵、尼崎市立地域研究史料館にて借用）。戦前階層・戦前専業・兼業別は『昭和十三年度　農家調査書類　大庄村役場』（尼崎市立地域研究史料館所蔵）、大庄中部第一区整組合員（組合結成時）は『組合員の氏名並にその所有する土地の地積賃貸価格　大庄村中部第一土地区画整理組合』（個人蔵、尼崎市立地域研究史料館にて借用）、大庄中部第一区整組合員（換地処分後）は前掲『昭和31年　整理後土地台帳　大庄中部第一土地区画整理組合』〔表5－1〕、農地買受請求面積は『尼崎市農業委員会議事録』1955年、1957年。

注：階層ⅰ・ⅱに含まれない農家（農家番号H114～H126）は、戦前のデータと戦後のデータとの連続性が確認できない農家。

は、第四章で述べたように農地改革に基づく地主からの土地買収によって農林省所有のままとなった農地のことで、i層の小作農民は、これらの農地に対して、一九五〇年代半ばにおいても尼崎市農業委員会に引き続き買受を請求していた。このような動きに対し尼崎市農業委員会においては、戦後改革期に問題が発生した地点でもあり慎重に審議した。一九五五年一月の農業委員会においては、「売渡後問題が起らないと解されるもののみを議案として上程し」、「未だ何等かの問題が解決されていないものについては関係者間の意見を調整し了解が得られた後買受申込の提出をなさしめたいと考えて居ります」との書記長からの報告に基づき原案通り買受請求が認められた(10)。一九五七年二月の農業委員会においても、表5-3にあるように同様の買受請求が認められた(11)。買受価格は、五七年においては坪二五〜五一円の間であった。浜田地区で確認できる同年の農地法第五条転用の場合、売買価格は坪三〇〇〇円であったから(12)、i層の多くの農家は、市街地価格に比べて比較にならないほどの安価な価格で耕地を所有したといえよう。また農家番号H1・H12・H18・H107は、農地法第三条に基づき小作地の自作化も果たしていた。

次に、表5-3における耕作農地の減少に関する事項を見よう。ここには、尼崎市農業委員会に申請された、農地法第三条に伴う移動（農地としての所有権などの移動）と、同法第四条に伴う転用（農地所有者が所有権を移動させることなく自らの農地の地目を変更する場合）、農地法第五条に伴う転用（農地所有者が第三者に対して所有権を移転相続など し相手方が地目変更する予定である場合）の三つに分類して表示し、さらに非農地証明による転用（地目が「田」「畑」であるが現況が農地ではない場合で一定の条件を満たす場合）を別記した。

ここから直ちにわかることは、農家番号H14・H21・H25などを除き、この間耕作農地を減少させた農家のほとんどが、農地を増加させた農家でもあるという点である。この傾向は特に階層iの農家に顕著で、階層iの場合、全ての事例が農地法第三条や農地法第五条など所有権の移動が伴う内容であった。階層iの場合、譲渡の理由が、負債の返済・子息の住居建築資金、労力不足が多い点も指摘できよう。階層iの農家は国有農地を買受したとはいえ、生活

## 農家と耕地移動（1954～60 年）

（単位：反）

| に関する事項 | | | 非農地証明 | |
|---|---|---|---|---|
| 農地法第 4 条に基づく転用 | 理由 | 農地法第 5 条に基づく転用 | 非農地証明 | 内容 |
| | | 0.1（58 年・創） | | |
| | | | | |
| | | | | |
| | | | | |
| | | 0.1（58 年・創） | | |
| | | | | |
| | | | | |
| | | | | |
| | | | | |
| | | 0.5（60 年・非） | | |
| | | | | |
| | | | | |
| | | 0.4（57 年・創） | | |
| | | 0.4（58 年・創） | | |
| | | 0.9（58 年・創） | | |
| | | | | |
| | | 0.9（57 年・創） | | |
| | | | | |

表5－3　浜田地区

| 階層 | 農家番号 | 所有農地増加に関する事項 | | | | 所有（耕作）農地減少 | | |
|---|---|---|---|---|---|---|---|---|
| | | 増加面積 | 国有農地買受請求面積 | 農地法第3条に基づく譲受 | 理由 | 減少面積 | 農地法第3条に基づく譲渡 | 理由 |
| | H1 | 2.4 | 1.2(55年) | 1.2(54年) | 小作地の自作化 | 0.2 | 0.1(58年) | 転用に伴う移転交換 |
| | H4 | | | | | | | |
| | H5 | 2.3 | 2.3(55年) | | | | | |
| | H9 | | | | | | | |
| | H12 | 3.6 | 2.0(55年)<br>0.5(57年) | ① 1.0(54年)<br>② 0.1(58年) | ①小作地の自作化<br>②転用に伴う移転交換 | | | |
| | H14 | | | | | 0.9 | 0.9(54年) | 小作地の自作化 |
| | H17 | | | | | | | |
| | H18 | 1.8 | 0.4(55年)<br>0.2(57年) | ① 1.0(54年)<br>② 0.2(58年) | ①小作地の自作化<br>②区画整理に伴う離作補償 | 0.2 | 0.2(60年) | 家屋修理費 |
| i | H32<br>H101 | | | | | | | |
| | H102 | 3.4 | 3.2(55年) | 0.2(60年) | 交換 | 1.9 | ① 0.3(57年)<br>② 1.0(59年)<br>③ 0.1(60年) | ①負債返済<br>②労力不足<br>③交換 |
| | H103 | 2.9 | 2.5(55年) | 0.4(58年) | 経営拡張 | 0.2 | 0.2(58年) | 子息の住居建築資金 |
| | H104 | 2.4 | 2.2(55年)<br>0.2(57年) | | | 0.3 | 0.3(57年) | 負債返済 |
| | H105 | 0.6 | 0.6(55年) | | | 0.8 | 0.4(58年) | 子息の住居建築資金 |
| | H106 | 0.9 | 0.9(55年) | | | 0.5 | 0.1(57年) | 負債返済 |
| | H107 | 2.4 | 1.5(57年) | 0.9(54年) | 小作地の自作化 | 1.6 | 0.7(58年) | 負債充当、労力不足 |
| | H108 | 0.8 | | 0.8(57年) | 経営拡張 | | | |
| | H109 | 1.7 | 1.7(55年) | | | 1 | 0.1(57年) | 負債返済 |
| | H110 | | | | | | | |

| に関する事項 | | | 非農地証明 | |
|---|---|---|---|---|
| 農地法第４条に基づく転用 | 理由 | 農地法第５条に基づく転用 | 非農地証明 | 内容 |
| | | | | |
| | | | | |
| | | 0.5(59年・非) | | |
| | | 0.2(56年・非) | 1.0(58年) | 旧５条４号地 |
| | | | | |
| | | | | |
| | | | | |
| 1.2(55年・非) | 分家し、結婚するため | ①0.4(55年・非)<br>②0.9(56年・非) | 0.4(57年) | |
| | | | ①0.4(57年)<br>②0.8(58年) | ①旧河川敷<br>②荒蕪地 |
| | | | | |
| | | | | |
| | | | | |
| 0.2(59年・非) | 分家し結婚するため | | 0.2(58年) | 旧５条４号地、現況河川敷 |
| | | | | |

せることなく自らの農地の地目を変更する場合。農地法第５条に伴う転用：農地所有者が第三者に対して所有権を
が農地ではないことが確認される場合で一定の条件を満たす場合に非農地証明願を受けて尼崎市農業委員会がこれ

| 階層 | 農家番号 | 所有農地増加に関する事項 | | | | 所有（耕作）農地減少 | | |
|---|---|---|---|---|---|---|---|---|
| | | 増加面積 | 国有農地買受請求面積 | 農地法第3条に基づく譲受 | 理由 | 減少面積 | 農地法第3条に基づく譲渡 | 理由 |
| ii | H19 | 1.0 | | 1(59年) | 経営拡張 | 0.9 | 0.9(59年) | 小作地の譲渡 |
| | H20 | 2.0 | 0.7(57年) | ①0.4(58年)<br>②0.9(59年) | ①代替地<br>②小作地の自作化 | 0.7 | 0.7(59年) | 買換 |
| | H21 | | | | | 0.7 | 0.2(58年) | 離作補償 |
| | H22 | 0.3 | 0.2(57年) | 0.1(57年) | 経営拡張 | 0.2 | | |
| | H23 | | | | | | | |
| | H25 | | | | | 3.5 | ①3.5(55年)<br>②0.6(59年) | ①小作地の自作化<br>②離作補償 |
| | H27<br>H28 | | | | | | | |
| | H35 | 0.8 | 0.8(55年) | | | 2.5 | | |
| | H111 | 0.6 | | 0.6(57年) | 経営拡張 | 0.3 | 0.3(60年) | 交換 |
| | H112<br>H113 | | | | | | | |
| その他 | H114 | 0.4 | 0.4(55年) | | | | | |
| | H115<br>H116<br>H117<br>H118<br>H119<br>H120 | | | | | | | |
| | H121 | | | | | 0.2 | | |
| | H122<br>H123<br>H124<br>H125<br>H126 | | | | | | | |

出典：各年度『尼崎市農業委員会会議録』。
注：農地法第3条に伴う移動：農地としての所有権などの移動。農地法第4条に伴う転用：農地所有者が所有権を移動さ移転相続などし相手方が地目変更する予定である場合。非農地証明願による転用：地目が「田」「畑」であるが現況を認めた場合。「創」＝創設農地、「非」＝非創設農地。

資金不足や労働力不足から、農地を直ちに手放し、経営を縮小させるケースが多く存在したこと、そして、国有農地を買い受けた際の面積当たりの単価をはるかに超える金額で、所有地の一部を売却したと推定されよう。なお、農地法第五条による転用には創設農地も存在していたが、「創設地であるが区画整理済の土地で環境よりみてやむを得ない」（農家番号H106の事例）というように、承認された。[13] 市農業委員会も土地区画整理地区内であることを理由に創設農地の転用を認めた。

その一方で、農地法第四条による転用は、階層iiで一件、「その他」で一件みられるだけで、ほとんど存在しなかった。土地区画整理が事業半ばでとどまったとはいえ、組合が解散した後においても地主や農民自らが、農地転用を図って宅地化を進める動きは少なく、所有権を譲渡する場合でも第三条による譲渡の方が多かった。このことは、第一編でみた、一九三〇年代における橘土地区画整理地区における在村地主の行動——川端又市の行動にみられるような、農地を宅地に地上げし貸地に出す——とは大きく異なった。

図5-3は、一九六一年二月に撮影された浜田地区北部の航空写真である。浜田旧北居地・南居地の集落の西側や浜田川沿いに田畑があることが確認できるが、一九四八年の撮影である図5-1と比べると、旧浜田川は姿を消し（この点後述）、南北を貫く都市計画街路の西側で学校や公園など公共施設の造成がさらに進み、全体として家屋が増加していることがわかる。他方「石門樋」や一九五五年ころに設置された樋門も、不鮮明ながら確認することができる。農地転用が実際に進んでいる一方で、田畑や灌漑施設も一定程度残存している様子がうかがえよう。

## 三、日記からみる組合解散時の浜田地区

事業半ばにして一九五六年に解散した大庄中部第一土地区画整理組合の事業について、『堀新次日記』ではどのように描かれているであろうか。

図5－3　浜田地区北部の航空写真（1961年）

出典：『尼崎市域航空写真　1961年2月』（尼崎市立地域研究史料館所蔵）。

第一に指摘できるのが、浜田川改修に伴う旧河川跡の埋立を、該当箇所の土地所有者である新次らが自ら行っている点である。一九五四年一一月の日記に、新次は「愈々区画整理組合の事業も大詰に近付いて来たので新らしく区画された土地に移行しなければならぬ様になった。このために家でも先ず上川端から始めなければならない」（一九五四年一一月一八日）と記し、以後、一九五四年一一月一九、二〇、二二、二三、二九、三〇日、一二月一、四日とかなりの日数を埋立作業に費やしている。「昨日は午後上川端に赴き埋設作業に敢斗した。区画整理のオッサンが来てよく出来ましたと上手口を云っていたが土が約二〇〇荷程不足している。この補充は東側の道路際の土で償う予定である」（一九五四年一一月二三日）などの叙述から、新次自らが作業を行っている様子がうかがえる。「八時一五分より西田まで小便壱荷持ってゆき畑に掛ける。西田の南側の広い道は予定の道巾を拡げるために土工が二十人程集まって焚火していた」（一九五四年一二月二一日）という叙述もあるため、組合として土工を雇って事業を進めた箇所もあったようだが、旧河川跡地の埋立は、該当地の所有者自らの作業によって行われていたといえよう。

第二に指摘できるのが、同じく河川改修との関連と思われるが、新次所有の田畑に新たに土管を埋設している点である。新次は一九五五年二月二一日に口径四寸の土管を二六本購入し、翌二三日に妻と「上川端の道路を切開して四寸の土管を十三本敷設」（一九五五年二月二三日）した。翌二四日には、宮浦に土管を埋設した。日記にはこれ以上記されていないため詳細は不明であるが、河川の位置が変化し旧河川跡を埋め立てたことに鑑み、田畑の用排水のために土管を敷設したであろうことは想像に難くない。

第三に指摘できることは、換地後に割り当てられた従前の土地から離れた換地の埋立も新次自らが行っている点である。大庄中部第一土地区画整理地区内における堀新次名義の所有地をみると、従前の土地と換地がやや離れている箇所があった。その一つが、従前の土地＝東浦という小字内の土地が東向田という東浦の南側に位置する地点に換地されたケースであった(14)。同地点は地区内を東西に走る計画道路沿いで宅地としての利用価値は高いと推定されるが、旧浜田川跡に位置していたため埋立は行われていなかった。そこで、堀は一九五五年五月二日に新次の妻とともに「大文川の区画についてはっきりと区切りをつけにゆく」(15)（一九五五年五月二日）とあるように換地の見分を行い、その後、新次は妻とともに五月四日から換地の埋立作業を開始した。表5-4は、その作業日数と会社勤務との関係を記したものである。宿直明けの非番日と公休日を埋立作業に利用していることがわかる。新次の妻もほとんどの作業に参加していることが特徴である。妻が他の家事を担当していたことに鑑みれば、妻にとっても埋立作業は相当の重労働であったことは間違いあるまい。作業開始から一〇日程度で「四分の一程度の土地が整理され努力の跡がハッキリ現れて来た」（一九五五年五月一三日）という。「昨日は東向田の整地で大敢斗した」（一九五六年五月二六日）という記事、さらには「この頃東向田の整地埋立作業にカン〳〵となりそれこそ傍目も振らずに働き続けていたので非番日の方が反って自分には苦労である。然し乍ら自分の意志でやる作業と会社業務の様に命令で止むなくやる作業とは自ら疲労度が違って来る。要するに自ら進んでする仕事は楽であり精神労働よりも肉体労働の方がより楽と云える」（一九五五年六月三日）の記事から、新次は埋立・整地作業をやりがいを持って進めていたといえよう。

こうして一カ月後の六月四日に整地は終了した。この作業について、新次は「最初に埋立作業を始めたのは五月四日であった。そのときにはこんな大きな河が何時になったら埋立出来るだろうかと心配であった。然し乍ら人の努力は怖しいものである。二人協力して壱ケ月目の昨日にこの大事業も完成出来た。これは当事者のみ知る喜びである」（一九五五年六月五日）との感想を記している。新次は一九五五年度の田植において、早速東向田で整地した土地を稲作に利用した。

このように、戦前から農地の一部を宅地に転用し貸地を行っていた堀家であったが、一九五〇年代においては土地区画整理の一応の終了を機に宅地化を図るのでなく、旧浜田川跡を埋立て田を増やそうとした点は、注目すべきである。「村では宅はもう耕作地の多い部に属する様になった。それは戦争中戦後の土地区画整理中の過渡期に於て宅程

表5－4　換地先での埋立作業（堀新次所有地、1955年5～6月）

| 月日 | 東向田の埋立及び整地作業時間 | 作業者 | 新次の会社勤務時間 | 備考 |
|---|---|---|---|---|
| 5月4日 | 14時～19時 | 新次、妻 | （宿直）～9時15分 | |
| 5月5日 | 12時30分～19時10分 | 新次、妻 | 公休日 | |
| 5月6日 | - | | 8時50分～（宿直） | |
| 5月7日 | 16時10分～ | 新次 | ～15時30分 | |
| 5月8日 | - | | 9時～（宿直） | |
| 5月9日 | - | | ～15時30分 | |
| 5月10日 | - | | 8時50分～（宿直） | |
| 5月11日 | 11時10分～19時 | 新次、妻 | ～9時 | |
| 5月12日 | 9時50分～19時10分 | 新次、妻 | 公休日 | |
| 5月13日 | - | | 8時50分～（宿直） | |
| 5月14日 | 9時50分～12時40分、13時40分～18時50分 | 新次、妻 | ～8時45分 | |
| 5月15日 | - | | 9時～（宿直） | 弟が土運びの手伝い |
| 5月16日 | 10時～12時15分、13時～19時 | 新次、妻 | ～8時50分 | |
| 5月17日 | - | | 8時40分～（宿直） | |
| 5月18日 | 10時～13時10分、13時45分～17時 | 新次、妻 | （～9時頃） | |
| 5月19日 | - | | 公休日 | 親睦会の遠足 |
| 5月20日 | - | | 17時05分～（宿直） | 午前じゃが芋施肥、午後浜田小学校育友会 |
| 5月21日 | - | | ～9時 | |
| 5月22日 | - | | 8時50分～17時（後半は代休） | 夜大峰登山出発の護摩焚き |
| 5月23日 | 9時20分～12時15分、13時30分～19時10分 | 新次、妻 | | |
| 5月24日 | - | | 8時50分～（宿直） | |
| 5月25日 | 10時～12時20分、14時～19時 | 新次、妻 | ～8時50分 | |
| 5月26日 | 8時から様子を見に行く | 新次 | 公休日 | 大峰登山 |
| 5月27日 | - | | 休暇 | 大峰登山 |
| 5月28日 | - | | 休暇 | 大峰登山 |
| 5月29日 | - | | 8時55分～（宿直） | |
| 5月30日 | - | | ～8時40分 | 農作業 |
| 5月31日 | - | | 8時50分～（宿直） | |
| 6月1日 | 10時～13時15分、14時～19時15分 | 新次 | ～9時 | |
| 6月2日 | 8時～12時20分、13時～15時40分、16時40分～19時20分 | 新次、妻 | 公休日 | |
| 6月3日 | 朝様子を見に行く | 新次 | 8時50分～（宿直） | |
| 6月4日 | 9時45分～12時30分、13時20分～19時40分（整地終了） | | ～9時10分 | |

出典：前掲『堀新次日記』〔表3－3〕1955年。
注：「新次の会社勤務時間」は出社時と退社時の時刻を示したが、不明の場合家を出発した時刻（あるいは帰宅時刻）を示した場合がある。

被害の多い家は無かった。それが一応曲がりなりにも型がついて未完成乍ら一応終わったので、反って作田が増えた形になったのだ。」（一九五五年一一月二〇日）と新次自らが振り返ったように、土地区画整理終了間際における農地造成を念頭においた埋立などの諸作業は、農業を媒介とした新次と土地・水との関係をかえって強める役割を果たしたのである。

## 第二節　一九六〇年代前半における土地利用の変化

### 一、農地転用の特徴

一九六〇年代における尼崎市の農地転用を最初に検討する。表5-5は、尼崎市農業委員会に申請された農地法第四条と、第五条に伴う転用を尼崎市全体と浜田地区に分けてまとめたものである。第四条転用は、尼崎市内では一九六〇年代前半から増加しているが、浜田地区では一九六三年頃から始まる程度であった。その代わりに、表5-5に合わせて載せた浜田地区における非農地証明の件数が一九五〇年代後半に多くみられた。その理由は複数存在するが、そのうちの一つが、土地区画整理の実施後、地目上は農地であっても荒地のままとなっていた土地の、非農地としての証明であった。五条転用は、尼崎市内で一九六一年に五〇町以上にまで増加するものの、その後六〇年代前半に減少する。この傾向は、浜田地区も同様であった。表序-1からわかるように、尼崎市では六〇年代前半まで市域全体において人口が増加しているが、大庄地区では伸びが鈍化し、本庁地区では減少傾向に転じていた。反対に、市北部区域で、人口の増加が顕著であった。工場立地や公共施設等の建設が相次いだ一九五〇年代と異なり、住宅建設が農地転用の主たる理由となったことが、尼崎市や浜田地区で五条転用が減少した一つの理由となっていると考えられよ

表５－５　尼崎市農業委員会への農地法第４条・第５条に基づく農地転用申請

| 年次 | 第４条転用申請 | | | | 第５条転用申請 | | | | 浜田地区の非農地証明（反） |
|---|---|---|---|---|---|---|---|---|---|
| | 尼崎市内全域 | | 浜田地区 | | 尼崎市内全域 | | 浜田地区 | | |
| | 件数 | 面積（反） | 件数 | 面積（反） | 件数 | 面積（反） | 件数 | 面積（反） | |
| 1958年 | 38 | 18 | － | － | 270 | 343 | 5 | 1.9 | 7.4 |
| 1959年 | 47 | 23 | 1 | 0.2 | 345 | 430 | 5 | 1.2 | 2.4 |
| 1960年 | 99 | 48 | － | － | 396 | 459 | 3 | 2.3 | 1.3 |
| 1961年 | 140 | 99 | － | － | 355 | 564 | 1 | 0.2 | 1.5 |
| 1962年 | 173 | 99 | － | － | 255 | 357 | － | － | 0.4 |
| 1963年 | 208 | 130 | 2 | 1.4 | 285 | 256 | － | － | 3.2 |
| 1964年 | 216 | 140 | 2 | 0.9 | 271 | 286 | 2 | 0.3 | 2.0 |
| 1965年 | 289 | 190 | 1 | 0.3 | 265 | 272 | 4 | 0.8 | 2.5 |
| 1966年 | 197 | 127 | 2 | 1.1 | 262 | 266 | 4 | 0.6 | － |
| 1967年 | 212 | 134 | 3 | 2.3 | 373 | 270 | 5 | 0.2 | 2.3 |
| 1968年 | 200 | 121 | 2 | 0.5 | 297 | 186 | 2 | 0.4 | 3.3 |
| 1969年 | 191 | 103 | 2 | 0.2 | 317 | 179 | 1 | 0.1 | 1.6 |
| 1970年 | 178 | 103 | － | － | 249 | 145 | － | － | 2.4 |
| 1971年 | 261 | 167 | 1 | 0.2 | 301 | 130 | 2 | 0.1 | － |
| 1972年 | 270 | 150 | 3 | 1.3 | 385 | 178 | 3 | 1.4 | 1.4 |
| 1973年 | 298 | 169 | 3 | 0.5 | 270 | 123 | 7 | 0.7 | 6.4 |

出典：各年次『事務報告書』尼崎市役所、前掲『尼崎市農業委員会会議録』〔表５－３〕。
注：浜田地区に関しては、浜田町１～５丁目、崇徳院１～３丁目の土地を対象とした。

う。

尼崎市農業委員会における農地転用の審議においてその方針に変化が見られたのも、一九六〇年代前半の特徴である。一九五九年に制定された「農地転用許可基準」と連動して、一九六〇年四月の尼崎市農業委員会では、創設農地の転用申請について、以下の点が確認された。「今迄県の指導方針として許可を抑制しているので検討されたのでありますが、現在農地法並びに転用許可基準よりみて創非の取扱上の区別なく環境並びに事情よりみて特にやむを得ないと認めるものについては許可されるよう処理すべきであるとの意見でした」[16]。創設農地であるか否かよりも、「環境並びに事情よりみて特にやむを得ない」かどうかを農業委員会としては審議すべきとの方針を明示したのである。「農地転用許可基準」が一九六〇年代の農業委員会の審議基準に影響を与えていることがうかがえよう。

次に、農家ごとの土地利用の変化をみよう。表5-6は、一九六〇年代前半における浜田地区内農家の農地移動を示したものである。この時期において浜田地区の農家では、所有農地増加に関する農地移動はないので、減少に関する事項だけを挙げた。一九五〇年代後半に比べると農地移動自体が減少しており、階層iにおいては第四条転用が二件、第五条転用が一件だけであった。第四条転用を行った農家H12は子の結婚を契機とした転用であり、農家H103は「現家屋が老朽化しているので新築し生活の向上を図る」ことを転用理由に挙げた。農家H18は、世代交代が契機となった相続者の自家用の転用であった。

階層iiに注目すると、一九六三年から徐々に宅地利用増加がみられるようになる。この場合、まずは第四条転用よりも、非農地証明による転用が多くみられる点が特徴である。これは、前述したように、同地区が土地区画整理地区で、区画整理後未利用だった地目上「田」や「畑」であった土地の利用が開始されたためと考えられよう。

階層iiで自ら農地転用を進めた先駆としては、農家H19を挙げることができる。農家H19は阪神電鉄に勤務していた兼業の自作地主で、一九六三年に自ら貸倉庫を建設し、後に貸ビルを建設した。H19について堀新次は、自らの日記に「H19は会社を辞職してから本格的に事業に専念して、次は鉄筋二階建貸ビルを建てると張り切っている」（一九六四年二月一四日）と記した。H19は阪神電鉄勤務の際不動産事業に携わっており、その経験を生かして独立して自ら不動産事業に乗り出したと考えられる。(17) 浜田地区内で、自ら農地転用を始めた先駆的存在といえよう。ただしH19を除けば、農家自身が自所有地の転用を図る第四条転用は必ずしも多くはなかった。

一九六〇年代前半においては、五〇年代にみられた農地を増やそうとする農家は、存在しなくなった。代わって、少数の事例であるが、階層i・iiとも農地転用の理由に「生活の向上」「将来の生計確保」「生活安定」を挙げて、農地転用を図るケースが見られるようになった。ところで、転用の理由に共通して「生活安定」「生活の向上」といった文言がみられたのはなぜか？

## 農家と耕地移動（1961～65年）

（単位：反）

| 事項 | | | |
|---|---|---|---|
| 農地法第5条 | | 非農地証明 | |
| 譲渡面積（年次） | 転用目的 | 非農地証明 | 理由 |
| | | | |
| | | | |
| | | | |
| 0.2(65年・非) | 納屋、自己住宅。遺言による | | |
| | | | |
| | | 0.2(61年) | 宅地 |
| | | | |
| | | | |
| | | | |
| | | | |
| | | 0.4(65年) | 宅地 |
| | | 1.9(63年) | 宅地 |
| | | ①0.5(63年)<br>②0.3(65年) | ともに宅地 |
| | | 0.8(65年) | 宅地 |
| | | | |
| | | | |
| | | | |

## 表5－6　浜田地区

| 階層 | 農家番号 | 所有（耕作）農地減少に関する | | |
|---|---|---|---|---|
| | | 農地法第4条 | | |
| | | 転用面積(年次) | 事業施設 | 理由 |
| i | H1<br>H4<br>H5<br>H9 | | | |
| | H12 | 0.3(65年・非) | 自己住宅 | 次男が結婚するので別居させ、生活の向上を図るため |
| | H14<br>H17 | | | |
| | H18 | | | |
| | H32<br>H101 | | | |
| | H102 | | | |
| | H103 | 0.4(64年・創) | 自己住宅、車庫、納屋 | 現家屋が老朽化しているので新築し生活の向上を図るため |
| | H104<br>H105<br>H106<br>H107<br>H108<br>H109<br>H110 | | | |
| ii | H19 | 1.0(63年・創) | 貸倉庫 | 将来の生計確保のための収入の道を図るため |
| | H20<br>H21 | | | |
| | H22 | | | |
| | H23 | | | |
| | H25 | | | |
| | H27 | | | |
| | H28 | | | |
| | H35 | 0.4(63年・非) | 貸家住宅 | 固定収入の道を得て、生活安定を図るため |
| | H111<br>H112<br>H113 | | | |

| 事項 | | 非農地証明 | |
|---|---|---|---|
| 農地法第5条 | | | |
| 譲渡面積（年次） | 転用目的 | 非農地証明 | 理由 |
| | | ①0.4(62年)<br>②1.0(64年) | ともに宅地 |
| | | | |
| | | | |
| | | | |
| | | 0.9(64年) | 宅地 |
| | | | |
| | | 0.2(61年) | 宅地 |
| | | | |
| 0.2(61年・非) | 自己住宅、倉庫。結婚分家のため | | |

一九五二年一一月二五日に農林省農地局通達として出された「農地法関係事務処理要領」によれば、農地転用許可の可否についての検討の項目に関しては、「申請目的」が「次のいずれかの場合に該当することの明確なもの」と規定されている。具体的には「一、農業経営の合理化或は農業生産力の増強となる場合」と「二、公用、公共用その他国民生活の安定上必要なる施設に供することの緊急やむをえないものである場合」であった[18]。この第二項の「国民生活の安定上」という文言を利用し、農地転用を図る農家が用いた言葉が「生活安定」「生活の向上」「将来の生計確保」であったと推定される。

その後、一九五九年の「農地転用許可基準」制定に伴い、同事務要領の転用関係の部分は廃止され農地の区分制が実施された。この基準が発令された際の農林事務次官通達「農地転用許可基準の制定について」では、「農地転用を極力抑制する」ケースとして「国民経済の発展及び国民生活の安定上必要性に乏しい施設を建設しようとする場合」という文言が残った[19]。そこ

| 階層 | 農家番号 | 所有（耕作）農地減少に関する | | |
|---|---|---|---|---|
| | | 農地法第4条 | | |
| | | 転用面積(年次) | 事業施設 | 理由 |
| その他 | H114 | 0.3(65年・非) | 貸家住宅 | 定時収入の道を得て、生活安定を図るため |
| | H115 | | | |
| | H116 | 0.4(63年・創) | 牛舎、倉庫新設 | 区画整理により現牛舎が二分されること。事業が進展 |
| | H117<br>H118<br>H119<br>H120 | | | |
| | H121 | | | |
| | H122<br>H123<br>H124 | | | |
| | H125 | | | |
| | H126 | | | |
| | H127 | | | |

出典、注ともに、表5-3に同じ。

で六〇年代になっても、自己住宅や貸家住宅、貸倉庫を建設するために農地転用を申請する際、「生活の安定」という理由を農家が用いたと考えられよう。

しかし、農業委員会資料では、個々の農家の「生活の安定」の中身を知ることできない。そこで以下、農民の日記を用いて、日記史料によく現れる日々の労働と生活の特徴を検討する。

## 二、日記からみる土地への意識

ここでは、再び『堀新次日記』を検討する。堀新次は戦後も阪神電気鉄道株式会社に勤め一九六九年に同社を退職する。一九五〇年代半ばにおける大庄中部第一土地区画整理地区内の堀の所有地合計は、二四〇八坪であった。家族構成は本人、妻、母（夫方）、妹二人、子五人、計一〇人家族であった[20]。

堀家の家計において重要なことは、貸地・貸家収入の管理を新次の母が担っていた点である。この時期の日記には「この頃は家計困難である。幾らあっても尚不足だ。別に派手な生活をしている訳でもないし甲斐性のある生活でもない。質素な地味な消極的な生活をしているのに、これ以上は生活を切りつめて行けぬと自分では思っている。家族が多い、土地、家賃の収入は全部母が握っている」（一九六二年三月二九日）と記されている。新次は阪神に勤務していたため、堀家における農作業と家事の中心は、新次の妻であった。新次は、妻が「昨日の大掃除で大変に疲れたらしく床に入ってからもだるいだるいと言い続けていた。実際自分は午睡していたのにだるい。午睡せずに朝から晩まで動き続けたらさぞ疲れる事であろう」（一九六一年七月二四日）と、農作業以外に市場通いや家事を続ける妻を思いやる記事を書いており、妻が家族労働の中核を担っていたことがうかがえる。日記から、新次の子は一九六五年時点で、第一子が大学に在学、第二子が高校に在学していることがわかり、親から見れば育児の手間が省けつつあったと考えられるが、一九七三年までに四人が大学に進学し、同年に第五子が高校に進学しており、教育費の負担が家計にのしかかるようになっていた。

それでは、新次は自らの職業をどのように考えていたのか。日記には、新次は自らを「会社員」であり「百姓」でもあると規定する記事が度々登場する。「今日こそ本年度の稲扱きを片付けて了う予定である。会社員生活と百姓の生活二本建で二十年間も気苦労したり身体を酷使したりして暮らして来た。このために現在の資産は維持出来たものと判断している。物心両面に亘って余裕なくアクセクしている事がどれだけマイナスになったかは分らない」（一九六四年一一月一六日）というように、日記には「会社員」と「百姓」を併記していた。

この点を新次の労働日数で示したのが、表5-7である。この表は、農繁期である五〜七月の新次の会社勤務と農作業日数、貸地・貸家業務を行った日数を記したものである。時間数には関係なく、一日少しでも仕事をしたことが確認されれば日数にカウントした。それゆえ厳密なデータとはいえないが、ここから大まかな傾向は把握できると考えられよう。一九六〇年代前半を見ると、基本は会社勤務で、勤務時間帯は変化するものの、日数的には三カ月で七五日前後と大きな変化がないことがわかる。これに対して農作業日数は、二一〜五一日と大きなばらつきがあった。

特に、一九六三年は五一日と急増した。これは、この年新次は本社から阪神商事へ出向となり、それに伴い農業への関心が高まったためであった。一九六三年の日記には、「連続二日休んだらいかんと言っている。所謂阪神商事の掟の様なものであるが、この掟を破ったのは自分だけだ。百姓の一番大切な田植時に休むのは当然のことである」（一九六三年七月三日）という記事や、「九時より各田の現況を見にゆく。本年度は特に我乍ら感心する程稲作については熱心だ。勤務移動に依り左遷された抵抗が良い方向にプラスになったのであろう」（一九六三年八月二六日）という記事が見出される。勤務先で出向を命じられたことで、新次が農作業への関心を強めた点が読み取れる。

とはいえ、新次の農作業の時間数は田植えの際を除けば数時間で終わる場合が多く、農作業の主たる担い手は新次の妻であった。そのほかに、農繁期には子の手伝いも見られ、重労働である水田の耕起を賃耕に委ねることや、田植えの際に植手を雇うことが、この時期においても続いていた(21)。

再び表5-7から、貸地・貸家経営関係の日数も確認しておこう。前述したように、貸地・貸家の管理に関しては、新次の母の業務であったため、一九六一〜六三年の労働日数はゼロであった。しかし、一九六三年秋ごろから新次は、貸地を月坪一〇円から三〇円にする地代値上げ交渉に時間を割くようになった(22)。なぜ新次がこの業務につくようになったのか、詳しくは不明だが、一九六二年に母が病気となった点(23)、出向による収入減少と立退きによる家屋新築による支出増（後述）が背景にあったと思われる(24)。

日記には、値上げ交渉と地代集金の困難さも記されている。「収穫の秋を目前に控えて地代値上げについての交渉がはかばかしくなく（中略）会社出勤と云う重荷を背負っているので、一層の負担になる」（一九六三年一〇月二三日）という記述や、「地代値上げの交渉に行ったのであるがFの反対に遭いこちらは引き下って了った。地代家賃の統制令廃止になっていないことを楯にとり(公)言々の攻勢に出て来たので引下ったのである。家に帰り床に入っても癪に触って眠られなかった」（一九六三年一一月二七日）という記述、「竹戸に地代集金にゆく。（中略）。先日来ゴテゴテし

表5－7　堀新次の会社勤務と農作業（5～7月）

| 年次 | 会社勤務 | | | 農作業 | | 貸家（貸地）関係日数 | 貸倉庫、ほか宅地向け土地売却・賃貸交渉日数 | 備考 |
|---|---|---|---|---|---|---|---|---|
| | 勤務日数合計 | 最も多い勤務時間帯 | その日数 | 農作業日数合計 | 農作業時間帯別内訳 | | | |
| 1960 | 72 | 8時30分～翌朝8時30分 | 37 | 34 | 宿直明け16、休日15、出勤前3 | — | — | |
| 1961 | 76 | 9時～翌朝9時 | 40 | 36 | 宿直明け17、休日14、出勤前5 | — | — | |
| 1962 | 76 | 9時～翌朝9時 | 41 | 25 | 休日13、宿直明け11、出勤前1 | — | — | |
| 1963 | 74 | 11時～20時 | 63 | 53 | 出勤前34、休日14、出勤後1 | — | — | |
| 1964 | 73 | 11～12時に出勤し、20時～21時に退勤（遅番） | 37 | 33 | 出勤前20、休日13 | 15 | — | |
| 1965 | 74 | 11時30分～12時30分に出勤し、20～21時に退勤（遅番） | 37 | 16 | 出勤前9、休日7 | 6 | — | 立退きによる転居作業多数あり |
| 1966 | 77 | 11時30分～12時30分に出勤し、19時50分～20時50分に退勤（遅番） | 39 | 37 | 出勤前23、休日8、宿直明け6 | 6 | 6 | |
| 1967 | 81 | 11時30分～12時30分に出勤し、19時50分～20時50分に退勤（遅番） | 49 | 55 | 出勤前47、休日7、宿直明け2 | 4 | 2 | |
| 1968 | 70 | 8時00分～16時00分 | 65 | 27 | 退勤後14、出勤前8、休日6 | 21 | 9 | |
| 1969 | 36 | 8時00分～16時00分 | 34 | 39 | 休日36、退勤後3 | 6 | 12 | 会社勤務は6月13日より休暇 |

出典：前掲『堀新次日記』〔表3－3〕1960～69年。

注：各項目の日数は、時間に関係なく該当項目があれば1日として数えた。ただし「農作業時間帯別内訳」は同一日の異なる時間帯に農作業を行った場合、それぞれにカウントした。

ていた地代の値上げ事件も漸やく落付いて本年度一月分より坪当たり三〇円と決定した。家や土地を貸すことはもう御免である」（一九六五年三月三〇日）といった記述から、新次自身が貸地貸家の管理に着手したものの、地代値上げ交渉に手をこまねいている様子がうかがえる。しかし、その一方で、「朝から九時より竹戸に地代集金に行った。今日は都合がよくて気持よく集金が出来て嬉しかった。金を集めにゆく事はあまり良い感がしないが、これを集めねばこちらの生活が出来ぬのでこれこそ真剣な問題である」（一九六五年一一月三〇日）とも述べており、貸地貸家収入の重要性を指摘していた[25]。

新次が貸地貸家収入にこだわる一因となった、家の立退きについても触れておこう。一九六四年における大庄中部第一土地区画整理の残事業である道路建設の実施により、新たな道路上に位置していた堀家の屋敷は別の所有地への移転を強いられた。堀新次は、この機会に母屋を新築することにしたため、多額の資金が必要となったのである。詳しくは次節で述べるが、家の新築が家計に対して持つ意味の大きさがうかがえる。

なお、新次は、家屋の新築による費用捻出のため、田の売却も考えていた[26]。これに関連して興味深いことは、堀家への不動産業者や個人による土地購入の打診が一九六四〜六六年にかけて毎年三件、計九件もあった点である[27]。しかし新次は、六〇年代半ばまで農地の売却を行わなかった。

以上をまとめれば、一九六〇年代半ばまでの堀日記からわかることは、家の立退きを機に農地売却を考え始めるものの、直ちに行っていない点である。一九六〇年代前半まで、新次自身は「会社員」であり「百姓」であるという意識は強く、農業は妻の農作業と近隣農家の賃耕に支えられていたとはいえ、「会社員」として雇用されていることを必ずしも安定したものと捉えられておらず、その関係で農作業日数が増加した年もあった。新次にとって六〇年代前半の時期は、なお「会社員」と「百姓」（さらには家業の貸地）を両立しようとしていた時期だったのである。

## 三、浜田川の利用をめぐる新たな問題

土地区画整理後の浜田川の水利用に関して、新たな問題も生じ始めた。前述した浜田川へ流し込む排水路工事により、灌漑用水の側面と排水路の側面とが矛盾を来たすようになったためであった。

一九六一年六月二六～二七日にかけて近畿、中部、関東地方を襲った集中豪雨は、甚大な被害をもたらした。尼崎市でも浸水などの被害に見舞われ、兵庫県災害対策本部は二七日に尼崎市等の五市一町に災害救助法を発動した(28)。この水害は、同年七月三一日に開会された尼崎市議会で取り上げられた。市議会議員の山下輝男は 以下のように述べた。

第二点、水害対策であります。さきほど三木君が先般の災害は天災にあらずして人災なりと極言された。(中略)私は自信をもって人災の理由をはっきり申上げます。浜田運河を第一期工事を完成していただいて、これが逆効果になっておる。私は不明を今さら詫びるわけでもありませんが、水門をつけていただいた。結構なことです。しかし当日朝六時現在に行ったときには水門は開いていた。それから十一時現在にいったところが水門が閉まっている。水門の上と下とで約二尺の水位がある。従って省線から北へ駅前当りの一帯が浸水したのであります。運河を掘って樋門をつけていただいた、ここまでは非常に感謝いたしておるのですが、管理の面において皆目なっておらん。(中略)今回は水害対策における樋門の管理という面について、先般も私的にお伺いして善処方を頼んである。あのハンドルをやはり住民に与えてほしい。農家のみが管理するものじゃない。農家も大事であるけれども、住民も大事である(29)

浜田運河第一期工事とは、前節一で述べた浜田川排水路のことであろう。排水路が完成したのに「水門」が閉じていたため浸水した点、水門が閉じていた理由を農家が樋門を管理していることに求めている点が読みとれる。ここでの樋門がどの場所のものかはこの引用文からは判断できないが、浸水は樋門の管理を浜田運河周辺の農家に任せた「人災」だと、市議会議員の山下は主張したのである。

これに対して、尼崎市建設局長の松代栄も「樋門の鍵を農家と、また住民と申しますか、住宅の方へも一応持たしてほしいというふうなご要望でございます。これにつきましてはでき得る限りそうした方向にもって参りたい。（中略）樋門の操作ということが、浸水に大きな原因をなしておりますことは、さきほど一番議員さんからもご指摘がございました。私どももまったくそのとおりだと存じております。従いまして、今後樋門の管理につきましては、常時水位を下げる方向に持って参りたい」と述べた[30]。

市議会での質疑応答にみられるように、浜田地区で現実に樋門の管理を行っていたのは農家であった。浜田地区では、毎年「年行事」「水利委員」などと呼ばれる集落の担当者が、浜田川が蓬川に流れ込む箇所に備わっていた「石門樋」の管理を行っていた[31]。表5-8は、堀新次が水利委員を務めていた一九六一年に関しての管理業務をまとめたものである。田植直前の六月三〇日に、H11宅に保管されていた樋板を「石門樋」ほか四箇所に設置した。七月から八月にかけて（特に田植え直後の二週間）、かなり頻繁に樋板のあげおろしを行うことによって、水位の調整が図られていることがわかる。樋板の作業は通例二人で行われており、重労働であったと想定されよう。新次とH27は、一〇月九日に樋板を回収し、再びH11宅に返還していた。

浜田地区が管理していた「石門樋」の場合、樋板が設置されたのが一九六一年六月三〇日であるから、六月二六〜二七日の水害の原因として市議会で指摘された門樋とは異なると考えられる[32]。しかし、市議会での樋門の管理が問題となり、市建設局長が「常時水位を下げる方向に持って参りたい」と答弁した内容は、浜田地区の農民にはほとんど

表5－8　浜田地区水利委員による樋門の管理（1961年）

| 月　日 | 樋門の管理 | 水利委員 |
|---|---|---|
| 6月30日 | H111宅で樋板を受け取り、石門樋の樋を閉にした。続いて本田小川の樋四ヶ所に敷設する | 新次、H112、ほか1名 |
| 7月 3 日 | 樋板を1枚あげる（10時30分　場所不明） | 新次、H112 |
| （7月3日～5日） | 浜田地区田植 | |
| 7月 7 日 | 石門樋の樋板4枚降ろす（10時30分） | 新次、H112 |
| 7月 8 日 | 石門樋の樋板を1枚あげる（6時） | 新次 |
| 7月 9 日 | 樋板を1枚あげる（16時　場所不明） | 新次、H27 |
| 7月15日 | 石門樋の樋板1枚降ろす（7時）「下川端もカランカランに乾いていた。水車を使うにも水がないので見る眼が辛かった」 | 新次、H19 |
| 7月17日 | 石門樋の南側樋を全部降ろす（17時半） | 新次 |
| 7月18日 | 石門樋の樋板を2枚あげる（朝、害虫駆除の農薬をまくため） | 新次、H27 |
| 7月21日 | 石門樋の樋板を1枚あげる（14時） | 新次、H27 |
| 7月28日 | 「十九時にH27が来て石門樋を降ろしに行こうと云うて来たので、H112と三人で行った。樋板二枚を盗まれていた」 | 新次、H27、H112 |
| 8月 4 日 | 石門樋の樋板を降ろす | H27 |
| 8月14日 | 石門樋を堰止める | H19 |
| 9月 1 日 | 石門樋を樋板を降ろす | 新次 |
| 9月 3 日 | 「田は何処もここもカラカラに乾いている。（中略）H12は発動機で灌水している」新次は水車の利用 | |
| 9月11日 | 「自分は宮浦の水口を閉じにゆき西田の状態を見て帰った。」 | |
| 10月 9 日 | 樋板をH111宅に返還 | 新次、H27 |

出典：前掲『堀新次日記』〔表3－3〕1961年。

意識されていなかったことが表から読み取れる。新次の場合、出勤前の朝の時間帯や非番日の午後の時間帯を利用して田の見回りを行い、各田の状態に即して樋板の上げ下げを行っていたと言えよう。会社勤務の時間の合間をぬっての水利当番は、かなり厳しいものであったと推定される。「自分は六時に起きた。田の現況を見廻りに行こうと思っていたが実現せず、只思うだけであった」（一九六一年七月二四日）のように、朝起きたものの、水位の確認に行けないまま出勤する場合もあった。とはいえ、灌漑用水のための樋門の管理は、地区内の農家によって行われていたのである。

他方、表5-8の七月二八日の項目にあるように、樋板が盗まれる事件も発生した。この点も詳しくは不明であるが、水位をめぐっての利害対立が盗難に関係しているとも考えられよう。既に浜田地区内では、樋門の管理をめぐって地区内の農民と住民とで利害対立が発生していたが（第四章注53参照）、市の事業により浜田川が排水路として利用されることとなったため、浜田川の水位を上昇させることは、単に浜田地区内の利害対立を生みだすだけでなく、東海道本線以北の地区（旧立花村の水堂地区など）との利害対立が生じる可能性を生みだした。市は、大庄中部第一土地区画整理事業によって改修された浜田川に、市北部からの排水を流す排水路として機能を埋め込んだものの、樋門の維持管理は農民に任せたままであった。同一河川が灌漑用水と排水路を兼ね備える矛盾を抱え込みつつも、市は直接これに対する政策を直ちに取ることができず[33]、土地区画整理地区に居住しながらも農業を続ける地元の農民が、樋門の管理の役割を担ったのである。

# 第三節　一九六〇年代半ばにおける残事業の実施

## 一、尼崎市による残事業

尼崎市に移管された大庄中部第一土地区画整理組合の残事業は、その後どうなったのか？　一九六一年三月の市議会での答弁で、市建設局長の松代栄は、「大庄中部と省線以南の場合は戦争等の関係で事業そのものが相当残っておるというような関係もございまして、概算申上げても省線以南で約二億と、大庄で二億五千万円ぐらいの残事業が残っておるわけです(34)」と答弁した。大庄中部第一だけで二億五〇〇〇万円にものぼる残事業が、この段階まで残っていたことがわかる。事業が市に移管された一九五六年以降の尼崎市の事務報告書をみると、六〇年代前半まで、大庄中部第一土地区画整理事業の残事業としての実績は記録されていなかった。六三年三月の市議会予算委員会において大庄中部第一土地区画整理事業等の残事業が遅延することの問題について議会側が追及したところ、「浅野助役から順序からいえば、古いこの残事業から進めねばならないが、これら残事業は戦後にいろいろ困難な事情があって中断されていた。現状として財源的に苦しいが、今後において十分検討し、なるべく短かい期間で重要な個所から解決していきたい。なお年次計画をたてて再検討を進めたい」との説明があった点に鑑みれば(35)、一九六二年度までは、残事業は年次計画を立てて積極的に進める状態ではなかったことがうかがえる。

このような状況が変化したのが、一九六四年であった。大庄中部第一土地区画整理事業の残事業として、工費八六八万八〇〇〇円分が実施されたのである。浜田地区内では、側溝工事が進められた(36)。薄井一哉市長は一九六五年度予算の説明で、「大庄中部等の土地区画整理残事業に対しましては、前年度に引き続き一億余円の単独事業を実施する

表5-9　尼崎市が実施した大庄中部第一土地区画整理事業の残事業（工費）

（単位：千円）

| 年次 | 工費総額 | 主要工事内容 |
|---|---|---|
| 1964年 | 8,688 | 道路築造工事、側溝工事、仮設住宅解体移転工事 |
| 1965年 | 52,191 | 街路築造工事、下水管布設工事、側溝工事、水路改良工事 |
| 1966年 | 73,350 | 街路築造工事、下水管布設工事、水路改良工事公園遊戯施設工事、下水道敷設工事、大庄災害記念公園造成工事、水路補修工事、フェンス工事 |
| 1967年 | 56,534 | 街路築造工事、下水管布設工事、大庄災害区画整理記念碑せん文建立追加工事、下水路改良工事、仮設住宅補修工事 |
| 1968年 | 38,612 | 街路築造及び下水道築造工事、街路築造工事、下水路改良工事、下水管布設工事 |
| 1969年 | 30,181 | 街路築造工事 |
| 1970年 | 17,497 | 街路築造工事、緊急雨期浸水対策工事、床版橋架橋工事、路線舗装工事 |
| 1971年 | 33,889 | 街路築造工事、舗装工事、床版架設工事 |
| 1972年 | 17,695 | 街路築造工事、床版架設工事、小学校ブロック塀撤去工事 |

出典：前掲『事務報告書』〔表5-5〕。
注：『事務報告書』に大庄中部の残事業として記載されている事業分のみをあげた。移転補償費は含まれない。

所存で、その経費のうち二一〇〇万円については、競艇場事業収益より充当いたすものであります」と述べた。[37]この施政方針通り、一九六五年においては大庄中部第一の残事業だけで五二一九万一一〇〇円分の工費が支出された。[38]以後、『事務報告書』で確認できる大庄中部第一土地区画整理事業の工事費は、表5-9の通りである。一九七二年までの総工費は三億円を超えていること、工事の主な内容は街路築造と下水路関係であることがわかる。この時期の大庄中部第一地区では、この残事業とは別に、もともと土地区画整理事業の計画には含まれていなかった土木事業（道路舗装事業、下水道事業など）も、実施された。一九六〇年代半ばから後半は、尼崎市による大庄中部第一地区における公共事業の本格的実施期と位置づけることができよう。

## 二、道路の敷設と立退き

浜田地区の市街地形成を考える上で重要なことは、大庄中部第一土地区画整理組合が解散するまでには着工に至らなかった、集落内を東西に貫通し浜田川を架橋する幹線道路が、一九六〇年代半ばに尼崎市による残事業として実施されたという点である。

この道路に関しては、一九六三年頃から動きがみられる。『堀新次日記』には「今日東西幹線道路敷設促進陳情に有志が市役所にゆくらしい」（一九六三年一〇月二九日）との記事が記されている。翌日の日記には、「豊地橋はもう完成していて両道の交叉点も一応出来上っている」（一九六三年一〇月三〇日）と記されている。橋の完成に伴い、道路の敷設を求める住民の声が上がり始めたと理解できよう。

新次の自宅は、この計画道路上に一部かかっていたため、立退きを迫られることになった。表5-10は、新次と尼崎市役所の担当者との交渉過程を示したものである。この表は、尼崎市サイドの資料ではなく、当事者の新次がつけた日記を基にしたものだが、いくつかのことが理解できる。

第一に、市と新次との間の折衝は、約一年間に及んでいるという点である。担当職員との交渉日数は二〇日間に及んでいる。「愈々立退問題交渉も大詰に近付いて来た」（一九六四年六月一七日）と叙述してから、補償金額の妥結までに約半年時間をかけていた。立退き交渉の難しさが、表から読み取れる。

第二に、市と新次との折衝内容は詳しくはわからないが、一九六四年六月以降の交渉内容は補償金額に絞られている点である。新次は立退きを機に、新居を建設する予定でいたため、この点に強い関心を持っていた。反対に、市役所側は、新次のところに「『家の引張屋』を連れてきて、話す」ことや新次に植木屋を紹介する（一九六五年一月二九日）など、引越しのための諸業者を紹介した。これらの工事の負担区分が日記からは読み取れないものの、立退きは、市役所自身が直接行わずに、業者を紹介して間接的に進めていることが、読みとれる。

第三に、市の立退き要請は、新次の新居建設に大きな影響を与えた点である。表5-11は、堀家における新居建設の経緯を示したものである。尼崎市との第一回交渉が始まる前後から、新居予定地の登記や非農地証明の申請が始まっている。表5-11にあるように尼崎市との一九六四年五月五日の交渉の翌日である五月六日には「愈々工事人の決定を急がねばならぬ時期になった」と記し、その後から、大工と新居建築の交渉をたびたび行っている。市による土地区画整理の残事業実施が、新次の新居建設を促していることが理解できよう。

## 表5-10　立退きに関する尼崎市と堀新次との交渉

| 年 | 月日 | 事項 |
| --- | --- | --- |
| 1963年 | 11月20日 | 尼崎市計画管理課補償係長と第一回の話合（10：00～12：00）。 |
| | 12月20日 | 市役所職員2名が来宅。「具体的に話は進めない。抽象的な事のみ」（10：00～12：30）。 |
| 1964年 | 4月20日 | 市役所職員2名が来宅（10：00～12：30）。 |
| | 5月5日 | 市役所職員1名が来宅（13：00～17：30）。 |
| | 5月6日 | 5月5日の市役所職員との話について「具体的にどの様な計画で居るのかと言う所まで話を持ち出してきた。愈々工事人の決定を急がねばならぬ時期になった。解決も急がねばならないと思う」と記す。 |
| | 5月11日 | 市役所職員が来宅。「家の引張屋」を連れてきて、話す（9：30～しばらく）。 |
| | 5月20日 | 市役所職員が来宅（20：10～）。「愈々近々の中に具体的に要求額を打出すことになるだろう。之に対する充分の資料と筋道の通る所謂理屈が必要になる」。 |
| | 6月5日 | 市役所職員が来宅（8：50～11：45）。 |
| | 6月15日 | 市役所職員が来宅（9：30～14：30）。 |
| | 6月17日 | 「愈々立退問題交渉も大詰に近付いて来た。当方の最後の線を発表する時期が到来したのである」。 |
| | 6月24日 | 市役所職員2名が来宅。1名は六〇〇万円を打ち出し、もう1名は四〇〇万円位かと話す（9：40～12：30）。 |
| | 7月6日 | 市役所職員2名が来宅。立退きの補償金について話す（9：30～15：30）。 |
| | 7月18日 | 野草平十郎氏（収入役助役）宅に電話連絡して立退問題について話し、本庁に面会に行く（9：00～9：40）。 |
| | 7月20日 | 市役所職員が来宅。話が進まず、市役所側も最後の補償額を提出せず（10：30～17：00）。 |
| | 7月21日 | 市役所職員が来宅。「補償額については、再考すると云った」（11：00～11：15）。 |
| | 7月22日 | 市役所本庁収入役野草平十郎を新次が訪問する（8：55～9：40）。 |
| | 7月24日 | 市役所職員2名が来宅。「依然として妥協額が見出し得ず」（9：00～12：00）。 |
| | 9月7日 | 市役所職員2名が来宅。「相変わらずこちらの腹サグリだ」（10：15～11：30）。 |
| | 10月5日 | 市役所職員が来宅（10：10～16：00）。 |
| | 10月24日 | 市役所職員が来宅。補償金額について話す。「相変らず市の予算がないと云う説明やら歳入歳出の不具合の話をしていた」（9：50～17：00）。 |
| | 11月19日 | 市役所職員と話す。補償金額は「当方は一歩後退二歩後退して三五〇万円となった。残念だった」（10：00～11：00）。 |
| | 12月10日 | 市役所職員と話す。立退問題の補償金は三五五万円になる（9：20～11：20）。 |
| | 12月23日 | 尼崎市役所に行く。家屋立退補償金を一部受取りに行く。 |
| 65年 | 2月26日 | 尼崎市役所に家屋の立退補償金の残金を受け取り、大庄農業協同組合に返済に行く。 |

出典：前掲『堀新次日記』〔表3-3〕一九六三～六五年。
注：カッコ内は交渉の時間。カギカッコ内は、日記本文の引用。

## 表5-11 堀家における新居建設の経緯

| 年月日 | | 事項 |
|---|---|---|
| 1963年 | 11月13日 | 立退きのため、転居先の土地の登記を完了。 |
| | 11月21日 | 非農地証明の手続きを始める。 |
| | 11月23日 | 転居先の測量開始。 |
| | 12月6日 | 東側ブロック積み開始（～15日完了）。 |
| | 12月7日 | 転居先の敷地の雑草刈り（～10日、新次、妻）。 |
| | 12月11日 | 市役所地籍係に転居先の境界を明示してもらうよう要請。 |
| | 12月20日 | 東向田西側の汚物の清掃。「三、四年来の汚物塵埃等が捨て、あり悪臭と悪土のために不愉快となる」。 |
| | 12月21日 | 土建屋に依頼し地上げ工事開始。（～30日、64年1月3日）。 |
| 1964年 | 5月8日 | 大工と新築計画について話す。 |
| | 5月18日 | 大工が家引屋を連れて来たので、見積もりを頼む。 |
| | 5月22日 | 大工と新築家屋の相談（23日、26日、29日も）。 |
| | 5月24日 | 建築用地の実地測量のために東向田にゆく。 |
| | 6月12日 | 大工が、家屋の新設計図を持ってくる。 |
| | 6月24日 | 「九時に野村工業所より店主が来て水洗便所について説明していた」。大工が新築家屋の計画図を持って来たのでこれに決定。 |
| | 6月27日 | 大工と新築家屋の相談「早く総見積書を出して欲しいと言っておいた」。 |
| | 7月6日 | 材木注文の件で、大工と相談。 |
| | 7月17日 | 地鎮祭 |
| | 7月24日 | 大工と新築家屋の相談。其の後燈籠にゆき、新家屋用木材を見にゆく。 |
| | 8月1日 | 野村水道工業所が工事費六万三百円集金。 |
| | 8月5日 | 大庄農協で資金借り入れの話をする。 |
| | 9月2日 | 大工に九〇万九四二〇円支払う。「未だこの五倍か六倍の金が要ると思うと気持が重たくなる」。 |
| | 9月21日 | 上棟式 |
| | 12月16日 | 「完成も間近である。当分の間清掃に時間がかゝるであろう」。 |
| | 12月26日 | 「建築予算が大きく超過しているのでびっくりする」。 |
| 1965年 | 1月19日 | 「昨夜始めて新築家屋の風呂を焚いたのであるが、大変都合が良い。早く湯が沸く。衛生的であるし、大いに感がよかった」。 |
| | 2月3日 | （妻と子供四人とで）「二十年振りに水入らずで新築家屋で眠った。新らしい部屋での寝心地は亦格別である」。 |
| | 2月12日 | 古家屋の取毀の打合。 |
| | 2月15日 | 「昨年の夏、現在のこの新築家屋の基礎工事以来一日として心の休まる日はなかったが、今また何百年も住んでいた家屋を立退きする事については相当大きな精神上の打撃である」。 |
| | 2月16日 | 「二階で寝ていても便所の設備があるので助かる。今度の新築家屋の二階にこの設備したのは賢明だったと今でもその様に感じている」。 |

出典：前掲『堀新次日記』（表3-3）一九六三～六五年。
注：カギカッコ内は、日記本文の引用。

表5-11から読み取れるもう一つの重要な点は、新次は新居建設に関して大工に工事を委ねている点、また屋内に風呂を建設し二階に「水洗便所」を設置するなど、旧居にはなかった住宅設備を新居に取り入れている点である。[39]このことについて、新次は、「昨夜始めて新築家屋の風呂を焚いたのであるが、大変都合が良い。早く湯が沸く。衛生的であるし、大いに感がよかった」（一九六五年一月一九日）、「二階で寝ていても便所の設備があるので助かる。今度の新築家屋の二階にこの設備したのは賢明だったと今でもその様に感じている」（一九六五年二月一六日）などの感想を日記に記している。このように、村民の協力をほとんど得ずに業者に委ねて新居を建設していくという点は、旧居を建設した時には考えられなかったことであろうし、そこで業者に委ねることや、新たな住宅設備を新居に備えることが、「建築予算が大きく超過しているのでびっくりする」（一九六四年一二月二六日）と新次自身も記すような支出の増大をよび、そのことが市の補償金やその他のまとまった資金を欲する大きな契機となったといえよう。[40]

ただし新次は、新居建設を完全に外部化しなかった点にも留意する必要がある。表5-11をみると、一九六三年一二月には新次や妻らは新居建設地の雑草刈りや汚物掃除などを行っている。地上げ工事は土木業者に依頼しているものの、同工事三日目に勤務が遅番だった新次は自ら現場に行き、「東向田の西側道路を整理に行く」（一九六三年一二月二三日）と記している。同工事四日目には「昨日一台不良土いれる」ことがあったため、遅番の勤務で午前中現場に行くことのできた新次は、「この土を担って道路に出す」作業を自ら行っている（一九六三年一二月二四日）。限られた時間のなかで所有地に出向き、場合によっては自ら作業を行っている様子が読みとれよう。ここでの、東向田の土地とは、本章第一節で述べた、土地区画整理による浜田川の流路変更によって、新次と新次の妻とが協力して埋め立てて造成した旧田圃であった。同地では一九六〇年まで稲作が行われていたものの、同年一一月の稲刈りの際に新次は「こゝの土地は他の田圃に比べて約一尺程低いので半分以上が水で腐って了った」（一九六〇年一一月四日）と日記に記し、一九六一年から稲作をとりやめていた。毎年この悩みを繰り返して本年で五年になって了った」（一九五五年に新次と妻との共同作業で造成した土地が、宅地として整備し直されたのである。

堀家の移転によって、浜田集落内を東西に横断する道路は完成をみるが、道路の側溝に関する工事も一九六六年一月に実施された。「十時頃より家の北側の側溝のために土掘機で掘り始めた」(一九六六年一月八日)や、「朝から北側側溝のコンクリート塗に来る」(一九六六年一月二二日)など、工事が進捗していく様子が堀新次の日記には描かれている。

## 三、側溝の設置

市の側溝工事に関して注目すべきことは、「八時五〇分よりH104と尼崎市役所の管理係佐藤係長に面会にゆき側溝の件で陳情する」(一九六六年一月一〇日)、「尼崎市役所管理係長佐藤浩一氏に会い西側の側溝の工事について要請した」(一九六六年二月二日)というように、堀新次ら住民が市役所に対して工事に関する何らかの要請を行っている点である。その具体的内容は不明だが、側溝工事は、新次ら住民にとって関心の高い工事であったことがわかる。尼崎市において公共下水道が存在していなかった段階において側溝が重要な役割をもっていたこと、しかしその側溝すら十分に整備がなされていなかったことは、第一編でも強調した点である。堀日記においても、庭の水溜りを排水したところ「水が流れこむと抗議があった」(一九六五年七月二二日)や「一八時頃前のU君妻が来て雨水の流込みについて善処してほしいと云う」(一九六七年七月一二日)などの問題が発生していた点が記されている。雨水などが他家に流れ込むことを未然に防ぐためにも、側溝の設置は重要であった(41)。大庄中部第一土地区画整理では不十分であった側溝の整備が、尼崎市の事業として進んだのである。

ところで『堀新次日記』からみると、側溝の設置は、以下の二点においても重要な意味を持っていた。一つは、側溝を掘った際に生じる土の利用に関する利害が存在したという点である。「市の道路整備の除草隊が来たのでこちらの屋敷の土を運ばれては大変だ」（一九六五年一二月一六日）という記述、あるいは、一月八日の土掘り機での側溝建設の際、「この土を盗られたと母は騒ぐ」（一九六六年一月八日）という叙述などから、側溝は、各住居と接していて、そこで掘り出される土と、現在自宅域内にある土とが、入り混じってしまうことに強くに反発していることがわかる。尼崎市は平地で、埋立用に調達可能な山が存在しないこともあって、住民の土への関心はとりわけ強かったと考えられる。

もう一つは、自宅の下水工事との関係である。堀日記には、市の業者が「玄関の前の道路側溝にコンクリートを流しこんでいた。丁度自分宅の下水管にコンクリートを流していたので大変腹が立った」（一九六六年一月一七日）という叙述がある。この史料からは、二つのことが読み取れる。第一に、戦前の浜田地区では、生活排水は図3-1にあったような市街地を流れていた水路に流されていたが、道路が新設されそのわきに側溝ができることによって、生活排水は側溝に流されたという点である。第二に、前述の堀日記引用箇所にある「自分宅の下水管」とは、自宅の排水を側溝に流し込むための下水管と考えられる。すなわち、市の施設である側溝と自宅の下水管とを連結させる工事を新次自身が行っている点である。住居新築以前における「九時頃より下水流しの土管を点検、半分を掘上げて掃除する」（一九六四年九月六日）との記事からわかるように、新次は手作業で下水管整備を進めた。自治体や業者任せにするのではなく、自らの労働を投下して新たな生活基盤を利用した生活を作ろうとしていることがうかがえる。

このように土地区画整理事業との関連で側溝を作ったことは、それまでの排水の在り様を変えることとなった。側溝は、家庭排水を浜田川等の市内を流れる小河川や用水に流すうえで、高度成長期の浜田地区において必要不可欠の存在となった。

| 階層 | 農家番号 | 所有（耕作）農地減少に関する事項 | | | | | 非農地証明 | |
|---|---|---|---|---|---|---|---|---|
| | | 農地法第4条 | | | 農地法第5条 | | | |
| | | 転用面積(年次) | 事業施設 | 理由 | 譲渡面積(年次) | 事業施設 | 面積(年次) | 理由 |
| | H112 | | | | | | 0.5(70年) | 宅地(5条4号地) |
| | H113 | | | | | | | |
| その他 | H114 | | | | | | | |
| | H115 | | | | | | | |
| | H116 | | | | | | | |
| | H117 | | | | 0.1(71年) | トラック及び製品置場 | | |
| | H118 | | | | | | | |
| | H119 | | | | | | | |
| | H120 | 1.2(67年) | 貸家住宅 | 土地の効率的利用を図るため | | | | |
| | H121 | 0.2(1968年) | 店舗付自己住宅 | 弟が事業(電気器具販売)を開始するため | 0.3(71年) | 譲受人の住宅 | | |
| | H122 | | | | | | | |
| | H123 | | | | | | | |
| | H124 | | | | | | | |
| | H125 | | | | | | | |
| | H126 | | | | | | | |
| | H127 | | | | | | | |

出典、注ともに、表5-3に同じ。

# 第四節　高度成長後半期の市街地形成と農家

## 一、農地移動と農業委員会の判断

表5-5で、一九六〇年代後半における尼崎市内の農地転用を確認しよう。大庄地区で人口増加が鈍化する六〇年代に至って、第五条転用は件数的には減少傾向を辿るが、なお年間一〇町歩以上の転用が見られた。他方、第四条転用は、七〇年代に入り面積・件数とも増加傾向にあった。浜田地区においても、第四条転用、第五条転用は六〇年代前半よりも増加し、非農地証明による転用も増加した。

この時期における浜田地区の各農家の農地移動に関する動向をまとめたのが、表5-12である。全体的な傾向として、一九六〇年代前半に比べ、農地転用が増加していることが読み取れ

## 表5-12　浜田地区農家と耕地移動（1966～73年）

（単位：反）

| 階層 | 農家番号 | 所有（耕作）農地減少に関する事項 | | | | | 非農地証明 | |
|---|---|---|---|---|---|---|---|---|
| | | 農地法第4条 | | | 農地法第5条 | | | |
| | | 転用面積(年次) | 事業施設 | 理由 | 譲渡面積(年次) | 事業施設 | 面積(年次) | 理由 |
| i | H1<br>H4<br>H5<br>H9 | | | | | | | |
| | H12 | ①0.7(67年)<br>②0.3(73年) | ①貸家住宅<br>②貸駐車場 | 定時収入の道を得て生活安定を図るため | ①0.3(67年)<br>②0.2(69年) | ①貸家住宅<br>②瓦置場 | | |
| | H14 | | | | | | | |
| | H17 | | | | | | | |
| | H18 | 0.3(67年) | 貸家住宅 | 日常生活の安定を図るため | 0.4(67年) | 事務所、貸家住宅、分教会、店舗 | | |
| | H32<br>H101<br>H102<br>H103 | | | | | | | |
| | H104 | 0.4(66年) | 貸家住宅 | 定時収入の道を得て生活安定を図るため | ①0.3(66年)<br>②1.2(66年) | ①事務所・倉庫<br>②倉庫・車庫 | | |
| | H105<br>H106<br>H107<br>H108<br>H109<br>H110 | | | | | | | |
| ii | H19 | | | | 0.2(71年) | 貸家住宅 | | |
| | H20 | | | | | | | |
| | H21 | | | | 0.5(72年) | 分譲住宅 | ①1.1(72年)<br>②1.2(73年) | ①・②宅地(5条4号地) |
| | H22 | | | | 1.9(73年) | 分譲住宅・貸店舗 | ①1.5(67年)<br>②0.5(68年)<br>③1.1(69年)<br>④0.3(72年)<br>⑤0.2(73年) | ①5条4号地で荒地など<br>②～⑤宅地(5条4号地) |
| | H23 | ①0.5(71年)<br>②0.9(72年) | いずれも、貸家住宅 | | 0.9(72年) | 分譲住宅 | | |
| | H25 | | | | 0.4(67年) | 貸家住宅 | 0.2(67年) | 5条4号地で荒地 |
| | H27 | | | | | | 0.8(70年) | 宅地(5条4号地) |
| | H28 | | | | | | | |
| | H35 | | | | 0.4(73年) | 貸家住宅 | | |
| | H111 | | | | ①0.2(67年)<br>②0.2(71年) | いずれも、貸家住宅 | ①0.3(67年)<br>②0.5(69年)<br>③0.4(70年) | ①～③宅地(5条4号地) |

る。階層ごとにみていくと、六〇年代後半に顕著な動きを見せるのは階層iiであった。なかでもH25とH11は、一九六〇年代後半に非農地証明による転用と第五条転用の双方を行っている。一九七〇～七三年までの間では、階層iiの八戸の農家が何らかの農地転用の手続きを進めた。H20やH28のように、少数ながら転用を一切していないケースも存在することに留意する必要があるが、一九六〇年代前半とは異なる傾向が読みとれよう。階層iでは、農地増減が見られない農家がむしろ多い。そのなかで、H12、H18、H104は第四条転用によって貸家住宅を自ら建設し、且つほぼ同一時期に第五条転用によって土地売却している。H12、H18、H104は、いずれも一九五〇年代に国有農地の買受請求を行っていたし、H12、H18は個別に小作地の自作化を図っていたが、六〇年代後半に階層iiの主要な農家と同様の行動をとるに至ったといえよう。

尼崎市農業委員会は、浜田地区の転用に関しては全て原案通り承認した。ただし、尼崎市農業委員会は、委員会にかけられた農地転用に関する案件全てを原案通り承認していたわけではない。同農業委員会において、条件付きで県に進達したケースと保留の事例をまとめたのが、表5-13である。これをみると、転用許可申請前の事前転用や転用面積の規模の大きさが問題となる場合が多いことがわかるが、同時に、都市計画や市の道路計画などとの調整も行われていた。一九五九年に制定された「農地転用許可基準」には、「農業生産力の維持」と「農業経営の安定」を図るとともに農業以外の目的のための土地利用関係を調整する意図を含んでいた。その結果、尼崎市農業委員会は、都市計画や市の道路計画と申請された個別の転用計画とが重なる場合、農地転用を進めようとする農民や業者に対して事前に指導して計画を変更させ、都市計画行政や土木行政サイドにたった判断を下すようになっていた。浜田地区は、残事業はあったものの土地区画整理実施後の地区であったため、このような理由に基づく農地転用への意見が存在せず転用申請が認められやすかったと考えられよう。

他方、農地転用の際の農民側の理由に関してまとめたのが、表5-14である。一九六〇年代前半からみられた「生

表5-13　農地法第4条・第5条による転用に関して尼崎市農業委員会で問題となったケース

| 年次 | 事前着工 | 近隣の同意なし | 近隣農地への影響 | 都市計画との関係 | 近隣環境の汚染 | 危険性 | 現況建築物あり | 面積が大きい | その他 |
|---|---|---|---|---|---|---|---|---|---|
| 1965 | 13(2) | 3(0) | 6(0) | 5(2) | 0 | 0 | 0 | 1(0) | 4(2) |
| 1966 | 9(2) | 2(0) | 3(1) | 2(0) | 0 | 1(0) | 2(0) | 0 | 2(0) |
| 1967 | 14(5) | 4(1) | 0 | 6(3) | 0 | 1(0) | 1(0) | 19(0) | 2(0) |
| 1968 | 10(1) | 7(1) | 3(1) | 1(0) | 2(0) | 0 | 0 | 0 | 0 |
| 1969 | 4(2) | 2(0) | 2(0) | 1(0) | 2(0) | 1(0) | 1(0) | 0 | 2(0) |

出典：各年次『尼崎市農業委員会会議録』。
注：(　) 内は、保留となった案件。保留以外はすべて許可（ないしは条件付き許可）。

表5-14　農地法第四条による農地転用理由

| | 生活の安定・向上・改善を図るため | 土地の効率的使用のため | 家族と別居するため | 売却金の効率的使用 | 家の新築のため | 事業開始・伸張により施設拡充 | 道路新設・拡張、土地区画整理のため | 農業経営の改善合理化 | 其の他 |
|---|---|---|---|---|---|---|---|---|---|
| 1965年 | 249 | 26 | 20 | — | 7 | 7 | 5 | 2 | — |
| 1967年 | 134 | 58 | 14 | 2 | 4 | 10 | 1 | 3 | 6 |
| 1969年 | 105 | 56 | 7 | 11 | 4 | 6 | 6 | 1 | 4 |

出典：表5-13に同じ。
注：一つの案件で、二つ以上の理由が記されている場合には、各項目に一つずつカウントした。

活の安定」という理由が最も多いが、「土地の高率（効率）使用」という、土地区画整理区域内などにおける農地以外の土地利用の正当性を理由とする場合が増加している点にも注目する必要があろう。しかし、総数では、一九六九年に至るまで「生活の安定」を理由とするものが多数を占めた。浜田地区においても、表5-12から同様の傾向が読みとれる。都市計画との関連など土地の効率的利用をチェックする機能を市農業委員会が持ち始めただけでなく、農家側も「土地の高率（効率）使用」という正当性を用い始めていたものの、なお「生活の安定」を理由とする農地転用が一九六九年においても最も多く、そのような農地転用を市農業委員会も認めたのである。

## 二、生活安定への意識の強まりと土地活用

堀家に関しても、一九六〇年代後半に所有地の利用は大きく変化した。表5-7から新次の五～七月の会社勤務と農作業日数をみると、停年の年に当たる一九六九年を除けば、日数的には、六〇年代前半と大きな

違いがないように見える。しかし、一九六六～六八年における農作業の時間帯は、出勤前や退勤後の短い時間帯によるものが多く、会社の休日における農作業は六〇年代前半に比べ減少していることがわかる。一九六七年六月五日の日記には「(妻は)毎日熱心だという。苗代や西田の畑、元の屋敷跡は見向きもせずに、近くの畑許り手入れしていると愚痴云う」(カッコ内は引用者)という叙述があり、新次が稲作への関心を弱めていたことをうかがえる。

こうして、一九六〇年代後半に堀家の農地利用は縮小した。表5-15は、堀家が所有していた農地と立退き前の屋敷があった宅地の利用の変遷を示したものである。一九六七年まで通例どおり稲作は行われていたが、六八年から、(e)(f)の地上げ、(a)(b)の畑作への転換が行われ、六九年は堀家における稲作最後の年となった。

作付面積の漸減とともに、一九六〇年代後半に新次が開始したのは、主に貸倉庫を建設し、企業に賃貸することであった。最初は、①一九六六年五月から所有地(k)の一部(納屋)をU電気商会に賃貸(月一万五〇〇〇円)したことに始まり[42]、その後、②一九六七年一一月には同じく所有地(k)に貸倉庫を建設し家電関係の販売会社に賃貸(月六万七六七五円)、③一九六八年八月に所有地(h)に貸倉庫を建設し個人に賃貸(月一万五〇〇〇円～二万円程度)、④一九六九年一月に所有地(l)に貸倉庫を建設し、M鍍金工業に月五万円で賃貸を開始した。いずれも、建設資金は農協からの借金であった。一九六七年一一月に七〇万円、同年一二月に六〇万円、一九六九年二月に一〇〇万円の融資を農協から受けていた[43]。

新次が企業向けの貸倉庫を建設した理由は、前述した不動産事業の経験者で一九六〇年代前半から農地転用を行っていたH19との関係が大きかったと思われる。日記には、「八時過にH19宅にゆく。U商会に貸す予定の納屋の改造についての相談である」(一九六六年四月一八日)というように、H19と貸倉庫のことで相談していることが読み取れる。反対に、一九六〇年代後半においては、土地ブローカーが度々堀家を訪問し土地の売却を新次に迫ったが、新次が迷っているうちに交渉打ち切りになってしまうケースも存在した[44]。その意味で、新次にとって、身近にH19のよう

**表5-15　堀家における所有地とその利用の変遷**

| 記号 | 地目 | 面積（㎡） | 年次（西暦下2けた） | | | | | | | | | | | | | | | | | | |
|---|---|---|---|---|---|---|---|---|---|---|---|---|---|---|---|---|---|---|---|---|---|
| | | | 55 | 56 | 57 | 58 | 59 | 60 | 61 | 62 | 63 | 64 | 65 | 66 | 67 | 68 | 69 | 70 | 71 | 72 | 73 |
| (a) | 田 | 591.77 | 通称「宮浦」の田 | | | | | | | | | | | | | 大豆畑に転換 | | | | | |
| (b) | 田 | 542.18 | 通称「宮浦」の田 | | | | | | | | | | | | | 大豆畑に転換 | | | | | |
| (c) | 田 | 575.24 | 通称「上川端」の田 | | | | | | | | | | | | | | | 畑作に | | | |
| (d) | 田 | 578.55 | 通称「上川端」の田 | | | | | | | | | | | | | | | 畑作に | | | |
| (e) | 田 | 423.17 | 通称「西田」 | | | | | | | | | | | | | 地上げ | | | | 売却（分譲住宅） | |
| (f) | 田 | 429.78 | 通称「西田」 | | | | | | | | | | | | | 地上げ | | | | 売却（分譲住宅） | |
| (g) | 田 | 429.78 | 通称「西田」 | | | | | | | | | | | | | 畑・苗代 | | | | 分筆し1部貸家に | |
| (h) | 宅地 | 67.60 | 燈籠の所在地 | | | | | | | | | | 一部を貸す | | | 貸倉庫 | | | | | |
| (i) | 田 | 406.64 | | 通称「東向田」の田 | | | | | 未利用 | | | | 立退き後の屋敷地 | | | | | | | | |
| (j) | 田 | 429.78 | | 通称「東向田」の田 | | | | | 未利用 | | | | 立退き後の屋敷地 | | | | | | | | |
| (k) | 宅地 | 179.51 | 屋敷地（道路新設に伴って1964年に立退） | | | | | | | | | | | ① | 貸倉庫建設・賃貸 | | | | | | |
| (l) | 田 | 366.97 | 通称「苗代」 | | | | | | | | | | | | | | 貸倉庫建設・賃貸 | | | | |

出典：前掲『昭和31年　整理後土地台帳　大庄中部第一土地区画整理組合』〔表5-1〕、前掲各年次『堀新次日記』［表3-3］。

注：高度成長期に利用の変化が確認できた地点を挙げた。①は納屋を賃貸。各年年始の状態を示す。

な不動産業に精通している人物がいて相談できたことが、農地転用・売却に重要な意味を持ったと考えられよう。

それでは、なぜ一九六〇年代後半になって、新次は、農地の地上げをはじめ貸倉庫建設に積極的となったのか？

第一に指摘できるのが、会社退職後の「生活の安定」にむけての意識の強まりである。新次は、一九六七年の日記に年頭の所感として「自分が阪神電鉄に入社したのは昭和十年四月だ。だから本年の四月が来ると丸三十二年も勤続した事になる。考えて見ると怖ろしい様な長い年月であった。その頃に入社した仲間では、部長の職にある者、課長の職にあるもの、そして我々の様に下位職階にうごめく輩も居る。然し天には天の悩、地には地の悩がある様だ。停年まであと僅か三年だ。右を見て左を見ている内に過ぎ去って了う時間だ。停年後の生活安定、精神安定のために愈々本腰を入れて考え行動する時期だと思っている」（「年頭所感」、一九六七年一月一日）と記している。また同年四月の日記には「停年まであと二ケ年と八ヶ月だ。泣いても笑っても勤め人たちは停年を迎えるのである。（中略）老後の生活のための確実な計画は一日も早く樹立すべきである。（中略）停年後の生活の安定は身近に熱さを感ずる緊急事項である」（一九六七年四月のまとめの欄）と記している。このように、一九六七年から、自身が会社を停年退職することを想定した日記叙述が散見されるようになる。特徴的なことは、引用文中に「生活の安定」という言葉が使われている点である。この言葉が農地転用申請の際の申請理由に度々用いられていたことは既述した通りであるが、新次自身も、会社員として、退職した後に老後をどのように過ごすかという関心から「停年後の生活安定、精神安定」、「停年後の生活の安定」という語を日記に用いていた。

新次は、一九六八年一月の日記に、出向先の職場での待遇のひどさを記した上で、「会社での地位栄達は到底望めそうもない今日、退職後の長期安定生活については真剣に考え対処すべき事態に追込まれた格好である。人を頼るな。先ず自分を頼れ。自分の保有財産の活用こそ新の活路だ」（「年頭所感」、一九六八年一月九日）と記した。会社退職後における「長期生活安定」のため、自らの資産活用に活路を見出そうとしていることがわかる。一九六〇年代後半から貸倉庫建設に積極的になった理由の一つが、ここに見出されよう。

第二に、新次自身、農家として後継ぎがいないことへの自覚が強まった点である。一九六六年一一月一二日の日記には、稲刈り後の作業に新次の妻が連続して携わったことを記したうえで、「自分等の生涯はこの百姓が付添うている。が次の子の世代になると百姓も出来なくなるので、自分は一代仏と云える。但し一人が欠けるとその時点で百姓廃業にならざるを得ぬのだ」と叙述している。代々家業として農業を続けてきた堀家において、堀新次の代で「百姓」が終了することを自覚していたことがわかる。

この外にも、農業の継続が困難な事情として、「昨日の苗代造りには身心共に疲労した。このため夕方には腰が痛くて全身疲れが出てサッパリ元気が無かった。」（一九六七年五月六日）といった新次の加齢の問題[45]や、「浜田は今日が苗取りで明日から田植えだ。然し乍ら各家共耕作反が減っているので、恐らく田植えも一日で終る筈だ。（中略）下水の水で臭い。気持が悪いが仕方が無い。」（一九六九年七月一日）などといった、周辺農家における稲作反別の減少と用水の水質汚濁なとといった問題も、稲作の継続に支障を来たした要因として、指摘できよう。

堀家の収入の変化を示したのが、表5-16である。新次の金銭出納帳には、米や野菜などによる収入は含まれていない。また戦前来の貸地貸家収入は計上されておらず、不動産収入はいずれも一九六〇年代後半に設置した貸倉庫収入のみである。これは、前述したように農業収入と戦前からの貸地収入は新次の母の収入になっていたためだが、それでも一九六九年に、会社勤務による収入を不動産収入が追い越した。一九六九年末に新次は阪神を退社し、同年は稲作最後の年ともなるので、新次にとって大きな画期の年といえよう。本書では、家計支出の分析ができていないが、一九六九年の金銭出納帳には、子の「学資記録」が、欄外に別記されていた[46]。子が進学した大学の授業料は、第二子前期分授業料四万七五〇〇円、第三子前期分授業料三万一〇〇〇円であり、その年額は、年間給与収入の約一三%を占めた。堀新次自ら用いた「生活の安定」という文言も、親の代では経験したことのなかった、家業を継がないことを想定して子に高等教育を学ばせるため教育費をかけるという新たな生活であった点に留意する必要があろう。

## 三、浜田川の利用変化と村落

一九六〇年代半ばの浜田川においては、再び樋門をめぐる農民と住民の利害対立が生じた。一九六六年七月一～二日にかけて、京阪神地方と和歌山県北部では集中豪雨に見舞われ、奈良県では山崩れで二名が死亡、近畿地方全体で

表５-16　堀家の家計収入

（単位：千円）

| | 合計 | 給料・手当など | 不動産収入 | 保証金 | 農産品売却 | その他 |
|---|---|---|---|---|---|---|
| 1966年 | 1,480 | 1,040 | 125 | 300 | 4 | 11 |
| 1967年 | 2,768 | 1,101 | 258 | 1,400 | 6 | 3 |
| 1968年 | 2,298 | 1,159 | 999 | 100 | 2 | 38 |
| 1969年 | 6,216 | 1,235 | 3,651 | 1,300 | 6 | 25 |

出典：堀新次『金銭出納簿』（個人蔵、尼崎市立地域研究史料館にて借用）より作成。
注：金銭出納簿に記載されている金額のみを記した。不動産収入は1966年以後新規に開始した貸倉庫などのみで、それ以前からの貸地・貸家は含まれない。農産品売却は主に稲藁販売で、米穀や畑作物の販売金額は含まれない。農協からの借金も本表には含まれない。

六万戸、兵庫県内の尼崎・西宮・伊丹・宝塚・川西の五市で二万四〇〇〇戸の家屋が浸水する被害が生じた(47)。これを受けて同年七月の市議会では、浸水被害の問題が取り上げられた。議員の前田秀雄は「それから蓬川の入江橋付近の樋門を今度は改造する。この樋門は非常に威力を発揮するものだそうでございます。一つのポンプ以上の排水力を持っておる、こう言われておる。それではなぜこのような威力を持った排水能力を持った樋門を、なぜあのときに開放することができなかったのか」と質問した(48)。これに対して、助役の浅野清は、「水門の管理にいたしましても、その際における農家関係で依頼しておるものでございますけれども、なおかつそのときにちょうど田植えをする直前でございましたので、樋門のあけ方がその当時直ちに行われなかった面もあったかのように考えられます。これは一般的な農家管理のものは行われておりますけれども、若干そういう面もあったように見受けられます」と答えた(49)。蓬川にかかる阪神国道の橋が入江橋であり、その上流に位置する浜田地区が管理する「石門樋」は、議員の前田が指摘した樋門と同一であるかは確認できないが助役が想定した「水門」の一つと言えよう。それでは、一九六六年七月一～二日水害の際、浜田地区における水門の管理はどのようであったか。

浜田地区では、一九六六年の水利委員（三名）に堀新次が就いていたため、水害当時の樋門管理を日記からうかがい知ることができる。六月下旬に新次は他の二人の水利委員とともに「門樋の操作にゆく。一ケ年振りに降下させるので油で固くなっていた。その後自分の家の前の樋板作る」（一九六六年六月二四日）というように水利委員の仕事始めを行っていたが、その直後に集中豪雨が発生した。同年七月一日に、新次は田の見回りを行っていたが、夜になって「二〇時にも石門樋に行き南側のみ揚げて水の加減をした」。さらに二二時にも、再び新次はもう一名の水利委員と、視察に回っている。しかし「その後の豪雨で一段と水嵩が高くなった」ため、午前二時に、別の水利委員が新次を起こしに来て、二人は「石門樋」に向かった。そこで、両側の樋板をさらに上げた。この時の心境を、新次は「三時頃より少しく眠った。一昨夜も、昨夜も眠っていないので頭は痛く、全身はだるい」と綴っている。しかし水量の増加は収まらなかたった。そのため、新次は、五時三〇分と六時三〇分の二回石門樋に向かった。他の委員や委員以外の者も手伝いに来たものの、樋板が「水圧のため揚げられず」「増水のために田植は出来ず減水を待つばかり」という状態になってしまった（以上、一九六六年七月二日）。日記の中には、市役所の職員や周辺住民の水防への動きなどは記されていなかった。

浜田地区では、例年七月初旬に田植えを行っていた。この集中豪雨は、田植えの直前の出来ごとであった。それゆえ、水利委員であった新次は、水量の増減を徹夜で管理していたことがわかる。最初から無条件に樋板全てを上げていない点は、市助役がいうように「田植えをする直前」という側面が大きいと思われるが、樋板が「水圧のため揚げられず」という状況になるほどの集中豪雨であった点にも留意が必要であろう。むしろ日記の叙述と市議会の質疑応答からわかることは、浸水の危険が差し迫った状況下においても、自治体が樋門に職員を派遣するなどしてこれに直接関与しようとはしておらず、農民の管理に委ねているという点である。市議会議員・前田の質問にあるように、市としてポンプの取り付けは行われるようになったものの、一九六一年での質疑応答の際に市建設局長が用いた「常時水位を下げる方向に持って参りたい」[50]という言葉を農家に徹底させることはできず、集中豪雨時においても実際の運用は農家に任せていたといえよう。

他方、一九六〇年代後半において浜田地区における農地転用が急増する過程で、浜田川の利用と維持管理に変化が生じてきた点にも注目する必要がある。表5-17は、「石門樋」の維持管理（樋板の上げ下げ）に堀新次が関わった回数を示したものである。一九六〇年代前半においては、新次が水利委員となったのは六一年一回のみで委員のとき以外はほとんど「石門樋」の管理にタッチしていない。

これに対して、一九六〇年代後半には変化が見られる。第一に、新次が一九六六年と六八年に水利委員になっていることからわかるように、委員に就く周期が早まっている点である。委員の数も、一九六〇年代半ばまでは『堀新次日記』には通例三名が記されていたものの、六七年の水利委員は一名、六八年は二名のみの記載であった。第二に、水利委員に就いた者の活動が不活発になっていた点である。表5-17で樋板の調整回数をみると一九六六年に新次が水利委員になった際の回数は、一九六一年の際に比べてはるかに多い。新次自身も「殆ど自分だけがこの樋門の取扱をしている」（一九六六年七月一四日）という感想を日記に記した。新次は水利委員の活動に積極的に関わっており、一九六九年は、おそらく委員ではないものの、近隣の者が委員になっている関係で作業の手助けを行った結果、樋門の管理に関わった回数が多くなったと考えられる。(51) 以上をまとめれば、六〇年代後半の浜田地区では、「石門樋」の管理に関する担い手の減少傾向が顕著になったといえよう。

一九六〇年代後半の樋門管理に関する堀新次の日記には、「一八時三〇分H12と石門樋のゴミ取り除きに行く」（一九六八年七月二三日）というようなゴミの川への投棄問題や、「石門樋を見にゆき浜田川の水が凄く汚染しているので北側の樋門を解放して流す」「水堂水源樋門等視察する」（一九六九年八月二一日）というように、河川の水質汚濁と汚濁原因を調べに行く様子を読み取ることができる。水利面においても稲作を行い難くなっている一方、なお浜田地区の農民がゴミ駆除や水質の管理などを行っていることが読み取れる。

一九七〇年から、新次は稲作をやめたため、その後、樋門管理の記事は、一九七〇～七三年の『堀新次日記』から

表 5-17　「石門樋」の管理回数と堀新次の関わり

| 年／月 | 1961 | 1962 | 1963 | 1964 | 1965 | 1966 | 1967 | 1968 | 1969 |
|---|---|---|---|---|---|---|---|---|---|
| 7 月 | 9 | - | - | 1 | - | 17 | - | 8 | 4 |
| 8 月 | - | - | - | - | - | 6 | - | 5 | 12 |
| 9 月 | - | - | - | - | - | 5 | - | 3 | 6 |
| 水利委員 | 新次が委員 | | | | | 新次が委員 | | 新次が委員 | |

出典：前掲各年次『堀新次日記』［表 3-3］。
注：上記表以外に新次は、1969 年 7 月には「大門樋」と呼ばれる門樋を 3 回操作している。

は確認することはできなかった[52]。「石門樋」に関しては、一九六八年五月一日の浜田地区農会での会合において、「石門樋を取り毀してほしいと言う尼崎市の要請」あったことが報告された（一九六八年五月二日）。一九六九年においても、『堀新次日記』に「石門樋」の記事が現れているが、その後取り壊されたものと考えられる。図5-4は、一九六八年三月に測図したものを一九七二年九月経年変化の修正を施した地形図である。「石門樋」のあった箇所が単なる橋に変化しており、上流の膨らんだ箇所は埋め立てられて公園となっていた。一九六九年末から七〇年代初頭にかけての時期に、樋が取り壊されたものと考えられよう。市街地造成のための土地区画整理を実施したとはいえ、一九四〇〜六〇年代にかけて、灌漑用水としての性格を有し農民が維持管理してきた浜田川は、農地転用が増加する中で徐々にその水位や水質を維持管理する担い手が減少し、「石門樋」自体もなくなるなど、一九七〇年代に大きな転機を迎えたといえよう。

ただしその一方で、新次の場合、一九七〇年代に入っても畑作に関しては継続していた。特に阪神やそれ以外も含めて勤務先がなくなった七二年以降、その傾向は強まった。なかでも畑への水やりには時間を取っており、「勤務を辞めてから水やりが生活の一部になって了った」（一九七二年八月一六日）と記す程、連日灌水を行った。水まきの水をどのように調達したかが必ずしもはっきりしないが、「八時三〇分より畑の作物に灌水する。井戸水を吸い上げ放しだ」（一九七三年七月二〇日）との記事があるため、ポンプで井戸や水路などから水をくみ上げ散水したと考えら

図5－4　1972年当時における浜田川・蓬川の境付近の様子

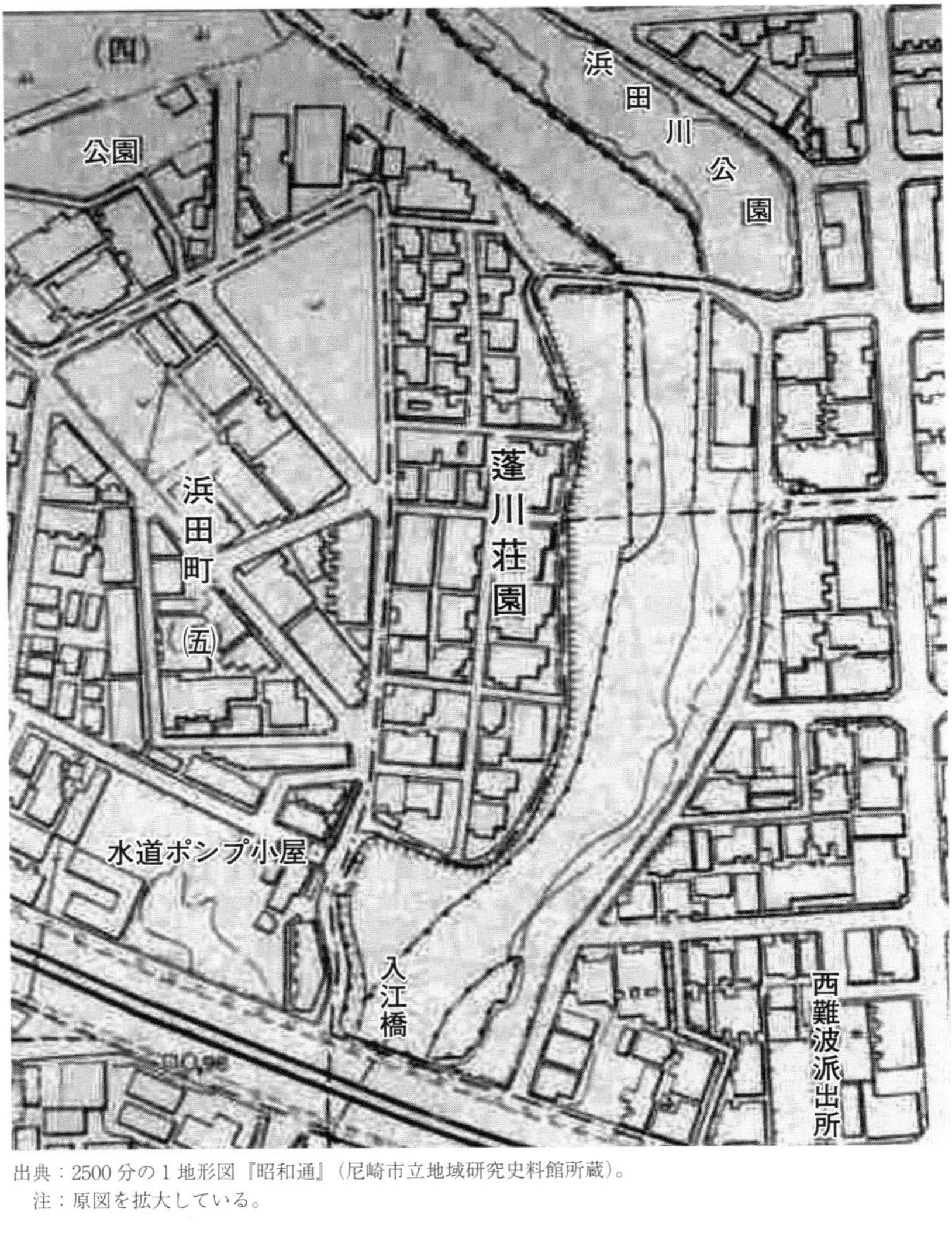


出典：2500分の1地形図『昭和通』（尼崎市立地域研究史料館所蔵）。
注：原図を拡大している。

れよう。同時に一九七〇年代初頭の水利用に関する記事で注目されるのが、「日当水」である。「日当水の槽を据え付ける槽を作」ったこと（一九七二年七月二〇日）や、「日当水を風呂に入れ」（一九七二年八月三一日）利用していたことが、日記から読み取れる。肥料に関しては、化学肥料を用いることが多くなったが、自宅の便所に溜めてあった屎尿を肥料として畑での利用することも一九七二年まで確認される（一九七二年九月一七日）。高度成長後半期において堀家の農業が大きく変貌を遂げたのは事実だが、生産と生活の両面を通じて、人と土地・水との直接的な関係が、なお意識されていた点にも注目する必要がある。

一九六九年に、堀新次は浜田地区について「昭和四十四年の現在でも古来からの家のつながり、人と人のつながりは不十分であり、頼りにはならない。」（一九六九年七月三日、同年六月最後のまとめ欄に記載）と記した。この後、新次が中心人物の一人となって、地域の親睦団体である「浜田会」が結成された。結成式当日について、日記には「出席者36名、この様に大勢村人が集まった事は珍らしい。戦後最大の現象であらうと思っている」（一九七〇年二月八日）と記された。「村人」という表現から、その対象者は旧集落内に限られていたと思われるが、『堀新次日記』に記載された出席者は、表5-12のⅰ・ⅱ双方が含まれていた。稲作を媒介とした村落としての紐帯が弱まるなかで、親睦団体として新たな集落における組織形成が階層的な拡がりをもって試みられたのである。

最後に、一九七〇年代の浜田地区の景観を確認しておこう。図5-5は、一九七三年に撮影された浜田地区周辺の航空写真である。この写真から、東西を貫通する道路や浜田川にかかる豊地橋も完成したことがわかる。同時に、急激な住宅建設によって、浜田地区北部の旧集落（北居地、南居地）と周辺住宅街とが連続し一見して区別がつかない状態となった。しかしその一方で、図5-5の旧浜田集落の西側（写真北西部）などに、宅地化が進んでおらず農地が残存している箇所があることも確認できる。土地区画整理で浜田地区の景観は大きく変化し、一九六〇年代後半に至って村落の在り様も大きく変化したと考えられるが、なお浜田地区北部では農業を通じての人と土地との関係が続い

図５－５　浜田地区北部の航空写真（1973 年）

出典：『尼崎市航空写真』1973 年撮影（尼崎市立地域研究史料館所蔵）。

ていた点にも留意する必要があろう。

## 四、市街地形成の論理の転換

本章での結論を、以下三点にまとめておこう。

第一に、農地転用と集落内農家の利害についてである。本章で強調したことは、階層ⅰ・ⅱともに、農地転用の理由を主に「生活の安定」に求め、その意味で両者は共通の利害を有するようになった点である。戦後改革期に、地主・小作農民間の対立がみられた浜田地区では、階層ⅰによる国有農地の買受が五〇年代後半に行われた。同時にそれらの農家では負債や子の住居建築資金の必要から農地転用を進めるケースが高度成長前半期から多く存在した。農地の所有権と耕作権をめぐって利害対立を起こしていた階層ⅰ・ⅱは、農地転用との関連では共通の論理を有することになったのである。階層ⅱにおいては、農地転用が急増するのは高度成長後半期であった。この層はもともと兼業農家が多く、耕作面積を大きく減らしたとはいえ農業に携わり続けることができた。他方Ｈ20のように、農地転用をしない専業農家も階層ⅱには存在したのである。

第二に、「生活の安定」という言葉の中身についてである。この点について、一兼業農家における労働と生活に即して分析した結果、一九六〇年代前半は農地を単に資産としてみていないことが明らかとなった。兼業農家であった堀新次の場合「会社員」と「百姓」双方の意識があり、会社での処遇が意に沿わない場合、基本は妻の農作業に支えられているとはいえ、農業労働日数が増加することさえあった。本書は、これまでの研究史で強調されてきた農地の資産化の側面を否定するものではないが、日記分析をする限り、そこに示されたのは膨大な日々の労働であった。企業での長時間労働をこなす一方で、企業と相対的に距離をおきつつ、妻や地域社会に支えられての「百姓」意識に基づく労働が、一九六〇年代半ばまでの農地の維持管理を可能とした点に注目する必要があろう。しかし、農業の後継者がおらず勤務先の停年も近づき職務も不安定な中で、家屋の新築、子の教育費負担など、親の代が経験したことのない新たな生活スタイルを受け入れた新次は「会社員」として「百姓」として働きつづけることに限界を感じ、区画整理の残事業の実施によって自宅を転居した一九六〇年代後半に至って、老後の生活安定志向を強めた。戦前とは異なる新たな「生活の安定」を求め、農地を地上げし貸倉庫の建設と土地売却を開始し、農業委員会も「生活の安定」という理由を認めていったのである[53]。都市化に伴う地価・地代の高騰が、これらの行動を可能にしたのは事実だが、本章が強調したことは、従来の研究が軽視していた農地転用に踏み切る際の農民の労働と生活の、変化の側面（なかでも老後の生活保障の側面）であった。

第三に、土地区画整理によって整備された公共施設の維持管理の担い手と市が実施した残事業の性格についてである。特に本章で注目したのは、戦時中に工事が行われた浜田川（及びその河川敷）の戦後における性格であった。浜田川は、土地区画整理事業の一環として、川幅を広げ川筋を一本化する事業が戦時期に進められた。しかし、浜田川が有した灌漑用水路としての性格は戦後も失っておらず、浜田地区の農民は高度成長期に至るまで、水利を通じて浜田川との関係を維持し続けた。そればかりか、堀新次の事例でみたように、一九五〇年代においては、夫婦で河川跡を埋立て新たな水田を造成するケースすら見られた。六〇年代になると、尼崎市は土地区画整理の残事業を実施し、浜田地区の東西を連絡する道路と橋、側溝を整備するとともに、市北部の浸水対策として、浜田川を利用した浜田排水路を建設した。公共下水道の整備を行うことができなかった市行政は、組合施行土地区画整理事業によって整備され浜田地区農家によって維持管理されている浜田川を、市北部からの下水路として活用した。単に、市による公共事業によって市街地が整備されたのではなく、組合施行土地区画整理による基盤整備と村落による河川の維持管理機能を利用して、市は初めて排水路整備を行えたのである。この点に、高度成長期の特徴がみられよう。しかし、浜田川が複数の機能を有することとなったため、田植え前の河川水位の管理などをめぐって農民と住民とで利害対立が生じた点にも留意する必要があろう。

市は、大庄中部第一土地区画整理の残事業のために三億円をこえる工費をかけた。しかし市は、市街地形成を進めるうえでの事業の理念や正当性を積極的に提示することはなく、樋門や排水路の整備に関しては、自治体内の部局ごとの判断で事業を進めた。立退きを迫られた堀新次に対する交渉内容も、もっぱら補償金の金額をどうするかという点に絞られていた。それだけに、農地転用にみられた農家の「生活の安定」に関する論理や、農業労働を媒介とした農家と土地・水との直接的な関係性――それらを支える水利組織としての村落の共同性――が、高度成長期の市街地形成に埋め込まれたのである。(54)

**注**

(1)『第2回　尼崎市議会臨時会会議録（第3号）』一九五五年八月一八日、七二頁。
(2)『昭和30年　事務報告書』尼崎市役所、一九五六年、一二四～一二五頁。
(3) 後述するように、浜田地区の農民は、高度成長期にはもっぱら「石門樋」を利用していた。一九五〇年代に市が作った樋門よりも「石門樋」を利用した理由は詳細には不明であるが、「石門樋」で水を堰き止めたほうが、川幅が膨らんでいる分、貯水力があったためとも考えられよう。ただしその半面、前述した明田議員の指摘のように、水不足に陥ると、一九五〇年代においては悪臭が漂う等の問題も生じていた。
(4)『市報あまがさき』一九五九年九月二〇日。
(5)『昭和34年　事業報告書』尼崎市役所、一九六〇年、一六七頁。
(6)『市報あまがさき』一九五九年五月五日。
(7) 大庄地区は一九六五年から下水道工事が始まるが、「これらの下水路はあくまで都市下水路として布設されますが、すべて暗渠で地下にうめられ、将来公共下水道に切り替えられることになっています」（『市報あまがさき』一九六五年八月五日）というように、公共下水道事業として国から認められていなかったため、まずは都市下水路として事業を進めるものであった。

（8）『市報　あまがさき』一九七三年六月五日。
（9）兵庫県農地改革史編纂委員会編『兵庫県農地改革史』兵庫県農地林務部農地開拓課、一九五二年、七一〇～七一三頁。
（10）『尼崎市農業委員会議事録』一九五五年一月二八日。
（11）『尼崎市農業委員会議事録』一九五七年二月二四日。
（12）『尼崎市農業委員会議事録』一九五七年一一月七日。
（13）『尼崎市農業委員会議事録』一九五八年八月一一日。
（14）『土地区画整理登記申請書控』大庄中部第一土地区画整理組合、一九五六年（個人蔵、尼崎市立地域研究史料館にて借用）。
（15）この史料引用にある「大文川」がもともと蛇行して南下していった改修前の浜田川跡と推定される。
（16）『尼崎市農業委員会議事録』一九六〇年四月一八日。
（17）H19が阪神電鉄で不動産課が含まれる事業部に配属された点については、『堀新次日記』（個人蔵、尼崎市立地域研究史料館にて借用）一九六一年六月二二日。その後、阪神電鉄を退職し自ら不動産業を始め貸ビル建設を行った点については、同右史料、一九六三年七月二八日、一九六四年二月一四日より。
（18）桜井秀美『農地転用許可基準の解説』学陽書房、一九五九年、一四七頁。
（19）同右書、二頁。
（20）ただし、その後新次の妹の結婚や、新次の子の大学進学に伴う下宿などにより、同居者の人数は減少する（前掲『堀新次日記』〔注17〕より）。
（21）ただし、賃耕に関しては、一九六四年には、毎年頼んでいる同じ集落内の農家に頼みに行ったところ「どうしても田耕が出来ないと断られた」ため、隣の集落の農家に頼んでいる（同右史料、一九六四年五月一二日）。兼業農家として農業を継続していくための地域的な関係が徐々に弱まっていることに留意する必要がある。
（22）最初に確認できる記事は同右史料、一九六三年九月二四日である。
（23）同右史料、一九六二年一一月一二日に、母の病気のことが記されている。
（24）同右史料、一九六三年九月二五日によれば、農家番号H19が地代値上げ交渉に一緒に行くという話があったことが記されていることから、H19との関係の重要性もうかがえる。
（25）この記事においては、堀新次と母との家計の分離が強調されていないが、堀新次が記した『金銭出納帳　自昭和40年10月1日至昭和43年9月30日』（個人蔵、尼崎市立地域研究史料館にて借用）には、地代家賃収入は一切記されておらず、なお一線を画していた（ただし家産収入という感覚は堀新次にはあった）と考えられよう。また、堀の労働時間に即して言えば、地代・家賃値上げの交渉が始まる一九六三年秋から、再び農業労働への時間が減少し始める。この点前掲『堀新次日記』〔注17〕一九六三年一〇月六日では、以下のように記されている。「昨今は田の見回りについては御無沙汰勝である。気に掛っていても片手に会社勤務と片手には地代値上げ問題交渉等あり運輸部より出向してからは兎角身体の自由が制限されるので困る」。

(26)「五時前に目ざめた。妻と話する。話題は例に依り借金の返済方について相談だ。然し乍ら現在の段階では田を売る以外に方法はない。或は退職金で返済すると云う事も考えている」（同右史料、一九六五年五月六日）。

(27)同右史料、一九六四～六六年より。

(28)『朝日新聞』一九六一年六月二八日。

(29)『第15回尼崎市議会定例会会議録（第2号）』一九六一年七月三一日、二二頁。

(30)同右史料、二二頁。

(31)「石門樋」に関して一九三〇年代においては、西難波地区が管理していたと推定されることを第三章で述べたが、戦後においては『堀新次日記』によれば明らかに浜田地区が管理主体になっていた。いつからなぜ管理主体が変わったのか詳しくは不明だが、西難波地区は浜田地区に比べ戦前段階で市街化が進み農家が減少したため、いずれかの時点で管理主体を変更したことが想定されよう。

(32)ただし、一九五五年に設置された門樋がこの水害のときにどのように運用されていたかは不明であり、影響を及ぼしていた可能性もある。

(33)その方策の一つが、一九六〇年代においては市北部地区や浜田地区で整備される目処は立っていなかった公共下水道の整備であったが、それ以外においても、水利に関して市と農民・住民とで協議する場を作るなどの試みが行われた様子はない。

(34)『第13回尼崎市議会定例会会議録（第3号）』一九六一年三月十六日、三七頁。

(35)『第26回尼崎市議会定例会会議録（第5号）』一九六三年三月二〇日、九頁における予算委員会での審議内容に関する報告箇所。

(36)『昭和39年　事務報告書』尼崎市役所、一九六五年、一九三頁。

(37)『第13回尼崎市議会定例会会議録（第1号）』一九六五年三月一二日、一二頁。

(38)『昭和40年　事務報告書』尼崎市役所、一九六六年、二一七頁。

(39) ここでいう「水洗便所」とは、公共下水道が未整備であった点に鑑みて、浄化槽を利用したものであったと考えられる。
(40) 風呂は元の家にもあったが、薪で炊いていたため天候に左右された。「昨夜は風呂は無かった。風が強くて火災の恐れがありこのために止むなく止めたのである。風の強い日にはその度毎に天候に関係なく風呂が焚ける家屋に住みたいと思う。」(前掲『堀新次日記』〔注17〕一九六二年二月一五日)。
(41) 「下川端の側溝に穴明《ママ》けにゆく」「下川端の水入れ穴を開けにゆく」(同右史料、一九六六年六月二五日)という記事にみられるように側溝の種別が不明であるものの、農業用水として側溝を利用しようとしている様子もうかがえる。
(42) 前掲『金銭出納帳　自昭和40年10月1日　至昭和43年9月30日』〔注25〕。以下、②③の貸倉庫に関しても、同様。
(43) 同右史料および『金銭出納簿　自昭和43年10月1日　至昭和46年6月30日』(個人蔵、尼崎市立地域研究史料館にて借用)。
(44) たとえば、一九六七年五～六月にかけては、以下のことが日記から確認される。「九時頃に一昨日来た不動産売買仲介業のT商事Oが来る。応接室で話する。苗代の土地売却について具体的に買取価格坪八万円と云ってきた。」(前掲『堀新次日記』〔注17〕一九六七年五月二九日。)「九時過にOが苗代の土地売却について話に来た。売るか保留か現在迷っている」(同右史料、一九六七年六月一日)、「さて先日五月二十九日に苗代の土地を売却する様盛んに勧誘に来ているのだ。T商事は勿論商売人であるが何事も話のある時がチャンスであるとも考えられる。土地を売却してその資金で更に飛躍した事をする事も無理でない様な気もする。右すべきか左すべきかこの事の判断が自分の今後を大きく変える原因になる様な気がする」(同右史料、一九六七年六月二日)。しかし、決断できないでいるうちに、六月一〇日に交渉は打ち切られた(同右史料、一九六七年六月一〇日)。
(45) 新次だけでなく、新次の妻も加齢により農作業(特に稲作)を重荷に感じていたようで、一九六八年の田植において「宮浦」での田植えをやめ大豆畑に転換した(表5-15)時の妻の様子を「救われたと云って嬉しがる」と新次は日記に記した(同右史料、一九六八年七月四日)。
(46) 前掲『金銭出納簿　自昭和43年10月1日　至昭和46年6月30日』〔注43〕。
(47) 『朝日新聞』一九六六年七月二日(夕刊)。
(48) 『第20回尼崎市議会定例会会議録(第1号)』一九六六年七月二九日、一〇～一一頁。
(49) 同右史料、一八頁。
(50) なお、浜田地区では、豪雨が治まった七月二～三日にかけて田植えを行うことができた。
(51) 例えば、一九六九年の「石門樋」の樋板の調整は、H19と共に行っている場合がほとんどである。日記における以下の叙述「今日は県尼西兵庫県予選の優勝戦に出場するので西大島のM君と後援にゆくので雨が降れば石門樋の樋を揚げてほしいと鍵を持って来た」（前掲『堀新次日記』〔注17〕一九六九年七月三一日）から、六九年に鍵を管理していた人物の一人はH19であったことがわかる。

(52)　同右史料、一九七〇～七三年。

(53)　農家の「生活の安定」という正当性が農業委員会で認められる一方で、これらが都市計画のなかにどのように位置づくのかということが問われることはなかった。農業委員会で、都市計画に抵触する農地転用を予め指導することは行われていたものの、農業委員会のような地域末端の土地利用を審議する機関を都市計画行政は有していなかったため、戦後自作農家の個別的な事情（＝生活の安定）が、そのまま農地法によってオーソライズされて市街地形成が進められた点に注目する必要がある。

(54)　これらの地主・農民の論理は、基本的には世帯主中心の旧来の集落に立脚した性格を有するものであった。これらとは異なる市街地形成と都市計画に影響を与える担い手――たとえば、六〇年代以降増加する地域の生活環境の改善を求める住民運動など――の検討も必要となるが、むしろ本章では、これまで正面から検討されなかった私有地の利用（転用）の農家にとっての位置づけの変化を、農民自身の史料に即して検証したのである。

# 終章　結語

郊外の村落に住む地主や農民にとっての土地区画整理への関わりは、実施時期や実施地区によって、そして何よりも土地区画整理実施前までの土地や水との関わりの相違から、一様ではなかった。本書では、一九三〇年代に換地処分を終えた橘土地区画整理（第一編）と、一九三〇年代後半に設立され戦時期・戦後復興期に事業がストップし、尼崎市が残事業を継承した大庄中部第一土地区画整理組合のなかの浜田地区（第二編）をとりあげた。橘土地区画整理組合は東海道線における新駅誘致とセットになって設立された尼崎郊外における先駆的な組合であったのに対し、大庄中部第一土地区画整理組合は橘土地区画整理における事業の成功と立花駅周辺の人口増加に誘発されて設立された組合であった。また、橘土地区画整理は農地調整法が制定される前に事業を進めた結果小作農民を地区内農地から予め立ち退かせることが可能であったが、大庄中部第一土地区画整理は、組合設立時には農地調整法が施行されており、戦後改革期に実施しようとした仮換地の際には地主・小作農民間で大きな問題が生じた。すなわち、両組合を取り上げることを通じて、農地調整法などの国家法の制定前後で土地区画整理事業の実施がどのように変化したのかという点にも注目した。

そのような二つの土地区画整理地区を対象とした本書の結論を、以下まとめていく。図終-1は、終章で論じる枠組みを示した図である。これに従って、以下終章での議論の進め方を予め示しておこう。第一に、村落に居住する地主や農民による土地区画整理地区内の土地や水への働きかけに注目する（図中・ⓐ）。この点は、本書の実証の中心

図終－1　結論で想定している議論の構成

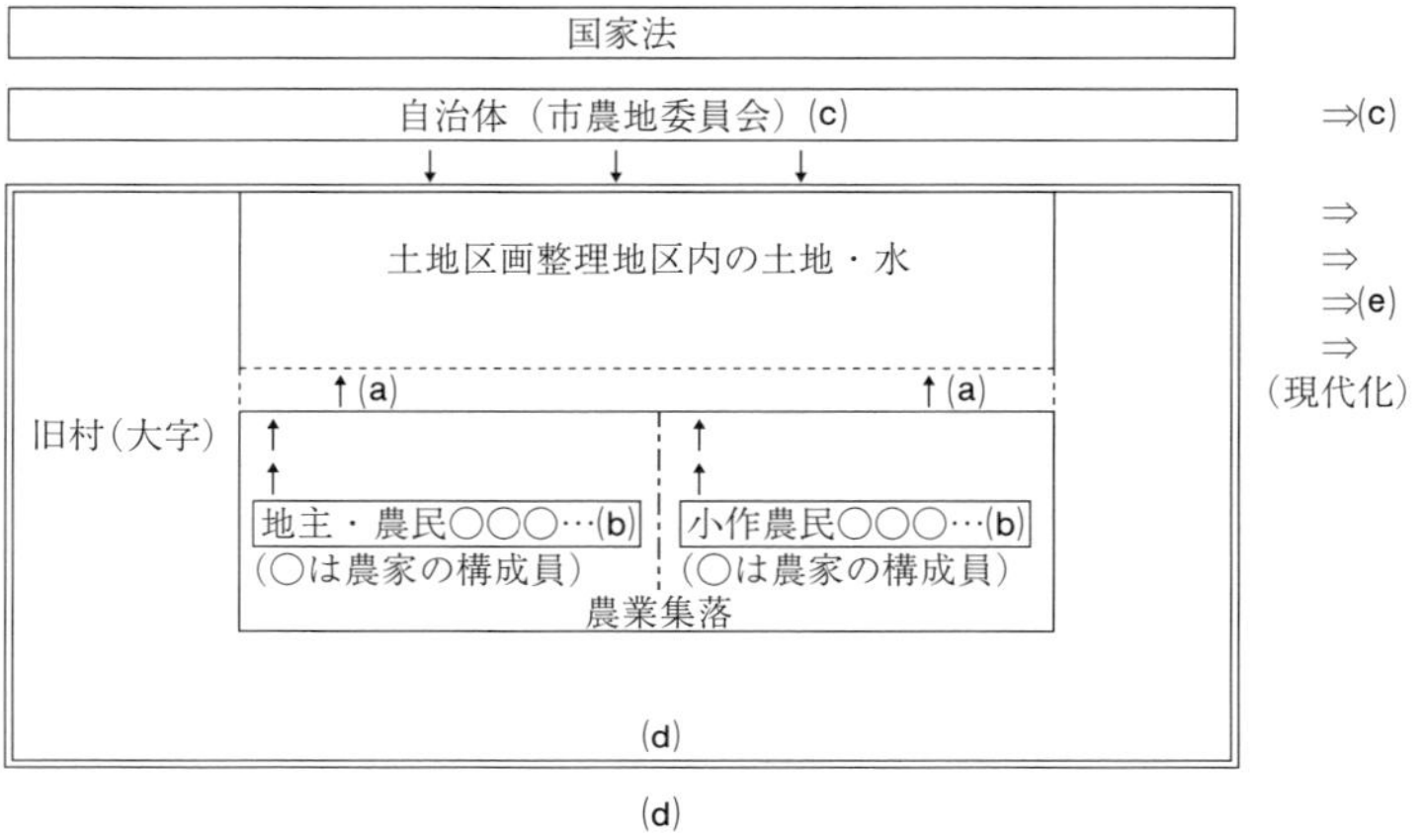


注：図中点線----は、第１編と第２編との差異（農業集落が土地区画整理地区内に含まれるか否か）を意味。破線–·–は、土地所有の有無（破線–·–左側が土地所有者）を意味。そのため、「小作農民」のなかでも土地区画整理地区内に耕地や屋敷地などを所有している農民は、破線–·–の左側に含まれる。

的な位置を占めるものであり、ここでは在村地主、小作農民、兼業の自作地主の三つのタイプにまとめる。第二に、図中(b)の農家の構成員に注目して、「土地や水の利用と労働」をまとめる。ここでの対象は、第二編の堀家の事例に限定されるが、家族内外の諸関係と年齢、性別・世代交代が土地利用に与える影響、そして雇用労働が土地利用に与える影響についてまとめ、村落の共同労働との関係にも言及する。第三に、地主・農民による土地・水への働きかけとの関係に即して、自治体の政策や市農地委員会の役割(c)についてまとめる。もとより本書では自治体行財政全体の分析は行っていないものの、(a)(b)でみられた特徴と(c)との関係に注目することで、自治体が体現する公共性と実際の利用に裏付けられた地主・農民の主張との関係を検討する。第四に、「土地区画整理地区の内と外」として、地区内に居住しながら組合員ではなかった人々や土地区画整理地区とその外側の集落との関係(d)を取り上げる。本書ではこれらの人々と土地・水との関係を実証できていない。それゆえ、(a)(b)(c)からみた限りで間接的にとりあげざるを得ない限界を有するものの、地主・農民が中心となって進めた市街地形成の歴史的意義と限界を全体の構図の中に位置づけることが必要と考え、取り上げた。最後に、現代史研究において「人と土地・水の関係史」を追究する意義(e)を論じ、本書を通じて明らかにした市街地形成論の歴史的射程をまとめることにする。

## 第一節　市街地形成への関わり――三つのタイプ

### 一、行政と不在地主に向き合う――橘土地区画整理組合における在村地主の取組み

東海道線の電化とそれに伴う新駅設置計画という契機を積極的に生かして、各種の運動を起こしたのが、水堂や七松などに居住していた在村地主であった。これらの在村地主が取組んだことがらは、以下の三点にまとめられる。

第一に、都市計画行政や県行政に向き合い、自らの利害を貫徹させていった点である。組合設立の際に在村地主らは、土地区画整理の設計とこれに伴う上水道の整備を行うため技師を雇用し、度々会合を開いて集落内土地所有者の合意を取り付けるための世話役を担った。そのことによって、県都市計画技師の修正案を拒否し、自らの設計案を貫徹させることに成功した。戦後改革期においては、土地区画整理地区が農地改革の対象になる恐れを察知し、「橘住宅地確保連盟」を結成して自ら地区内の土地利用調査を行い、宅地化率の高さを理由に農地改革から同地区を除外することを訴え、この点も成功した。県都市計画課とのやり取りの際には、政友会代議士とともに内務省本庁に陳情にいくなど、都市計画行政から完全に自立していたわけではないが、集落内の土地所有から派生する共同性を利用した団体形成（図終-1「農業集落」のなかの破線- - - -の左側）によって、都市計画行政や県行政に対して自らの主張を通した点が重要である。

第二に、投機・利殖目的に土地を所有する不在地主に向き合い、逆にこれを利用して、組合運営を進めた点である。

不在地主のなかには、経済的リスクが存在する組合の理事になることを拒否する者が現れる一方で、区画整理前に先行して駅前土地を買収する者も現れるなどの問題が生じていた。これに対して、上層の在村地主らは自ら理事を引き受け、立花駅予定地正面を購入していた不在地主の土地については、換地処分によって個別の利害を極力排除した。他方で、組合地（替費地）売却の際には、地区内の地主や住民に限らず、パンフレットを作って広く利殖を目的とした購入を募った。こうして、全国から組合地の購入者が現れ組合地は全て売却され、組合の事業費は売却益で賄えることとなった。市場的関係を利用する一方で、土地区画整理のルールに則って不在地主を制御していこうとした地主の共同性に注目する必要がある。

第三に、自らの私有地も、農地を嵩上げして宅地化し貸地に出すことで、市街地形成を進めた点である。多くの地主にとっては、所有地全般に自ら家屋を建設して貸家経営を進めることは資金的に困難であった。水堂の在村地主・川端又市も、ほとんどの土地を貸地に出した。これを、大阪や神戸などの業者が借り、建物を建てて貸家経営希望者に売却した。組合長であり山林地主でもあった橋本新右衛門の場合は建築資材の木材を自給できたが、そうではない多くの在村地主の場合、市場的関係と向き合って業者に頼りつつ建物を建て、市街化をすすめたのである。

このような在村地主の取組みは、他方で換地処分後における不在地主の投機的な売買を規制し得なかった。そればかりか、地代家賃統制令によって在村地主自らの地代収入の利回りは、戦時期から戦後にかけて伸び悩んだ。組合が運営した水道事業も、一九三〇年代後半には断水などの問題が生じ一組合としての維持管理が困難になり、尼崎市が水道事業を継承した。そのため、同じ村落内でも在村地主が居住する集落は存続していくもの、集落から離れた土地区画整理地区への在村地主の関心は徐々に弱まった。このような限界を有していたものの、不在地主と行政に向き合った在村地主の取組みは、組合の設立と運営、さらには地主自らの所有地の宅地化を通じて、立花駅周辺の急速な市街化を可能としたのである。

## 二、土地所有に向き合う――戦後復興期における小作農民の取組み

橘土地区画整理組合の場合、小作農民は、組合結成前に地主との立退きに関する協定を結び、在村地主・川端家の事例などでは、全ての小作農民が元の耕作地から立ち退いた。これとは反対の事態となったのが、戦時期に設立された大庄中部第一土地区画整理組合の事業地区に含まれる浜田地区の事例であった。

戦後復興期において、浜田地区の小作農民は、土地区画整理の仮換地実施にあたって自らの耕地を移動することを拒否すると共に、このことを市農地委員会に嘆願した。さらに農地改革の実施過程で大庄中部第一土地区画整理地区の一部が五カ年売渡保留地域に指定されたことを受けて、兵庫県を相手取って行政訴訟を起こしその取消しを求める一方、市農地委員会（農業委員会）に対しては国有農地の買受請求を行った。浜田地区の小作農民は、土地区画整理組合結成の段階では地区内に土地を所有していない農民の方が多数であった。それらの小作農民は土地区画整理組合の組合員ではなく、事業内容に意見することはできなかったが、それにもかかわらず、戦後復興期に異議を申し立てることができた理由として、耕作者に所有権を与えようとした農地改革法の存在が大きかった。小作農民は、土地区画整理の開始後においても耕作し続けた自らの正当性を耕作者が土地を所有するという国家法の理念にあてはめて主張し、実際に所有権を獲得する農民も現れたのである。

小作農民の農地利用との関連で重要なことは、三点ある。

第一に、小作農民側の主張によって、戦後復興期に土地区画整理地区内における農地利用が市農地委員会（農業委員会）によって公的に認められたという点である。旧都市計画法においては、都市計画区域内における農地利用について特別な位置づけはなされていなかったものの、農地改革法（農地法）と実際の耕作に裏付けられた小作農民による自己主張がなされることによって、農地利用が市街地における一つの土地利用形態として位置づけられていった点

に注目する必要がある。国有農地の買受請求などによって小作農民側が希求していた土地を所有することが可能となり、解散時には土地区画整理組合の組合員になった者も一定数存在した。

第二に、村落の共同性の中身の変化についてである。大庄中部第一土地区画整理組合の場合、橘土地区画整理組合の設立に際して利用した川端又市の手記に比肩する史料が存在しない。そのため、設立時の事情が明確にはわからないが、土地所有者の意向で組合が設立したことは確実である(1)。土地所有から派生する共同性（図終-1「農業集落」における破線----の左側の構成員が中心となる）があって、浜田地区も土地区画整理に加わったといえよう。しかし、戦後改革期においては、小作農民は浜田地区内の共同作業（肥取りや共同苗代の管理など）を通じて発言権を強めていた。すなわち、小作農民の農地利用に関する自己主張は、土地区画整理に発動された土地所有から派生する共同性に対して優位に立ち、むしろ、土地所有の有無に関わらず村落で農地利用に関わる者同士の共同性が強まったといえよう。こうして階層的な拡がりを有した村落の共同性が、土地区画整理地区内での農地利用を可能にしたのである。

第三に、小作農民の農地利用・所有は、単に耕作者＝所有者という原理を貫こうとしただけでなく、資産としての農地所有への関心とも分かちがたく結びついていた点である。小作農民が市農地委員会（農業委員会）に対して買受請求を行った農地は、実際には買受価格をはるかに超えた宅地価格としての価値を持つ点を意識していたことは、仮換地の際における、地主側と小作農民側との和解交渉の内容から明らかであった。実際に、国有農地の買受請求によって得た直後に所有地の一部を売却するケースが、一定数の小作農民においてみられた。むしろ所有面積の大きかった階層iiの方が農地転用や農地転用目的の土地売却が増加する時期が遅く、多くの場合一九六〇年代後半になってからであった。農地を転用・売却しない専業農家が、階層iiに存在した点にも留意が必要であろう。

ともあれ、このような戦後改革期における小作農民の農地利用に基づく主張と行動によって、もともと土地区画整理組合員ではなく、事業の決定過程から排除されていた小作農民の主張が、市街地形成に反映されることになった。

その意味での画期性をここで強調しておきたい。

## 三、労働と老後生活に向き合う――兼業の自作地主の取組み

浜田地区において、土地区画整理組合設立後においても耕作を続けたのは、小作農民だけではない。耕作を行っていた地主も農業を継続した。そこで本書が対象としたのが、兼業の自作地主（自作農で宅地の賃貸収入がある）であった堀新次であった。土地区画整理開始後においても新次が農地利用を続けた理由は、以下の二点にまとめられる。

第一に、日記の中に度々現れる、自らは「百姓」であり「会社員」であるという自己意識である。「百姓」という言い方には、先祖代々の家業として農業に取り組む意識が読み取れるが、日記からは、単に過去を踏襲している新次の姿は浮かび上がらない。むしろ、敗戦直後から一九五〇年代における新次の日記には、自らは会社勤務があり農作業の主たる担い手は妻であることを前提として、妻とともに農業労働を行う意気込みや充実感が読み取れる箇所が存在する。父の死後となる一九四七年の田植えの際に、「親戚の手を借りずとも田植え完了した事実は自慢して良い」、「五日間の休暇は確かに有効的だった」と日記に記されていることはその一例であろう。土地区画整理による換地後の土地を田として造成した際にも、「二人協力して壱ケ月後の昨日この大事業も完成できた」とその喜びを、妻との共同作業として位置づけ表現した。敗戦後から一九五〇年代は、新次の妻の出産が続く時期であり、そのなかで妻が主たる農作業を担わざるを得なかった点や、新次も会社勤務との関係で農業への関心が弱まる時期があった点に留意しなければならないが、新次が農作業に前向きになった時には、新次の親の代とは異なって、会社勤務の合間を縫ったそして親戚に頼らない家族での農作業＝労働が、重要な意味をもってとらえられていた。ここに、第一編の地主には見られなかった、自作地主としての特徴を見出すことができよう。

第二に、企業での雇用労働との関係である。一九五五年における換地処分に伴う田の造成作業を「自分の意志でや

る作業と会社業務の様に命令で止むなくやる作業とは自ら疲労度が違ってくる」と表現したように、新次は雇用労働との関連で農業労働を意識した。企業に出向を命じられた一九六三年における農作業日数は増加し、「勤務移動に依り左遷された抵抗が良い方向にプラスになった」と自己評価した。一九三五年から阪神に勤務し続けた新次にとって、主たる労働は会社での労働であったし会社での長期勤続や昇進も意識されていたが、職場での昇進や配置が必ずしも望み通りにならない場合には家業としての農業労働に精を出すというように、自ら仕事の重点を移す時もあった。

このような新次の農地利用は、同時に村落による土地・水の維持管理とも関連した。「石門樋」などの樋門の管理は稲作の上で不可欠で、新次が水利委員のときには早朝・夜間等の時間帯において水位の調整を図った。地区農業会にて共同で行われた敗戦直後における屎尿の汲取りにおいては、会社勤務のあった新次は自分の番に出られないこともあったが、代理人を立てるなどして対処し土壌の維持に努めようとした。一九五〇年代後半には農地転用が見られるようになったとはいえ、村落（旧小作農民層も含んだ）自体も一九六〇年代半ばまでは、農地利用を支える共同組織として機能していたといえよう。

しかし、階層iiの多くの農家と同様に、一九六〇年代後半になると、新次は自ら農地転用を開始した。新次や妻の加齢が進み、新次の子の世代も就職、大学進学が相次いだ。新次は会社での停年が意識されるようになると、「停年後の生活安定、精神安定」のため、田を埋め立て、貸倉庫などへの転用を図った。ここで重要なことは、新次にとって農地転用は、停年後の生活安定（すなわち、老後保障）において必要ととらえられた点である。高齢化すれば、企業で働く場を失うだけでなく、農作業自体も肉体的に厳しくなっていく。しかも新次には、農業の後継ぎはおらず、農業収入と戦前からの貸地収入は新次の母の収入になっていた。土地区画整理を機に自宅を新築した際の借金も存在した。親の代では経験していない、子の教育費の増加にも直面していた。一時的に企業から退職金が入ることは想定できたにせよ、それ以後の収入をどのように得るかは、家計支出の増大に直面していた新次にとって喫緊の課題であったといえよう。新次の父も、新次が阪神に就職した時に畑の一部を宅地化したが、新次はこれをより徹底して行った(2)。新次は、高度成長期に人びとのライフステージが大きく変化するなかで、親の代とは異なる新たな老後生活に向き合い農地転用を図った。老後生活の安定への欲求は企業による老後保障によって満たされておらず、その結果それまで必ずしも積極的ではなかった不動産賃貸という市場的関係に向き合っていったのである(3)。

高度成長後半期は、浜田川の汚濁が進み川へのゴミの投棄などもみられるようになった。用排水の維持管理体制も徐々に弱まり、市の要請に基づき「石門樋」も撤去された。農地利用面での共同性が変化しつつ弱まった時期が、一九六〇年代末であったといえよう。各農家における世代交代のタイミングは高度成長後半期に重なるとは限らないが、一九六〇年代後半から複数の農家が「生活の安定」を求めて農地転用・売却を行ったことは事実であった。農業を行う条件が徐々に悪化していくなかで、新たな老後生活を支える収入源をえるため、市場的関係と向き合った（利回りの高低はともかくとして）行動をとったからと考えられよう。ただし、そこでの市場的関係との向き合いは、堀新次に関してはあくまでも生活との関係から派生するものであった。堀夫妻は、一九七〇年代に入って稲作はやめても畑作は続けていた。新次にとっては、畑への水やりが、毎日の生活に欠かせない労働となっていた点に、自作地主の特徴が見られる。人と土地・水との関係は弱まりながらも、継続していったのである(4)。

## 四、市街地形成に果たした意味

以上の三つのタイプの土地・水への働きかけを念頭に置いて市街地形成を考えた場合、最も重要なことは、土地区画整理事業は地主・農民が有していた土地や水との諸関係に規定される側面を多く含んでいたという点である。

土地区画整理という都市計画の手法自体が、対象地区内における地主・農民の土地所有・利用を規定する側面があることは、言うまでもない。耕地整理法を準用して実施される組合施行土地区画整理は、地区内土地所有者の一定の賛成が得られれば組合結成が可能となるという強制力を持つ。技師の設計に基づき計画が決定され、減歩や換地処分が行われる一方で、替費地売却による収益によって、道路や溝渠の整備等が可能になる。しかし本書が注目したことは、どちらかといえばそのような制度自体の特徴がどのように具現化し地主・農民に影響を与えたかという点ではなく、そのような制度に影響を与えた地主や農民の取組みであった。

第一編では、組合設立とその運営において、在村地主が有していた土地所有から派生する共同性が重要な意味を持った点を論じた。第二編では、二つの点を論じた。一つは、土地区画整理組合員ではなかった小作農民の主張が戦後改革期に重要な意味をもつようになり、その結果土地区画整理の計画に含まれていなかった農地利用に関する主張が現実の市街地形成に埋め込まれた点であった。もう一つは、兼業の自作地主も一九六〇年代半ばまでは直ちに農地転用を進めずにむしろ農地利用に向き合っており、それに必要な用排水の維持管理が農民の手で行われた点であった。以上をまとめれば、(1)在村地主が主導した組合結成と運営（市場的関係への対応、利用）、(2)戦後改革期以降における市街地形成の内容に意思表示する階層の拡がり、(3)都市近郊における農地利用とそれを支える用排水の維持管理の三点は、土地区画整理の制度面からは理解できない、地主や農民が埋め込んでいった特徴と言えよう。

同時に、これら地主・農民の取組みには限界面があり、また性格の変化を伴った点も本書では注目した。第一に、市場的関係への対応に関する限界である。土地区画整理実施時や実施後においては、投機を対象とした土地所有者の所有地では宅地化が進まない事態が生じていた。土地の分筆や私道路の建設によりもともとの区画がこわされていく点も確認できた。組合は組合地売却などで市場的関係を利用してきたが、利用の規制を行う（都市計画行政に働きかける）ことまでは行なわず、橘地区の場合、組合解散後はむしろ地主と地区との関係は弱まったのである。第二に、組合を長期に持続させることの困難さである。水道事業（橘）や組合経営（大庄中部第一）を持続できなくなり、最終的に自治体に事業の継続を依拠した点を指摘した。第三に、農地に関する関心の変化である。自作地主においても、新たな老後生活の安定を求め、農地転用が進んだ。地主の市場的関係への向き合い方は、土地区画整理組合解散後に変化し、不動産市場との関係は強まった。但し、農地として自ら利用しているか否かで、その対応は決して一様ではなかった点（第一編と第二編の相違）を合わせて指摘しておきたい。

これまでの研究史では、序章で取り上げたように、農村史の側においては、人と土地・水との関わりという視点は意識されてきたものの、都市郊外の市街地形成に地主や農民が果たす役割とその変化を積極的に取り上げてこなかった。反対に、都市史の側においては、農民の耕作権の強化と市街地形成との関係に対する関心が弱かった。しかし、土地所有と土地利用（なかでも後者）に注目することで、地主や農民の土地・水の利用とそれに関連しての自己主張や行動が、都市郊外における市街地形成に重要な意味をもっていたことがわかる。その意味で「人と土地・水の関係史」という視点から市街地形成を検討することの重要性を、改めて強調しておきたい(5)。

## 第二節　利用と労働をめぐって

前述の市街地形成に働きかけた三つのタイプにおいては、地主や農民という表現をしたが、農家の場合には、実際に農地利用を行っているのは、一人だけではない。農家内部の分業については、第二編において『堀新次日記』に即して分析を試みた。そこで、一農家の分析とはなるものの、戦前期から高度成長期における堀家の農地利用の変化を、実際の農作業の担い手（すなわち図終-1(b)で○で示した農家の構成員）に即してまとめてみよう。

一九三四年一年間の農作業日数をまとめた表3-3を再び確認すると、新次の両親と新次そして姉と妹らが年間を通じて農作業に携わっていることがわかる。同時に農繁期には、家族外の者が手伝いにきていた。これは、三つに分類できる。第一に、四～五月にかけての田耕作業で、主に新次の父の弟（すなわち新次の叔父）がこの作業を手伝っている。第二に、苺の収穫時である五～六月にかけてで、のべ作業日数は一四日にのぼっている。これは、主に母方の妹や妹夫婦が手伝いに来ている。第三に、七月の田植えの際で、手間取りで植手が働きに来ている。このように、土地区画整理が開始する前で、かつ新次が阪神に就職する前の段階では、農作業の担い手は、新次のほか、両親と新次の兄弟姉妹、さらには姻戚関係と同族関係、手間取りといった諸関係を利用していた。新次が阪神に勤務する直前に新次の父は畑を貸地に転用したが、大庄中部第一土地区画整理組合の結成を機に農地転用を行うことはなかった。

これに対して、戦後はどうか？　家族における戦前との大きな変化は、新次の父の死去と母の加齢、新次の結婚、妻の出産などを挙げることができよう。農作業の主たる担い手は新次の妻となり、新次は阪神での勤務の傍ら非番日・公休日等を利用して農作業に携わった。それでは、戦前に他家の労働に頼った三つの農作業は、戦後どのようになったのか。第一に、田耕に関しては一九五〇年代初頭から賃耕に頼るようになった（第四章）。第二に、苺の生産は、戦後は行わなくなった。第三に、田植えの際の植手に関しては一九六六年度まで雇っていて、一九六七～六九年度は家族が担った。新次の阪神就職の段階から、耕作面積や栽培する農作物の種類は減少したが、それ以上に特徴的なことは、日常的な農作業は新次の妻が担い、新次が非番日や公休日等を利用してこれをサポートし、可能な範囲で子らが手伝いするというように、担い手のバリエーションが減少したという点である。戦後の日記では、姻戚関係や同族関係、子らによる農作業の手伝いの記事が減少した。

それでは、高度成長後半期の農地転用の段階ではどうか？　この点は第五章では、主に一九六〇年代における貸倉庫建設を論じたが、労働との関係でいえば、三つの画期を設定できる。第一に、農地を転用し貸倉庫業を始めた時期（一九六七年）。第二に、新次の阪神退職翌年で、稲作をやめた時期（一九七〇年）。第三に、農地を売却した時期（一九七二年）。高度成長後半期に農地転用が進んだと一口に言っても、このような段階性が存在していた点に先ず注目したい。そのうえで労働に即してみたとき重要なことは、第二の画期である。なぜならば農地転用と稲作の中止は時期的に一致していなかったからである。稲作中止の直接のきっかけは、新次の妻のパート労働の開始にあると考えられる。妻は一九七〇年二月一六日からH19の紹介で清掃員として働き始めたことが、同日の日記に記されている。「本年度は水稲を植え付けせず植付けすれば可成り収穫のある水田を放置したのだ。これで田植え前後のあの患わしさから避難できたのであった」（一九七〇年七月三〇日）という新次の日記の書き方も、阪神を退職し農作業をする時間的余裕があることを踏まえたうえで、水稲の植付けをしなかった書き方である。すなわち、妻のパート労働の開始と新次の稲作への関心の弱まりが、稲作取りやめの直接的な原因であった。

以上の日記分析から、二つのことが指摘できる。第一に、労働に視点をすえることで、家族内外における諸々の社会関係のもとで営まれていた農作業の分業――個人個人の労働――が見えてくるという点である。戦後における兼業農家において農作業を農家の嫁が担うということ自体は、特に目新しい論点ではないが、戦前と比較してみた場合、世代交代後、夫が会社勤務し、子や姻戚関係・同族関係による農作業が減少する分、農地利用の主たる担い手としての妻の役割が重くなった点を強調しておきたい(6)。それだけに、妻の農作業に関する裁量と孤立感は強まったと思われる。他方で農業収入自体は姑のものとなっていた点、戦前には家族内外の様々な関係性を利用して年間を通して行われた野菜・果物栽培が戦後は減少した点にも留意する必要がある。本書では堀家の特殊な事情と、そこに貫く一般的な特質との区別がついておらず、今後このような事例分析が増えることが期待されるが、戦前においては農繁期に重要な意味をもった農地利用に果たす姻戚関係や同族関係の役割は戦後弱まり、夫も雇用労働に携わった関係で農地利用のバリエーションが減った点、一九六〇年代半ばまでは、新次の意識としては直ちに農地転用までは考えておらず、むしろ親戚に頼らない家族労働による農地利用――それ自体、妻の労働があって初めて可能となるものであったが――にシフトしていった点に注目する必要があろう(7)。

第二に、堀家における稲作の取りやめは、田の売却や宅地向けに造成したこと（＝不動産市場的要因）のみが理由ではなく（表5‐16からわかるように、このことが結果的に極めて重要な意味をもったことは事実である）、直接的には妻のパート労働の開始と結びついていた点である。新次が会社から出向を命じられ農作業の関心を強めたのは、新次が四〇代のときであった。しかし、加齢が進み農作業自体が肉体的に厳しくなり、農作業を進める環境が徐々に悪化するなかで、退職後は稲作を行おうとしなかった。夫の退職とほぼ同じ時期に妻はパート労働に就いた。稲作かパートか妻の側に選択の余地がどこまであったのかを知ることはできないが、妻はパートと稲作の双方を行わなかったし、退職した新次も稲の植付けを行わなかった。すなわち夫婦にとって、土地との関係が変化する局面を迎え、妻は雇用労働に一旦はシフトし、(8)新次は新たに保護司の職務に就き（『堀新次日記』一九六九年五月二七日）、これらの仕事と並行して夫婦で畑作を中心に農地との関係を築いたのである。農地転用・売却は利用の変化を促す重要な一要因であっても、全てではなかった。後継者不在の農家にとって、夫だけでなく妻の稲作からのリタイアの論理（その一条件としてのパート労働の増加）とそのことが農地利用に与えた意味を考える必要がある。

第二の点に関連していえば、高度成長後半期には、老人問題や老後保障をめぐる問題が注目されるようになった。(9)老後生活の三つのタイプ（私的扶養、自活的生計確保の方法、社会的扶養（公的扶養））のなかで、日本では私的扶養と自活的方式が主であった。(11)堀夫妻の場合も自活的方式を取り、農地転用やパート労働での就労など老後において市場的関係に向き合う傾向を強めた。他方で畑作を継続するなど土地との関係を弱めつつも持続させた点に留意する必要がある。市場的要因のみから当該期の農家の行動を説明するのではなく、高度成長期に大きな変化を遂げたライフステージ（なかでも老後生活）を農家構成員各々がどのように捉え行動したのか、そのことが人と土地・水との関係にどのような影響を及ぼしたのかといった点が、今後さらに究明される必要があろう。

## 第三節　土地・水利用と自治体

### 一、自治体の歴史的意義

組合施行土地区画整理は、郊外の市街地形成に大きな役割を果たしたが、土地区画整理組合だけでは解決できない問題も存在した。その際に重要な意味を持ったのが、自治体（図終-1(c)）であった。村落からの働きかけとの関連という限定を付した上で、市街地形成に果たした自治体の歴史的意義と限界をまとめれば、以下の三点となろう。

第一に、自治体の財政力と専門性である。土地区画整理事業を通じて敷設された道路や溝渠などの公共施設のみならず、戦争末期に橘土地区画整理組合の水道事業を継承できたのは、新興工業都市として尼崎市が財政力と専門性を有していたからであった。大庄中部第一土地区画整理事業を継承した一九五〇年代においては、尼崎市の財政においても余裕がある時期ではなく、残事業の実施は一九六〇年代半ば以降にずれ込んだものの、ともかく実施に移された。組合の事業をフォローしうる自治体が存在しなければ、途中でストップしていた浜田地区の土地区画整理を完成させることはできなかったといえよう。

第二に、土地区画整理事業実施後における水問題や、そのもとでの利害対立を公開していく市議会の役割である。橘土地区画整理地区における側溝の不備の問題や、私道路に側溝が設置されていない問題は市議会で明るみになった。浜田川の利用をめぐる農民と北部住民との利害対立も、市議会でとりあげられた問題であった。同時に重要であったのは、市農地委員会（農業委員会）の役割であった。同委員会は、仮換地の際の所有権と耕作権をめぐる対立や、国有農地の売渡など、小作農民の主張をオーソライズする役割を果たしたからである。同委員会は、高度成長期における農家の農地転用を、承認していく役割も果たした。ただし、市農地委員会（農業委員会）は、委員に農家以外の代表者は含まれず、自治体とは異なる閉鎖性を有している点に留意する必要があろう。

第三に、自治体（尼崎市）が市街地形成を進めるうえでの限界面である。このことについては、本書の実証のなかでも数々の点が見出せたが、一点に集約すれば、現実の利用に自治体が対応しきれず、部局ごとの業務管轄に従って予算の範囲内で対応せざるを得ないという問題であった。第一編の私道路における側溝の欠如と浸水問題に関しても、市行政は私道路の市道への編入を拒むだけで、側溝がないために浸水となる現実の問題に直ちに対処することはできなかった。第二編の浜田川の水位の調整問題にしても、農務課では樋門を作る一方で（しかも農民は一九六〇年代まで「石門樋」を利用していたのだが）、河港課では灌漑用水として用いられる浜田川を排水路として位置づけ上流から排水を流し込む工事を行った。土地区画整理残事業実施のための堀新次への立退き交渉に関しても、交渉内容は基本的に補償金額に尽きており、日記からは市が堀新次の側の土地利用の実態に関する調査などを行った形跡はみられなかった。本書が注目した土地利用から政策をみると、自治体は現実の土地利用に対応しきれない（そもそも可能な限りそれらを正確に把握したうえで政策的に対処しようとしていない）問題を抱えていたといえよう。

## 二、「利用に対応できない」ことの意味――「現代化」との関連

以上の、現実の利用（あるいは利用に伴う問題）に自治体が対応できないという限界面は、同時に国・県行政の限界面でもあった。旧都市計画法では、そもそも農業的土地利用を積極的に位置づけることを行っていなかった。河川の利用に関しても、県と市とで管轄箇所が異なり統一した事業が行えないこともみられた。しかし、利用に対して国や自治体が対応できない問題とは、単なる行政のセクショナリズムの問題ではない。本書の事例に即して言えば、土地区画整理組合の構成員でなかった小作農民が自らの正当性を主張するようになったのは、戦時期における耕作権の強

化に対して都市計画行政が対処できていないという側面もあるが、同時に土地区画整理組合員（すなわち土地所有者）と、組合員にはなれない小作農民（すなわち土地利用者）との対立という、経済的性格の異なる土地利用者間の問題でもあった。

この点を、図終-1にⓔで示した現代化という論点に引き付けて考えてみよう。現代都市化の指標について、金澤史男は、序章でも紹介したように「大衆民主主義状況のもとにおける市民社会への公共政策＝行財政の介入の拡大、そこにおける計画化の契機の拡大」[12]と定義した。指標としてはこのような自治体政策の拡大の側面が言えようが、同時に本書の実証からみた場合、都市計画が対象とする土地利用の担い手の性格自体も変化している点に注目する必要がある。具体的には、在村地主間の共同性によって土地区画整理事業が実施できる段階から、組合員ではない小作農民の主張が市街地形成に影響を与える段階へと変化した。戦後になって、土地所有者ではない小作農民や借家人、女性など多様な主体が、自らの利用を法と結び付けて自己主張するような段階に到達したといえよう。戦間期に自治体が政策領域を拡げていった（＝「現代都市化」）ものの、社会自体の変動は続き、戦時期から戦後復興期において、現実の土地・水利用を主張する主体が階層的に拡がりをみせたのである。筆者は以前に、近代日本の都市自治体においては、その下部に半ば公的な団体（土地区画整理組合もその一つ、そのほかに消防組、水道区会など）を抱え込み、具体的な業務をそこに依頼し、自らは間接的に業務を進める特徴をもっていた点を指摘した[13]。そのような公的団体が同じ形で機能しなくなった（＝小作農民の異議申し立て）のが、戦後復興期であったといえよう。

それでは、戦時期から戦後改革期の社会変動を踏まえた上での自治体政策の中身とはどのようなものか。本書の高度成長期に関する分析からもわかるように、自治体は必ずしも、利用の実態把握に努めたうえで「公共政策＝行財政の介入の拡大」を図ろうとしなかった。浜田川の管理において大字単位の農会に樋門の管理をゆだねた結果、浸水被害を受けた都市住民と利害対立が生じた。これも、自治体が間接的に業務を進めていることから生じた問題であった。

しかし、自治体（尼崎市）は直接的には何もしなかったのかといえばそうではない。金澤のいうように「公共政策＝行財政の介入の拡大」はむしろ続いた。その一つを挙げれば、公共下水道の整備に代表されるような、国の政策と結びついた特定の政策課題からみて新しく合理的な（しかし、現実の利用の実態に即したものではない）政策であった。旧大庄地区においても一九八〇年代には下水道が整備され、人びとは公共下水道を受容していった。公共下水道が整備されれば、排水路としての浜田川の役割は弱まることになる。しかし、浜田川は、排水路としてのみ利用されていたのではないことは、本書で示した通りである。このように、農民による土地・水の利用を必ずしもふまえない形で自治体は自らの政策領域を広げていった。そのため、一九八〇年代における浜田川への自治体政策（暗渠化）に対して、地区の農民・住民が激しく反発する事態も生じたのである(14)。

国や自治体の政策だけをみていると、あたかもその政策が対象とする（新たにつくりだす）利用が全てで、それ以外の選択肢や、その政策枠組みからは外れる現実の土地利用が見えてこない場合がある。しかし、実際には、地域社会には「人と土地・水の関わり」が存在する。歴史的に分析するのであれば、政策と現実の「人と土地・水の関わり」の双方を射程に収めてそれらの関連とその変容を検討する必要がある。

序章で述べたように、これまで土地所有と利用の問題は近代化の過程で問われることが多かった。しかし、日本の都市史に位置づけて見た場合、現代化の過程の問題として、改めて問い直される必要がある(15)。土地を所有しない主体も含めた、多様な土地・水の利用が、戦間期だけでなく戦時期・戦後復興期・高度成長期にかけてみられるからである。下水道事業のように、その中で登場する都市政策の意義は、これらの利用との関連でとらえ直す必要があろう。

## 第四節　土地区画整理地区の内と外――排除と差別

図終-1で示したように、土地区画整理組合に組合員として直接意見を言うことができたのは、地区内の土地所有者であった。地区内の土地を所有しない小作農民は組合員になることはできなかったが、小作農民が自己主張することができたのは、市農地委員会（農業委員会）が耕作者である小作農民の主張を受け入れたからであった。その意味で、地区内に居住しながらも土地区画整理事業に直接関わることができなかったのが、借家人層であった。戦後復興期に、浜田川の水位をめぐって土地区画整理を進めた地主・農民に対し自らの利害を対置させようと浜田地区南部に居住する住民代表が市に陳情した（第四章注53参照）。このなかに借家人層が含まれていたかは不明であるが、借家人層は、行政や議会への陳情などを通じて自己主張するよりほかに方法がなかった。借家人層の動きについては、地主に対しては地代家賃統制令を根拠に地代値上げを承服せず、地主の地代利回りを引き下げるだけの影響力を持ち合わせていた点を本書で指摘した。しかし、市街地形成の内実に重要な意味を持つ土地区画整理に対しては、借家人層には小作農民が自己主張した市農地委員会のような場が存在しなかった点に留意する必要があろう。

それでは、土地区画整理地区の対象とならなかった地区に対して、土地区画整理はどのような意味を持ったのか？一般に土地区画整理地区に隣接する外延部と土地区画整理地区との間では、利害対立が生じやすい。なぜなら、土地区画整理地区内の場合、土地所有者は減歩によって自らの所有地を減少させられる代わりに、街路などの公共施設が整備される。しかし、土地区画整理区域外であれば、減歩されることなく隣接する組合が敷設した街路などの公共施設を利用することができる。第一章では、橘土地区画整理組合設立の際に立花駅の建設費用の関係で当初予定よりも土地区画整理区域を広げた点を紹介した。これも、地主の賛成が得られる可能な範囲で地区を広げ、費用調達額を増やすとともにフリーライダーを減らそうとするための試みであったと言えよう。

むしろ、橘土地区画整理地区において重要なことは、水堂、七松、三反田各地区内の集落はいずれも土地区画整理地区外に位置していて、土地区画整理に基づく減歩の対象となっていない点である。この点は、土地区画整理地区内に集落が含まれ、堀新次のように立退きを迫られる住民も存在した浜田地区との大きな違いである。これらの集落では、集落自体の再開発が行われることはなく、土地区画整理地区に土地を所有した在村地主は減歩を負担したものの、土地区画整理によって隣接地域に駅と商業地域を創出することに成功し、多大な便益を得ることになった。その波及効果もあって、大庄中部第一土地区画整理組合など複数の土地区画整理組合が橘土地区画整理地区の周辺に設立された。

ただし、土地区画整理が周辺地域に与える影響という点で注意しなければいけないことは、土地区画整理の実施が、都市化と地価上昇を通じて周辺の他の土地区画整理事業を誘発する側面があったとはいえ、その対象とはならない地域も存在した点である。被差別部落も、そのひとつであった。東今北地区は、戦後改革期においても水道の整備がされていなかった。そのため、一九五〇年には発疹チフスが流行し、同年四月一日から四八日もの間地区全体が隔離された歴史を持っていた[16]。土地区画整理事業によって、街路だけでなく水道も整備された橘土地区画整理地区と対照的であったといえよう。組合施行土地区画整理事業は、東今北地区を区域にいれて土地区画整理を実施することはなかった。その結果、土地区画整理地区と土地区画整理の対象とならなかった地区との間で、生活基盤面での格差が顕在化したのである。村落単位で土地区画整理に関わった結果、それまでの地域的な差別構造が市街地形成にも埋め込まれたといえよう。

尼崎市においても、発疹チフス流行後の同年一一月末を完成予定として同地における水道整備を進めたものの[17]、一九六〇年の調査によれば、同地区の住宅は専用の水道がある住宅が全体の五九・七％、排水設備がない住宅が全体の二三・六％あったという[18]。本書の観点からすれば、市行政の政策から直ちに同地区の実態を把握するのでなく、まずは同地区での土地・水の利用を正確に把握することが必要だが、残念ながらこの点は本書の課題を超えている。このような歴史的な差別の問題と現代化の過程で進められた土地区画整理との関係やそこで新たに生み出されてくる格差や偏見などの諸問題が、今後さらに問い直されねばならないであろう。

## 第五節　現代史における人と土地・水との関係を探る意義とは

本書は、戦間期から高度成長期の都市郊外における地主・農民と土地や水との関係に注目し、そのことの市街地形成のうえでの意味に着目した。村落における土地や水の維持管理というテーマは、共同体論のなかで扱われてきたテーマであった。しかし、市街地形成との関連においてはこれまで正面から検討されることは少なかったように思われる(19)。自治体の政策領域が拡大し、自治体が都市計画や上下水道、河川維持の関係で政策を講じたとしても、そのことが郊外の農民や住民の土地・水利用と重なるとは限らない。そもそも高度成長期までの市街地形成に対する自治体の政策領域は、なお限定的であった。尼崎市においても、土地区画整理によって整備された浜田川に対し、市は後から市北部からの排水路としてこれを利用した。それゆえ、河川の汚濁やゴミの投棄問題などは、農民によって発見され掃除される場合も多かった。すなわち、土地や水の維持管理というテーマは、村落のテーマとして限定されるものでなく、むしろ市街地形成の過程において再編利用され、変化していくものとして、積極的に検討されるべきではないか。先行研究で指摘されているように、河川という自然環境は、都市郊外の開発によってそれ自体が消滅することはない。むしろ、本書でも検討したように、雨水の処理や家庭排水との関係において、土地や水の維持管理を担ってきた農民の役割はより重要な意味を持ち始めた（利害対立をはらみつつも）とさえ言いうる。

ただし、注意すべきことは、農民による土地や水の維持管理は、農民の生産と生活のなかで培われてきたものであって、河川の維持管理もそのなかに位置づくという点である。それゆえ堀新次の場合も、退職後に稲作をやめた後は、土地や水との関係を保ちつつも浜田川の水位の管理には基本的には関わらなくなった。他方河川では、市が建設した樋門や市管轄の工事も行われていた。そのような可能な限り様々な関係性のなかで、地主や農民の土地・水利用とその変化を把握していくべきであろう。

日本現代史における土地所有と利用の関係を大づかみにとらえようとすれば、第一次世界大戦以後、都市計画にみられるように私的利用を統制しようとする公法が登場する現代化の過程が存在した。[20]他方、一九八〇年代以降の新自由主義的な観点から、国家法による土地利用規制を緩和し、「利用」を促す政策動向（都市再生政策もその一つ）が登場した。同時に、二一世紀に入って「水辺」や「親水」、「里川」、「コモンズ」などをキーワードとした多くの都市論が提起されている。[21]それらの研究は、政策論的な観点が強いものから「外から与えられた価値観（近代化——それは具体的にはアメリカ化）に素朴に従わないで、自分たち内部から発展目標を考えようとする」立場からの「内発的発展のコミュニティ版」を想定するものまで、[22]様々である。本書は、これらの議論を意識しつつも、そのような「コミュニティ」を先験的に想定して歴史のなかにあてはめるのではなく、一九二〇年代からの約五〇年間に時期を限定して史料分析を通じて土地と水利用の歴史的なあり様を浮かび上がらせようとした。在村地主と不在地主、在村地主のなかでも自作農か否かなど、土地所有による規定性や階層性に注目しつつ、国家法や自治体の政策枠組みのなかで、市街地形成に自ら取り組む地主・農民の行動とその私的な利用（とそれを支える用排水の維持管理）と所有の歴史を描くことに主眼を置いた。[23]

同時に本書では、農家らの「私」の性格自体を吟味した。土地・水利用の担い手（自作農民だけでなく小作農民や借家人層など）や家族内外における農地利用を支える諸関係と、そこで担い手の中身（性別、年齢、世代、雇用労働との関連）を探ることを重視した。現代化の過程で、様々な利用の担い手が生まれ、あるいは利用を支える関係性を喪失していく側面は、土地所有だけ見ていても理解できない。そこでの利用（その利用を支える関係性）をみることで、市街地形成のさなかにあっての農地利用や農地転用を理解することができる。土地・水の利用とその担い手の「私」の性格に注目するとともに、そのことが国家や自治体の政策とどのように関連するかを検討することで、現代史における共同性と公共性の関係を理解することも可能となるのではないか。[24] その場合、利用をめぐる主張は国や自治体政策のなかに取り込まれていくことで公的性格を持つと同時に、下水道政策のように新たな政策が実施されると、それまでの利用のあり様が見失われる側面を有する点に留意する必要があろう。

市街地形成の過程で、多様な人々による多様な土地や水の利用（あるいは、正反対に、排除され差別される人を生みだすような利用）があったとすれば、それらはどのようなものか。そこに、土地や水の維持管理機能があったとすれば、それはどのような歴史的性格を有していたのか。このことを、土地所有や市場的関係、国家法と自治体の政策などの影響も組み込んで歴史的に着実に理解していくことが、持続可能性が問われている二一世紀の今日において、求められているのではないか。もとより本書は、そのような関心からの、「人と土地・水の関係史」についての一つの試みに過ぎない。今後さらに、異なる事例との比較検討を踏まえつつ、前近代における共同体論との関連や一九七〇年代以降の歴史の関連を追究していきたい。

**注**

（1）土地所有が戦時期の浜田地区で重要な意味を持ったことは、表3-2における浜田地区の協議費が地租割と家屋割で算定している点からも、明らかであろう。

（2）ここでの、堀新次の市場との向き合い方は、川端又市のように、土地区画整理を契機に市街地地主として転身を図ろうとする意味での向き合い方と大きく異なる。これは、新次が兼業の自作地主であることが大きいが、しかし、老後保障が政策的に整備されていない一九六〇年代において、農業収入も自分のものとならない家計のなかで、老後生活を見据えた不動産市場と向き合いが始まったと言えよう。

(3) 企業と労働者との関係に目を向ければ、現代化の過程で、企業内の身分制に注目して、会社が労働者の生活の安定を図るようになった点に注目し、一九五〇年代以降「賃金制度においては年齢給が導入され、賃金自体にライフサイクルに沿った生活保障機能が託された。同時に「勤続」が「能力」に読み替えられ、ブルーカラーの年功賃金の内的根拠が確保された」とする禹宗杬の指摘がある(同「日本の労働者にとっての会社」『歴史と経済』第二〇三号、二〇〇九年)。本事例のように、労働者が土地持ちの兼業農家で農業にも携わる事例を重ね合わせると、労働者は「勤続」に向き合いつつも、「家業」と「家産」にも向き合っており、とりわけ停年間近になると、必ずしも企業による生活保障機能に依拠せず老後を考えていることが読み取れる。このような、禹の議論と本書で指摘した兼業農家にみられる行動様式とを関連づけて理解することによって、労働者にとって企業や社会保障がどのようにとらえられていたのかという点を豊富化することが可能ではないか。

(4) これとは正反対の行動を見せるのが、第一編で見られた在村地主であった。これらの上層の地主のなかには一九六〇年代後半に東京に住所を移す者もおり、次第に在地性を失っていくケースとして考えられよう。

(5) 無論、本書は事例分析であり、本書の結論は、今後他地域での動向との関連で比較検討される必要がある。とりわけ、江波戸昭による東京を事例とした研究の論点(戦後改革期に関しても郊外の土地区画整理が地主中心に進む)を、さらに実証的に掘り下げてその当否を探るような研究が望まれる。

(6) 高度成長期における農家の女性に関する研究は、多数存在する。近年の代表的な研究として、永野由紀子『現代農村における「家」と女性』刀水書房、二〇〇五年、倉敷伸子「近代家族規範受容の重層性」『年報　日本現代史』第一二巻、現代史料出版、二〇〇七年。これらの研究は「家」論、近代家族規範論との関連で農家女性をとらえている。本書においても、嫁と姑関係や、実際の農作業の担い手と農地転用の意思決定者とのズレの問題などを検出したが、都市近郊農村の場合、稲作とともに野菜・果物栽培が重要であり、戦前においては、姻戚関係が苺の収穫時に重要な意味を持った。家族内の関係のみならず、家族外の姻戚関係・同族関係・近隣関係の変化から、改めて戦後農家の女性労働を位置づけることが必要となろう。

(7) 妻の立場からの日記を用いずにこれ以上の評価を行うことは難しいことを承知で付言すれば、戦前には多く存在した新次や新次の妻の叔父・叔母(姻戚や同族関係)を利用した農地利用からの脱却を新次が予てから望んでいたことは事実であり、新次の主観としては夫婦による共同での農地利用を目指していたといえよう。そのような戦前と比較しての担い手の変化は注目すべきであるが、新次は企業に勤務していたこともあって、夫婦中心の農作業を目指すことは、戦後における家族規範を妻が受け入れざるを得ない素地を作っていったと考えられよう。

(8) ただし、妻は、一九七〇年八月九日を最後に、この仕事を辞めている（一九七〇年八月一〇日）。

(9)『月刊福祉』第五二巻第九号、一九六九年九月における「特集　老後保障を考える」、同右誌第五四九号における「特集　『老後の生きがい』をめぐって」、中安定子「取残される農村の老人」『エコノミスト』第四六巻第二〇号、一九六八年五月など。

(10) 佐藤栄一「農業者の老後生活の安定と農業構造の改善のために」『時の法令』第七三六・七三七合併号、一九七一年一月。

(11) 吉田秀夫・三浦文夫『老後の生活と保障』［改訂版］家の光協会、一九七五年、三九～四一頁。

(12) 金澤史男「終章　総括」大石嘉一郎・金澤編『近代日本都市史研究』日本経済評論社、二〇〇三年、七〇六頁。

(13) 沼尻晃伸「都市の公共性をめぐる論点」『歴史と経済』第一八四号、二〇〇四年、三五頁。

(14) 一九八六年から市が浜田川の暗渠化を図ろうとした際に、環境面からこれに反対した浜田地区の住民運動は、住民側の提訴にまで発展した。このケースでは、結果として市が暗渠化を取りやめたことで住民側の要求が通ることとなった（詳しくは、小寺基次『もどる浜田川　浜田排水路整備計画に伴う反対運動資料』一九九〇年、尼崎市立地域研究史料館所蔵）。この点に関する検討は本稿の課題を超えるが、地域の人々（その性格は高度成長期からさらに変化したと考えられる）と浜田川との何らかの関係性が存続していたことを示しているといえよう。

(15) 現代化の観点からの研究ももちろん存在する。たとえば、ほぼ同時代に刊行された日本土地法学会編『土地の所有と利用』有斐閣、一九七八年もその一つで、同時代における様々な土地問題と法との関係や諸外国の制度との比較が論じられていて興味深い。歴史研究としては、原田純孝「『日本型』都市法の生成と都市計画、都市土地問題」同「戦後復興から高度成長期の都市法制の展開」（同編『日本の都市法　I構造と展開』東京大学出版会、二〇〇一年）が、法制度面での歴史的特徴を描いているが、土地利用自体の歴史を描いてはいない。行政学的にみれば、種々の利害が噴出するからこそ、没主観的に専門的観点から都市計画を実施し得る官僚制が現代化の過程で必要になるということになろうが、そのような法制史・行政史的関心から問題をとらえるのではなく、まずはどのような土地・水の利用があり、その正当性を訴える主張が噴出したのかという点に注目し、そのことと都市計画法のような公法や自治体行政との関係を探ろうとする点に、本書の視点がある。

(16) 尼崎部落解放史編纂委員会編『尼崎部落解放史』尼崎同和問題啓発促進協会、一九八八年、四〇五頁。

(17)『神戸新聞』（阪神版）一九五〇年一〇月二九日。

(18) 岡本静心編『尼崎の戦後史』尼崎市役所、一九六九年、三一五頁。

（19）同時代における現状分析においては、このような問題関心は存在する。たとえば、福武直編著『大井町』地域社会研究所、一九六七年などはその一つである。しかし、政治・経済・社会の変化に関する分析が主で、土地や水との関係という視点は、必ずしも主要な関心に据えられていない。

（20）前掲原田「『日本型』都市法の生成と都市計画、都市土地問題」、「戦後復興から高度成長期の都市法制の展開」〔注15〕。都市計画史家である石田頼房『日本近現代都市計画の展開　一八六八―二〇〇三』自治体研究社、二〇〇四年もこのような観点からの日本の都市計画に関する通史と言えよう。

（21）主なものとして大野慶子『都市水辺空間の再生』ミネルヴァ書房、二〇〇四年、鳥越皓之・嘉田由紀子・陣内秀信・沖大幹編著『里川の可能性』新曜社、二〇〇六年、菅豊『川は誰のものか』吉川弘文館、二〇〇六年、三浦裕二・陣内秀信・吉川勝秀編著『舟運都市　水辺からの都市再生』鹿島出版社、二〇〇八年、高村学人『コモンズからの都市再生』ミネルヴァ書房、二〇一二年など。

（22）鳥越皓之「序　いまなぜ里川なのか」前掲鳥越ほか『里川の可能性』〔注21〕五頁。

（23）前掲菅『川は誰のものか』〔注21〕や前掲高村『コモンズからの都市再生』〔注21〕で提起されるコモンズ論（両者の議論は異なるが）は、利用に着目している点で興味深いものの、筆者の観点からみれば、労働と所有といった観点が重視されておらず、地域社会やコミュニティの共同性の側面が強調されているため、本書が実証した戦間期から高度成長期における都市郊外の用排水管理と、これらの議論とでは、大きな隔たりがあるように思われる。

（24）市街地形成から外れるが、高度成長期における水や緑を守ろうとする住民運動（公害を未然に防ごうとしたことで有名な、三島・沼津・清水二市一町による石油化学コンビナート反対運動もその一つ）をみても、人びとの生活と身近な水利用との関係が壊されていくことへの危惧から、様々な主体が運動に立ちあがった。この点については、沼尻晃伸「高度経済成長前半期の水利用と住民・企業・自治体」『歴史学研究』第八五九号、二〇〇九年を参照されたい。

# あとがき

近現代日本の都市における「公」の意味を問い直すという問題関心を抱きながら、私は三〇代に一冊の書物を取りまとめた（『工場立地と都市計画』東京大学出版会、二〇〇二年）。しかしこの段階では、次なる研究テーマをどのように設定するかという点についての方向性は定まっていなかった。この時期、同じ職場であった禹宗杬氏とは、人びとが自己の権利を主張する際に用いる正当性の論理について、繰り返し議論していた。私はこの視点を、自らの研究に用いることができないかと考えるようになった。もともとゼミにおいても、農民日記をとりあげ、農民の論理に即して歴史を考えることに努めていたのであるが、前著では法や政策の枠組みやそれらの論理を重視した方法をとっていた。今度こそ「下から」の論理に即した市街地形成に関する研究に挑んでみようという思いが、日に日に強まっていった。

市街地形成の論理を民衆の側からとらえ直すことは、これまで私が主に用いてきた国や地方自治体が所蔵する公文書や議会議事録などの史料のみでは難しい。そこで考えたことは、人びとの意識を直接読み解くことができる近現代の私文書（地主文書など）を所蔵・公開している史料館で、史料調査を試みることであった。その際に注目した史料館の一つが、尼崎市立地域研究史料館であった。同館は、日本を代表する市町村立の史料館で、土地区画整理関係の地主史料を所蔵していることは前々から承知していた。しかし、東京から遠いというだけの理由で、これまで訪れたことがなかった。尼崎市は、私がそれまでに研究してきた川崎市と並んで、戦間期に急激な工業化を遂げる典型的な新興工業都市の一つとして位置づけられる。私も関わった共同研究の成果である大石嘉一郎・金澤史男編著『近代日本都市史研究』（日本経済評論社、二〇〇三年）に対して、西日本の都市が対象となっていないという批判があったことも思い出した。そこでともかく、史料館に足を運んでみようと、飛び込みで同館を訪問した。二〇〇七年一月のことである。

初めて訪れた尼崎市立地域研究史料館において、私は忘れることのできない二つの重要な出会いを経験した。一つは、公文書とは異なる、地主自らが作成・収集した史料との出会いである。同館所蔵川端正和氏文書に収録されていた土地区画整理関係史料には、私が今まで見たことがない土地区画整理に関する地主の手記や小作農民に関する史料、経営帳簿などが含まれていた。その中身の濃さにまず驚き、ぜひこれらの史料を分析してみたいと思った。もう一つは、辻川敦氏（現同館館長）をはじめとする、同館職員の方々との出会いである。辻川氏は、飛び込みで訪れた私に対し、研究テーマに沿った史料目録を次々に紹介して下さった。川端正和氏文書もその一つであったし、それ以外の未整理のものも含めて、土地区画整理関係史料の所蔵状況をご教示下さった。同時に驚いたことは、かつて若手研究者が中心となって実施していた日本近代史サマーセミナーで一緒になったことのある坂江愛氏と島田克彦氏（現桃山学院大学准教授）が同館職員として勤務されていて、約一〇年ぶりにお会いできたという点である。尼崎に全く縁がなかった私であったが、偶然も重なりたちまち親近感がわくようになり、以後、度々同館を訪れては史料の閲覧と撮影を行い、重厚な同館所蔵史料に沈潜し、尼崎の市街地形成に関する研究に没頭していった。

私が同館でお世話になったもう一つの重要なことがらは、聞き取り調査であった。史料の分析が進むと、土地区画整理やその後の市街地形成に関して地元の方から直接お話しをうかがいたいとの思いが、私のなかで強まった。しかし、どなたにうかがえばよいのか皆目検討がつかなかった。そこで、このことを同館に相談したところ、直ちに適任者を紹介して下さった。尼崎に関する土地勘が全く無かった私が数多くの聞き取り調査ができたのは、ひとえに同館のおかげである。特に、島田克彦氏が聞き取り調査にたびたび同行して下さったことは、私としては誠に心強く有難かった。ぎこちない私の質問で緊張感が漂っていた聞き取りの場が、島田氏の関西弁での問いかけが始まると和むことが度々あった。こうして私は、尼崎に関係する多くの方々から市街地形成の歴史に関する聞き取りを行うことができた。この場では、お名前をあげることは控えさせていただくが、このような一訪問者である私からの調査の申し入れに快く応じて下さった皆様に、深く感謝の意を表したい。

聞き取り調査の過程で、偶然新たな史料が発掘されるケースも存在した。とりわけ浜田地区では、本書第二編で利用した『堀新次日記』をはじめとする数多くの史料群を発掘することができた。このことも、得難い経験であった。いずれの史料も阪神・淡路大震災をくぐりぬけて今日に至るまで保管されてきた、貴重な史料であった。これらの史料は膨大で、もし私が単身で調査していたら到底扱いきれなかったであろうし、研究への利用を許して下さった史料所蔵者の方々にも、私が度々訪れることでご迷惑をおかけすることになったであろう。しかし、ここでも辻川敦氏は、史料所蔵者と私との間に入って下さり、館として史料を借用するという私からみれば願ってもない策を考案して下さった。おかげで私は、史料所蔵者と個別に連絡を取りつつも、史料の閲覧は史料館の開館時に行えるようになった。このような聞き取り調査や個人所蔵史料の研究への利用は、ご協力下さった方々と地域研究史料館との間で、もともと培われてきた信頼関係があったからこそ可能になったと確信している。地域における市町村立文書館の存在意義と、文書館が当該地域を研究する者にとって必要不可欠な存在であることを、私は痛感させられた。このほかに、私は尼崎市農業委員会所蔵の農地委員会（農業委員会）史料の閲覧や法務省神戸地方法務局尼崎支局での旧土地台帳の閲覧の機会にも恵まれた。個人所蔵史料の研究への利用をお許し下さった方々と、関係各機関に、改めて感謝の意を表したい。

こうして私は、膨大な史料と格闘しつつ、本書第一編のもととなる論文・報告として①「一九三〇年代の農村における市街地形成と地主――橘土地区画整理組合（兵庫県川辺郡）を事例として」『歴史と経済』第二〇〇号、二〇〇八年、②「土地区画整理後の市街地形成に関する一考察――橘土地区画整理地区（尼崎市）の戦時期〜一九五〇年代」

第六回東アジア経済史シンポジウム（於・平澤大学校、二〇〇九年九月一九日）を発表すると共に、本書第二編のもととなる論文・報告として、③「戦時期～戦後改革期における市街地形成と地主・小作農民――兵庫県尼崎市を事例として」『社会経済史学』第七七巻一号、二〇一一年、④「高度成長期における都市近郊の市街地形成と地主・農民――兵庫県・尼崎市を事例として」社会経済史学会第八二回全国大会自由論題報告（於・東京大学、二〇一三年六月一日）を発表した。これらの研究を「人と土地・水の関係史」という方法から改めて加筆してまとめ直し、その視点から序章と終章を書き下ろして本書を取りまとめることができた。

本研究を進めるにあたっては、研究会での議論の場も不可欠であった。飯田恭氏には、私が研究代表者となった科学研究費に基づく研究に加わっていただき、日記史料を題材とした農家理解に関して互いに存分に議論した。そこでの議論は、本書における日記分析においても大いに役立ったし、飯田氏の議論から海外での研究動向を知ることもできた。原朗先生が主宰されている現代日本経済史研究会では、東アジア経済史シンポジウムにおいて発表の機会を与えていただいたうえに、論文や学会報告の発表の前には必ずと言ってよい程準備報告をさせていただいた。研究会では常に厳しい意見が出されたが、私の課題設定や研究史整理に対して「何か実証していることと違う」というように史料に即してのコメントをいただけたことは、本書において「人と土地・水の関係史」という方法を固めていくうえで、大変参考になった。大門正克氏、柳沢遊氏は、「二人研究会」と呼んでいるお互いの研究の草稿を読んで批判し合う研究会の場で、本書の原稿を丁寧に読んで下さり建設的なコメントを下さった。お二人からのコメントのおかげで、私は序章と終章を熟考し直す機会を得て納得のいく形でそれらを書き直すことができた。現在の職場である立教大学文学部史学科では赴任時に立教大学史学会で報告の機会を与えていただき、人と水・水辺との関係史への関心を育むことができた。忙しい職場で学問外の話も多くなるものの、専門の垣根を超えて教員同士が研究室を自由に行き来し学問的議論ができる雰囲気は、私にとって誠に貴重である。

本書の草稿を執筆する上で重要な意味を持ったのが、大学での授業であった。本務校の立教大学のほか、学習院大学、早稲田大学で行った講義では、本書の草稿を交えながらの授業を展開した。リアクションペーパーに書かれている受講生の感想・疑問は多くの場合私にとって納得できるもので、私の狙いが伝わって勇気づけられることもあったが、逆に私の方が教えられる場合も少なからずあった。授業を行うことは、本書の論理構成を考えるうえでまたとない重要な機会となり、授業を行いながら史料の理解の仕方に突然気づくこともあった。振り返ってみれば、四〇代後半までは、私が授業で話す内容と自らの研究の視点・方法とには、乖離があった。それが最近になって、ようやく自分の言葉で学部生向けの授業内容を語れるようになってきたように思う（まだまだだと思うが）。お恥ずかしい限りであるが、ともかくそれが実感できるようになると、俄然授業へのやる気もでてくる。大勢の学生の前で直接歴史に対する自らの考えを述べ学生の意見を聞く機会があるということは、本当に幸せで貴重な機会だと思う一方、大学教員としての使命の重みを改めて感じている。また、本書におけるデータ整理にあたっては、日本現代史ゼミの院生・学部生の有志の皆さんにアルバイターとしてご協力いただいた。細かいデータを辛抱強く入力、そしてチェックしてくれた皆さんに、深く感謝申し上げたい。

最後になったが、出版情勢が厳しさを増すなかで、日本経済評論社の栗原哲也社長は本書の刊行を快くお引き受け下さった。編集を担当下さった新井由紀子氏は、正確な作業で本書を完成にまで導いて下さった。新井氏が書き添えて下さった原稿への感想を読み、もう一度頑張ろうという気持を奮いおこすことができたことも、本書の仕上げの段階では誠に有難かった。厚く御礼申し上げたい。

二〇一四年一一月

沼尻晃伸

**付記**

本書は、日本学術研究会科学研究費補助金基盤研究(A)「20世紀日本の市場経済と制度設計・世界経済・東アジア経済との関連を中心に」(研究課題番号二〇一四三〇一三二)、同基盤研究(c)「戦後経済復興期〜高度経済成長期の日本における工業開発と農村社会」(研究課題番号一八五三〇二五三)及び同「大正期〜高度成長期における農家の所有・生産・生活諸関係に関するミクロ歴史研究」(研究課題番号二一五三〇三二七)の研究成果の一部である。また本書刊行にあたっては、二〇一四年度科学研究費補助金(研究成果公開促進費)学術図書の交付を受けた。記して謝意を表したい。

[な行]



[は行]



[まやらわ行]

## [さ行]



## [た行]

# 事項索引

## [あ行]



## [か行]

［は行］



［ま行］



［やわら行］

# 索　引

## 人名索引

著者紹介

**沼尻晃伸**（ぬまじり　あきのぶ）

1964年生まれ
1987年　東京学芸大学教育学部卒業
1995年　東京大学大学院経済学研究科第二種博士課程単位取得退学
現在、立教大学文学部教授、博士（経済学）

主著：『工場立地と都市計画　日本都市形成の特質 1905-1954』（東京大学出版会、2002年）
『近代日本都市史研究』（共著、日本経済評論社、2003年）
『大塚久雄『共同体の基礎理論』を読み直す』（編著、日本経済評論社、2007年）
『高度成長展開期の日本経済』（共著、日本経済評論社、2012年）

**村落からみた市街地形成**
**——人と土地・水の関係史　尼崎1925-73年**

2015年1月19日　第1刷発行　定価（本体5500円＋税）

著　者　沼　尻　晃　伸
発行者　栗　原　哲　也

発行所　株式会社　日本経済評論社
〒101-0051　東京都千代田区神田神保町3-2
電話 03-3230-1661　FAX 03-3265-2993
URL：http://www.nikkeihyo.co.jp/
印刷＊藤原印刷・製本＊高地製本所
装幀＊渡辺美知子

乱丁・落丁本はお取り替えいたします。　Printed in Japan

ISBN978-4-8188-2360-0